和算百科

和算研究所 [編] 佐藤健一 [編集代表]

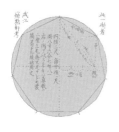

丸善出版

まえがき

　和算は近年とくに注目されている．一種の数学であるから，高等学校までまともに数学を学んだ人ならば，和算の考えも理解することに苦労することはないだろう．ただし表現法には違いがあるので一通りの基礎事項は知る必要がある．

　それに数学そのものはどこの国のものでも背景と関係があり，背景と一緒に説明する必要があるのだが，これが一番難しい．世界の四大文明の発祥地などの数学をみても分かることであるが，当時数学を学んでいた人は，まず国家の役人である．すなわち国を治めていくために必要な数学が重要で，そのために必要な書物としてエジプト文明では「アーメスのパピルス」であり，中国では『九章算術』であった．日本でも古代の大和朝廷では目的が同じであるから，『九章算術』を重視して学ばせた．

　日本の数学はそのようにして始まったのであるが，室町時代では為政者の統率力が低下したため，それぞれの人は自分に必要な数計算は自分で知る必要があり，庶民の数学が誕生した．江戸時代に好まれた和算はここから生まれた．本書は第Ⅱ部までが日用数学である．日本の数学愛好者たちはこれに留まらず，和算の追求に向かう．まず1元の高次方程式の解法に挑戦した．この頃までは関西の方が盛んで，大坂の和算家橋本正数が中国の『算学啓蒙』から解法を見つけ本邦で初めて「天元術」を理解する．この方法で当時出回っていた高次方程式の問題を弟子の沢口一之に解かせ発表した．「天元術」の解法を理解したことは大きな進歩であったが，これはほんの一歩にすぎなかった．江戸でも甲府藩主徳川綱重に勘定吟味役として仕えながら和算の研究をしていた関孝和がいた．関の最初の著作『発微算法』では，沢口一之が提出していた天元術では解けない問題にも答え，これだけでもすごいのに次々と新しい算法を作り上げた．

　本書の第Ⅲ部は主に関孝和の業績と他の和算家の研究を中心に紹介した．関孝和の業績には暦学の研究も多い．関孝和とほぼ同年の暦学者に渋川春海がいる．この頃は使われていた暦に書かれている日食などの自然現象にミスが目立ちはじめ，暦そのものの信用が薄れていた．関孝和の場合は改暦を申し出ることは考えていないようだが，暦学の研究は渋川以上に研究していた．暦学と関係の深い招差法などは，その出典は不明とはいえ暦学と関係があったと考えるのが普通である．

　日用数学では計算道具としてソロバンが使われる．そうでない一般の数学でも計算道具としてはソロバンなのだが，方程式を解くために算木と算盤が使われた．

算木のサイズは初めて日本に伝わった時のものは現存する奈良の東大寺の二月堂のお水取のものや奈良絵本に描かれているものを見ても 10cm はあるだろう．江戸時代では『数学乗除往来』（池田昌意，1674）に長さが 2 寸（6.06cm）とあり，算盤の説明もある．算盤の枠の中に算木を並べることを考えれば奈良時代に使っていた 10cm 以上のものは使えない．算盤を使うようになって算木が短くなったと考えるのが妥当である．多元の高次方程式を解く際には関孝和の考えた「傍書法」により未知数を 1 つに変形し，その後は算木と算盤を使った．関孝和の考えた零約術は分母が順に 1 増えるもので，例えば円周率の近似分数で表すのに，$\dfrac{3}{1}$ から始まって分母を 1 ずつ増やして $\dfrac{355}{113}$ までになるために 112 回も計算しなければならないため，後に続く人たちはその改良を試みている．

関孝和は吉田光由たちが取り上げていた数学遊戯についても数学的に解決している．「まま子立て」は「算脱之法」に，「目付字」は「験符之法」に，「方陣」と「円陣」については「方陣之法・円攅之法」に解法が示されている．

例えば方陣では 3 つの形に分ける．奇数方陣と 4 の倍数の方陣，それ以外の偶数方陣である．それぞれに共通した作り方を述べている．江戸時代を通しても優れた和算家には方陣の研究者が多い．田中由真，建部賢弘，松永良弼，久留島義太，山路主住，安島直円，藤田定資，会田安明などである．3 方陣は 1 通りだが，4 方陣は 880 通りと成り立つ数は多いのでいろいろな方法が考えられた．

第Ⅳ部では円に関する研究から始め，極限や西洋数学と関わる三角法や対数を扱うもので，関孝和以降のテーマを取り上げた．

第Ⅴ部では幕末の社会が変化することを意識して江戸時代の様々な和算を取り上げている．明治時代になってもともとあった和算の用語と新しく入ってきた西洋の数学用語をどう扱うかについても，東京数学会社（日本数学会と日本物理学会の前身）という学会の設立と同時に訳語会が設けられ，そこで論議された話題を取り上げた．

このように人々を取り巻く背景によって発達する数学であるから，今後の社会の変化に従って新しい数学が生まれることになるであろうが，温故知新という言葉があるように日本の数学の始まりを知っておくことも大切であろう．本書がそのために役立てば望外の喜びである．

2017 年 8 月

佐 藤 健 一

編集代表・執筆者一覧

【編集代表】
佐藤　健一　　和算研究所理事長

【執筆者】（50音順）
川瀬　正臣　　元・新名学園旭丘高等学校教諭
小林　徹也　　茨城県立竜ヶ崎第一高等学校教諭
清水　布夫　　和算研究所理事
菅原　　通　　岩手県和算研究会会長
新井田和人　　慶應義塾高等学校教諭
西田　知己　　江戸文化研究家
藤井　康生　　日本数学史学会編集委員長

目　　次

第Ⅰ部　和算の黎明　　　　　　　　　　　　　　　　　　　　1

❶ 日本の数学は古代中国の数学書『九章算術』から始まった ……………2
❷ 田畑の面積計算 ……………………………………………………6
❸ 万葉集と九九 ………………………………………………………10
❹ 律令制度と算博士，算師 …………………………………………14
❺ 収穫物の容積計算 …………………………………………………18
❻ 室町時代の数学 ……………………………………………………22
❼ 平安時代の教科書「口遊」 …………………………………………26
❽ 計算道具「算木」「ソロバン」の伝来 ………………………………30
❾ 日本人が書いた最初の数学書 ……………………………………34

第Ⅱ部　和算の誕生に向かって　　　　　　　　　　　　　　　39

❿ 明代の『算法統宗』 …………………………………………………40
⓫ 『塵劫記』の出現 ……………………………………………………44
⓬ 『塵劫記』の田畑の面積計算 ………………………………………48
⓭ 測　量　術 …………………………………………………………52
⓮ 数学遊戯 ……………………………………………………………56
⓯ 遺題の風習 …………………………………………………………60

第Ⅲ部　和算の確立　　　　　　　　　　　　　　　　　　　　65

⓰ 関孝和の『括要算法』 ………………………………………………66
⓱ 『算学啓蒙』から『古今算法記』へ …………………………………72
⓲ 天元術で解いてみよう ……………………………………………76
⓳ 関孝和の傍書法 ……………………………………………………80
⓴ 田中由真の傍書法 …………………………………………………84
㉑ 関孝和の求積計算 …………………………………………………88
㉒ 円周率を計算した村松茂清 ………………………………………92
㉓ 零　約　術 …………………………………………………………96
㉔ 剰一術と朒一術 …………………………………………………100
㉕ 翦　管　術 …………………………………………………………104
㉖ 招　差　術 …………………………………………………………108

㉗ 垜　術 …… 112
㉘ 角　術 …… 116
㉙ 方陣と円陣 …… 120

第Ⅳ部　和算の円熟　125

㉚ 円　理 …… 126
㉛ 円周率・円積率・球の体積と表面積 …… 130
㉜ 和算の行列式 …… 134
㉝ 建部賢弘と円周率計算 …… 138
㉞ 綴　術 …… 142
㉟ 「径矢弦の術」と「径矢弧の術」 …… 146
㊱ 「綴術算経」と世界初の $(\arcsin x)^2$ の冪級数展開 …… 150
㊲ 天文暦算と『暦算全書』 …… 156
㊳ 算学者と『数理精薀』 …… 160
㊴ 西洋数学と和算の融合 …… 164
㊵ 和算と三角法，対数 …… 170
㊶ 極数術 …… 174
㊷ 整数術 …… 178
㊸ 変数術 …… 182
㊹ 廉術・逐索 …… 186
㊺ 『拾璣算法』と点竄術，円理諸公式 …… 190
㊻ 算額奉納 …… 194
㊼ 『精要算法』 …… 198

第Ⅴ部　和算の発展　203

㊽ 和田寧の豁術 …… 204
㊾ 円理表 …… 208
㊿ 適尽方級法 …… 214
(51) 図形が他の図形の上でころがったときの軌跡 …… 218
(52) 瑪得瑪弟加塾（マテマテカ塾） …… 222
(53) 和算と太陽暦改暦 …… 226
(54) 『算法新書』 …… 230
(55) 長谷川寛と極形術，変形術 …… 234
(56) 遊歴算家 …… 240
(57) 水利工事で貢献 …… 244
(58) 大工算法 …… 248

❺⑨ 大工算法（正多角形）の作図 ‥‥‥‥‥‥‥‥‥252
❻⓪ 明治時代の訳語会 ‥‥‥‥‥‥‥‥‥‥‥‥‥‥256

第Ⅵ部　和算家列伝（五十音順）　261

会田安明（あいだ・やすあき）‥‥‥‥‥‥‥‥‥‥262

安島直円（あじま・なおのぶ）‥‥‥‥‥‥‥‥‥‥264

有馬頼徸（ありま・よりゆき）‥‥‥‥‥‥‥‥‥‥266

井関知辰（いぜき・ともとき）‥‥‥‥‥‥‥‥‥‥268

礒村吉徳（いそむら・よしのり）‥‥‥‥‥‥‥‥‥270

今村知商（いまむら・ともあき）‥‥‥‥‥‥‥‥‥272

内田五観（うちだ・いつみ）‥‥‥‥‥‥‥‥‥‥‥274

鎌田俊清（かまた・としきよ）‥‥‥‥‥‥‥‥‥‥276

久留島義太（くるしま・よしひろ）‥‥‥‥‥‥‥‥278

沢口一之（さわぐち・かずゆき）‥‥‥‥‥‥‥‥‥280

関　孝和（せき・たかかず）‥‥‥‥‥‥‥‥‥‥‥282

建部賢弘（たけべ・かたひろ）‥‥‥‥‥‥‥‥‥‥284

田中由真（たなか・よしざね）‥‥‥‥‥‥‥‥‥‥286

中根元圭（なかね・げんけい）‥‥‥‥‥‥‥‥‥‥288

藤田貞資（ふじた・さだすけ）‥‥‥‥‥‥‥‥‥‥290

法道寺　善（ほうどうじ・ぜん）‥‥‥‥‥‥‥‥‥292

松永良弼（まつなが・よしすけ）‥‥‥‥‥‥‥‥‥294

毛利重能（もうり・しげよし）‥‥‥‥‥‥‥‥‥‥296

山路主住（やまじ・ぬしずみ）‥‥‥‥‥‥‥‥‥‥298

吉田光由（よしだ・みつよし）‥‥‥‥‥‥‥‥‥‥300

和田　寧（わだ・やすし）‥‥‥‥‥‥‥‥‥‥‥‥302

●**本書で取り上げた和算書で現在入手可能な復刻本　305**

●**索引　307**

【和算書のカギカッコ】　刊本されたものは『　』，それ以外は「　」で示した．
【図版提供】　所蔵元が明記されていない掲載図版はすべて，和算研究所，佐藤健一（編集代表）または執筆者が所蔵しているものである．

I．和算の黎明

❶ 日本の数学は古代中国の数学書『九章算術(きゅうしょうさんじゅつ)』から始まった

　日本が国らしい形になったのは飛鳥時代である．国として動きだすと真っ先に財源が必要になる．法律をつくり役所をつくる．人材も育てなければならない．そのため中国や朝鮮の制度をもち込んだ．律令制度をつくり学校をもつくった．この学校には数学も学習するクラスがある．学生を算生といい，彼らを教える教師を算博士といった．算生は30人いて，算博士は2人である．算生を15人ずつの2組に分け，それぞれの組に算博士が1人担当している．教科書もあった．中国や朝鮮の場合に使っている教科書から選んだ教科書である．一つの組では『綴術』『六章』を学び，ほかの組では『九章』『海島』『周碑』『五曹』『九司』『孫子』『三開重差』を学んだ．初めの組は『綴術』が主で『綴術算経』は現代に伝わらないが，中国でも高等数学であることは知られているので，理論的な数学を教える組である．ほかの組は『九章』が主である．修了すると試験が行われて，全体の結果が合格に達していても『九章』が合格点に達しないと不合格となっている．

　試験に合格すれば官吏として採用された．役所の主計寮，主税寮には算師（p.15参照）は2人いることになっているし，大宰府にも算師1人はいる．そのほかも地方で勤務する算師はいた．

　計算道具は算木(さんぎ)が使われた．『九章算術』には書かれていない．一緒に学ぶ『孫子算経』にも図は書かれていないが，まず算木の説明があり，計算法として乗法の方法が述べられている．算木を上段，中段，下段におく．上の段には被乗数，中段には答，下段には乗数をおく所である．実際の計算を図示すると次のようになる．

　321×7の場合の計算

　このようにして321 × 7 = 2247となる．

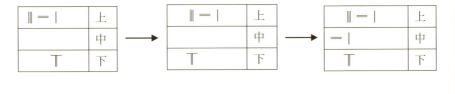

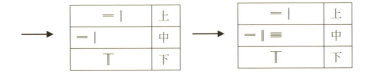

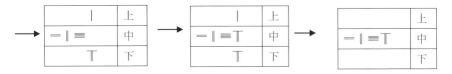

除法については上の段には答が，中の段は被除数，下の段に除数をおく．

また開平や開立の計算法も『孫子算経』では述べてある．ついでに述べると，実用的な内容を述べた『五曹算経』と『九章算術』と『孫子算経』を合わせると教科書として完璧になる．『九章算術』は優れているが，『孫子算経』に述べられている基本的な計算法や九九などは書かれていない．『九章算術』を学ぶ前に『孫子算経』を学ぶ必要があった．

算木のおき方は江戸時代の場合と同じである．

1は|，2は||，3は|||，4は||||，5は|||||，6は⊤，7は⊤|，8は⊤||，9は⊤|||，10は−，20は＝，30は≡，40は≡|，50は≡||，60は⊥，70は⊥|，80は⊥||，90は⊥|||，100は|である（p.30参照）．

加法の場合は，上段，中段，下段の3段で，加数は上段，被加数は中段におき，加えたものを下段におく．これらのことを『九章算術』に入る前に知っている必要があった．

● **『九章算術』の内容**　名前のとおり九つの章からできている．第1章は方田，第2章は粟米，第3章は衰分，第4章は少広，第5章が商功，第6章均輸，第7章盈不足，第8章方程，第9章句股である．

第1章　方田は主にさまざまな形の田畑の面積計算であるが，初めが長方形，続いて正方形，分数の約分問題，分数の加法と減法，分数の大小比較，長さが分数で表されている長方形の面積，二等辺三角形の面積，台形の面積，円形の面積，扇形の面積，弓形の面積，輪の形すなわち同心円で囲まれたドーナツのような形の面積，輪の一部の面積などが問題になっている．

例えば，直径が10歩，周の長さが30歩の円形の田がある．この田の面積を求めよ．

　　答　75歩

周×半径÷2で求める．

また例えば，半円の田がある．弦は30歩，矢が15歩であるとき，この半円の田の面積はいくらか．

　　答　1畝97歩半

第2章　粟米は粟米の法，すなわち穀物の間の両替をそれぞれの比率を定めて計算する．

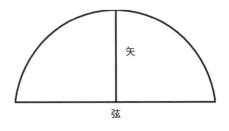

比率は粟50で，粟とはモミのあるもので，モミを取った玄米は30，少し精米した粺米27，精粟24，上等の御米21，細かい麦の粉13.5，荒い麦54，玄粟めし42，少し煮た粺米54，精米めし48，上等の御飯42，大豆，小豆，麻，麦は45，稲60，煮た大豆63，からなっとう63，珍しい飯90，熟した大豆（煮豆）103.5，もやし175となり，この数値が比率になる．

第3章 衰分は大小あるいは高低の差のあるものに分配することを扱う．例えば俸禄・租税などを扱う．按分比例などもここに含まれる．

例えば今，牛，馬，羊が他の所の苗を食べた．苗の主が飼い主に粟5斗の弁償を求めた．羊の飼い主は「私の羊は馬の半分しか食べていない」といい，馬の飼い主は「私の馬は牛の半分しか食べていない」という．今その差によって弁償するものとすれば，飼い主はそれぞれいくら出せばよいか．

答　牛の飼い主は2斗8升と7分の4升
　　馬の飼い主は1斗4升と7分の2升
　　羊の飼い主は7升7分の1升

第4章 少広は方田の逆問題で，開平法や開立法もある．

例えば，面積が55,225歩の正方形の1辺はいくらか，あるいは体積が1,860,867尺の立方体の1辺はいくらか．

第5章 商功は体積や工事に要する日数人数手当を求める問題を扱う．

体積では正四角柱，正四角錐台，円錐台，正四角錐，円錐，直角三角形柱，ほかいろいろある．

例えば，正四角錐台の体積では，上底が一辺 b の正方形，下底が一辺 a の正方形，高さ h の正四角錐台の体積 V は

$$V = \frac{a^2 + ab + b^2}{3} \times h$$

となり方亭という．

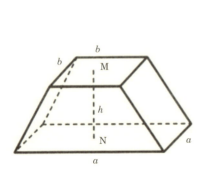
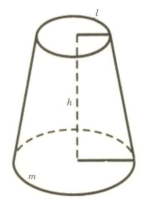

例えば，円錐台については以下のように計算している．上面の円周の長さがlで，下面の円周の長さがm，高さがhの円錐台の体積Vは

$$V = \frac{lm + l^2 + m^2}{36} \times h$$

となり円亭という．

第6章 均輪は戸数の多少，道のりによっての割り当て数などを扱う．ここで使われている体積の単位の尺は本来は立方尺のことで長さの単位をそのまま使うことが多かった．

第7章 盈不足は，今では過不足算といわれるもので，江戸時代の数学書にはよく見かける．

例えば，何人かで犬を買った．1人あたり5銭ずつ出せば90銭不足し，1人あたり50銭ずつ出せば過不足なしである．人の人数と犬の値段はいくらか．

例えば，牛5頭と羊2頭の代金は1万より多く，馬1頭の半額である．また，馬1頭と牛2頭の代金の和は1万足りず，足りない値は牛半頭分である．では牛および馬それぞれ1頭の値はいくらか．

第8章 方程は多元一次の連立方程式の解法で算木を使って求める．

例えば，牛5頭と羊2頭を合わせた代金は金10両であり，また牛が2頭と羊5頭を合わせた代金は金8両である．牛，羊それぞれ1頭の代金はいくらか．

第9章 句股は三平方の定理を利用する問題である．直角三角形で直角を挟む辺のうち，短い方を句といい，長い方を股という．一番長い辺を弦という．なお，句の字は江戸時代は勾と書いている．

例えば，右図のような直角三角形で，句が8歩，股が15歩とする．これから弦を求めよ．また3つの辺の数を加えて法とする．

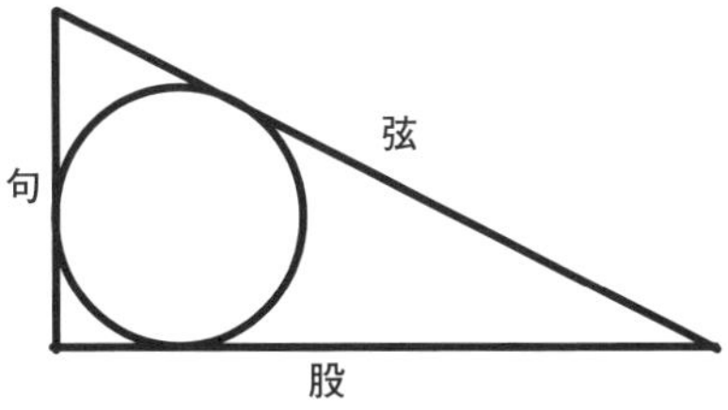

句と股を掛け，それを2倍なして実とする．

実を法で割ると内接している円の直径が得られる．

この問題の前に円ではなく，正方形にした問題がある．そのほかの問題も多く，『九章算術』は日本の算生にとって難問が多かったと推察される．

計算道具が算木であったことを考えると，実際の正税帖をつけ計算することを要求されており，しかも「計算は極めて綿密で……」であった． ［佐藤健一］

❷ 田畑の面積計算

　日本では，飛鳥時代に国らしくなり，朝廷は税を集めて国を運営するようになった．基本になるのは田畑からの米で税を集めることである．1人あたり男には2段，女は1段120歩の土地を給する．このことは養老令の田令に書かれている．田の広さを示しているが，それは横12歩，縦30歩の長方形の田の面積を1段としている．360歩が1段であるから，36歩が1畝となる．男子は2段であるから横24歩，縦30歩の長方形の田を給されたことになる．米は倉に納められるが，いわゆる枡の記載はない．

　室町時代の『拾芥抄』にも田籍部があって税などについても書かれているが，枡はない．江戸時代になってから刊行された『算用記』（龍谷大学所蔵）では「けんちさをのうちやう」で四角形の面積と三角形の面積を求める問題がある．

　「けんち」は「検地」で，「さをのうちやう」は「竿の打ちよう」のことである．ここでは田畑の面積を求めることを扱っている．問題は2問ある．

> **問題1**　図のような四角形の田がある．対角線の長さ48間4尺，その線に他の頂点から垂線を下ろすと一方が13間4尺，他方が8間1尺である．面積を求めよ．
> 　　答　531歩267
> 　　計算法　13間4尺と8間1尺を合わせて21間5尺有　この5尺を6で割り21.833　これを2で割り10間と9166となる．長さは48間4尺ある．この4尺を6で割り48.666　これに10.9166を掛け631.267になる

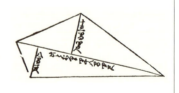

　ここでは三角形の面積の公式だけを使う．四角形も二つの三角形に分けて計算する．高さに相当するところを「よこ」といっている．

> **問題2**　高さが18間2尺で，底辺が31間の三角形の田の面積を求めよ．
> 　　答　284.146歩
> 　　計算法　2尺を6で割り高さは18間333になる．これを2で割り9間166となる．これに底辺の31間を掛け面積は284歩146

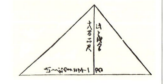

問題2は三角形の面積を求めるもので，単位は間と尺である．ここでは6尺が1間である．10進数ではないので単位を揃える必要があり，間に揃えている．面積は（高さ）÷2×（底辺）の公式で求めるものである．

この2問はいずれも三角形の面積を求める方法を使っている．この時代では公式に相当する言葉はなかったが，普通に公式のようにしていた．

『算用記』は室町時代から江戸時代の初めにかけて何種類もつくられ刊行もされていた．これは当時のソロバン塾などで教科書として使われていたからであるが，改良して出版した本の中に『割算書』がある．著者は毛利重能といい，京都京極あたりに塾を開いていた．ソロバンの塾で使っていてもソロバンの使い方が述べられているわけではなく，使うための問題があるだけで，その意味からすれば算術の本といえよう．もともと『算用記』を改良したものであるから多くの問題や順番を踏襲している．『算用記』の面積問題とは2問とも同じである．三角形の問題の後に左右の斜辺が少し外へ膨らんだ曲線になっている場合の問題がある．これはこれだけの条件では正確には求められない．問題は次のようなものである．文を原文のままで書くと次のようになる．

一，かくのことく成田有いく所にてもけんを打一ツにをきそのかす程ニ又割是をき合て四十間有又四ツに割十間に成 長さ六十八間半をかけ六百八十五歩有三にて割二段二せ二十五歩有

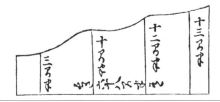

四角形の1辺が曲線になっているし，縦の直線の長さも違う．この形の田の面積を求める問題である．

変化する縦を4個所はかってそれを平均して高さと考えている

すなわち，図において4個所の長さが3.5間，10.5間，12.5間，13.5間で，横の長さが68.5間であるから，3.5＋10.5＋12.5＋13.5＝40，40÷4＝10，これより10間の高さ，幅は68間半であるから長方形とみなせば，

$10 \times 68.5 = 685$

これより面積は685歩となる．30歩を1畝，10畝が1段なので，

$685 \div 30 = 30 \times 22 + 25$

これより2段2畝25歩になる．なお，この時代では30歩が1畝で36歩を1畝とはしていない．

「普請割の次第」にも面積問題はある．普請は土木工事で川の普請が主であるが，

屋敷やその外を廻らす堀なども普請の対象になっていた．戦国の世や江戸時代などで多かった城の普請や国造りのための多くの工事は，道路の整備，水道の設備などと多様になっていく．

> 一，丸い山や川などに見られる形である．図のように周囲を測り長さを求めた．周囲の長さは書き入れた通りである．面積を求めよ．

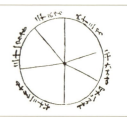

丸い形の山などの普請割で，中心を通る線すなわち半径で周を長さによって分割することを行っている．図のようにいくつもの扇形に分けているが，
　いずれも（弧）×（半径）÷（2）で求められるから全部加えて円の面積にする．
　（周）＝（直径）×3.16で直径を求めていた．

> 縦と横を掛け合わせてそれを3で割れば面積が求まる．間より下については3で割らずに歩としなさい．

このように計算法に注意がある．長方形の面積で，縦と横の長さを何間，何間とおき，それを掛け合わせる．これは平方間の単位になる．1平方間を1歩という．ここではもっと数が大きいので，30歩よりも大きくなるとする．歩の値が30よりも大きいときにはまず30で割る．それは30歩が1畝で，10畝が1段のためである．
　大きい数の場合は何段何畝と答える．

> 丸い田がある．この円中の直径（さしわたし）を掛けて0.79を掛ける．これを30で割り円の面積が求められる．

解説　「丸き田」というのは円形の田である．円の直径を「さしわたし」（径とかく）を d とすると，面積は $d×d×0.79$ で求める．0.79は後に円積率といわれるもので，現代の表現では $\dfrac{\pi}{4}$ のことである．

　変わった丸い田の問題なので，原文で書く．

> 同　丸き田を何間ニ何間と書付時指渡の間を長さにして又さし渡の間ニ七九を懸てそのさんをはゝに書付申候

同じ丸き田を扱うが，「さしわたし」が長いものと短いものがある場合で，直径が二つあることから，図が描かれていないが，現在の楕円のようなものである．この時代にはまだ，楕円は数学書には現れていないので，この本の著者毛利重能

は似た形を考えていたのだろう．楕円は50年位経ってから関孝和により側円として円錐や円柱を斜めに切ったときの形として研究され，画期的に面積を求めた．それまで楕円の問題はない．「長いさしわたし」これを長径とし a とし，「短いさしわたし」を短径とし b とする．ここではそのような図形の面積を，$a \times b \times 0.79$ としている．完全に楕円の面積になる．0.79 は円の面積を求める際に使う円積率に相当する．偶然に正しいのである．

ここまでの田畑の形は江戸時代に入る前のもので，江戸時代になると，田畑の形も多様化する．実際には時代が変わったからといって田畑の形がそれ程変わるわけはないのだが，田畑の形は1627年刊行の『塵劫記』では多くなる．一つには中国の算書『算法統宗』が日本に伝わり，その本で扱っている田畑の形が日本でも数学書の中で扱われたからである．

また，領主である大名は少しでも自領の収穫を多くしようと耕作地を広げる政策をとったことによる．田の場合は日光による日照時間とあまり冷たくはないきれいな水が重要である．そのためには山際の土地は早く日が陰り日照時間が少なくなり，山からの水は冷たいので良質の米が難しい．

米は天候とも深く関わっているので，天候の悪かった年には不作であった．

不作になると，年貢を納めることができなくなるので，領主に実情を知ってもらう必要があった．税を少しでも徴収するためもあって役人が収穫の状況を調べに来る．まず，田を観察して，上，中，下の3段階の中では「上」に相当する所で1間四方，「中」に相当する所で1間四方，「下」に相当する所で1間四方を選び，この3個所で3歩を刈り，籾を擂って米にすると，もしその収穫高が1升9合あったとする．これを3で割り，1歩についての平均を

検見している絵

求めると，6合5勺になる．田地1反の坪数は300歩であるから，$300 \times 0.65 = 195$ で，195升すなわち，1石9斗5升になり，田地は160町あるとすれば，$1600 \times 1.95 = 3120$ これより3120石になる．そこで例年の収穫高と比較する．例年が240石であれば，$3120 - 2880 = 240$，これは平年よりも240石多いことになるので，去年は平年だったし税は五つ（五つとは5割のこと）であったとすると，$240 \times 0.5 = 120$，$120 \div 2880 = 0.04166\cdots$ となり，去年より4分1厘66多いことから，税率は5割に4分1厘66を上乗せして，5割4分1厘66のように計算する．農家の方ではこのようなときには役人に検見を申し出ないのが普通である．例年の率が定まっているときには定率を使うのである．［佐藤健一］

❸ 万葉集と九九

　飛鳥時代から奈良時代においてつくられた万葉集の中に「九九」を知らなければわからないものがある．『万葉集』は 4,536 首の歌が収められている日本最古の歌集である．庶民の歌もあるが大部分は古代の貴族の歌であることから，算生でなくても九九ぐらいを知っていることは普通であったであろう．当時の律令制度により大学寮の中の数学の学習の場で，『九章算術』などの実用的な数学を学ぶ前に九九を覚える必要があった．九九は『九章算術』には記されていない．同時に入ってきていた『孫子算経』には最初に述べられている．九九は声を出して暗唱するものであるから，歌を唄うように九九を大きな声でいいながら歩いていた人がいたのであろう．

　まわりにいる人たちは自然に覚えていたのであろう．『万葉集』を読んだり自分で歌をつくるような知識人なら九九を知っていた．九九でもすべてを使うのではなく，「二二が四」「二五十」「三五十五」「四四十六」「九九八十一」の5種類である．

ア　「二二が四」を使う場合

> 養老七年癸亥夏五月　幸于芳野離宮時　笠朝臣金村作謌一首并短歌
> 　瀧上之　御舟乃山尓　水枝指　四時尓生有　刀我乃　樹能　弥継嗣尓
> 　萬代如是二二知三　三芳野之　蜻蛉乃宮者　神柄香　貴将有　国柄鹿
> 　見欲将有　山川乎　清々　諾之神代従　定家良思母

これをわかりやすく書き直すと，

養老 7 年癸亥の夏 5 月，吉野の離宮に幸しし時に，笠朝臣金村の作れる歌
一首併せて短歌
滝の上の　御舟の山に　端枝さし　繁に生ひたる　栂の樹の　いやつぎつぎに　万代に　かくし知らさむ　み吉野の　蜻蛉の宮は　神柄か　貴くあらむ　国柄か　見が欲しからむ　山川を　清み清けむ　うべし神代ゆ　定めけらしも

907

ここでは「如是二二」の「二二」が「かくし知らさむ」の「し」である．

> 過敏馬浦時　山部宿祢赤人作謌一首并短謌
> 　御食向　淡路乃嶋二　直向　三犬女乃浦能　奥部庭　深海松採　浦廻庭
> 名告藻苅　深見流乃　見巻欲跡　莫告藻之　己名惜三　間使宵裳　不遺而
> 吾者生友奈　重二

これをわかりやすく書き直すと，

I. 和算の黎明   11

敏馬の浦を過ぎし時に，山部宿禰赤人の作れる歌

　　御食向ふ　淡路の島に　直向ふ　敏馬の浦の　沖辺には　深海松採
　浦廻には　名告藻刈る　深海松の　見まく欲しけど　名告藻の己が
　名惜しみ　間使も　遣らずてわれは　生けりともなし　　　　　946

　ここでは，「不遺而吾者生友奈重二」が「遣らずてわれは　生けりともなし」
の部分の「重二」が「し」になる．

> 反歌
> 　　縱恵八師　二二火四吾妹　生友　各鑿社吾　戀度七目

　これをわかりやすく書き直すと，
　反歌　よしゑやし死なむよ吾妹生けりともかくのみこそ吾が恋ひ渡りなめ
　　　　　　　　　　　　　　　　　　　　　　　　　　　　　　　3298

　この「縱恵八師　二二火四」の「二二」が「よしゑやし死なむよ」の「死」に
なる．

> 木國之　濱因云　鰒珠　将拾跡云而　妹乃山　勢能山越而　行之君　何
> 時来座跡　玉鉾之　道尓出立　夕卜乎　吾問之可婆　夕卜之　吾尓告良
> 久　吾妹兒哉　汝待君者　奥浪　来因白珠　邊波之　縁流白珠　求跡曽
> 君之不来益　拾登曽　公者不来益　久有　今七日許　早有者　今二日許
> 将有等曽　君者聞之　二二　勿戀吾妹

　これをわかりやすく書き直すと，
　紀の国の　浜に寄るとふ　鰒珠　拾はむといひて　妹の山　背の山越えて
　行きし君　何時来まさむと　玉鉾の　道に出で立ち　夕卜を　わが問ひしかば
　夕卜の　われに告らく　吾妹子や　汝が待つ君は　沖つ波　来寄する白珠
　辺つ波の　寄する白珠　求むとそ　君が来まさぬ　拾ふとそ　君は来まさぬ
　久にあらば　今七日だみ　早くあらば　今二日だみ　あらむこそ　君は聞しし
　な恋ひそ吾妹　　　　　　　　　　　　　　　　　　　　　　　　3318

　この「君者聞之　二二　勿戀吾妹」の「二二」が「君は聞しし　な恋ひそ吾妹」
の「し」になる．

イ　「二五十」を使う場合

> 狗上之　鳥籠山尓有　不知也河　不知二五寸許瀬　余名告奈

　これをわかりやすく書き直すと，
　犬上の鳥籠の山なる不知也川不知とを聞こせわが名告らすな　　　2710

　この「不知二五寸許瀬」の「二五」が「不知とを聞こせ」の「と」になる．

ウ 「三五十五」を使う場合

> 明日香皇女木瓦（缶）　殯宮之時　柿本朝臣人麿作歌
>
> 飛鳥　明日香乃河之　上瀬　石橋渡　下瀬　打橋渡　石橋　生靡留
>
> 玉藻毛叙　絶者生流　打橋　生乎為礼流　川藻毛叙　千者波由流
>
> 何然毛　吾王能　立者　玉藻之母許呂　臥者　川藻之如久　靡相之
>
> 宜君之　朝宮乎　忘賜哉　夕宮乎　背賜哉　宇都曽臣跡　念之時
>
> 春部者　花折挿頭　秋立者　黄葉挿頭　敷妙之　紬携　鏡成　雖見
>
> 不獣　三五月之　益目頬染　所念之　……

これをわかりやすく書き直すと，

飛鳥の　明日香の川の　上つ瀬に　石橋渡し　下つ瀬に　打橋渡す石橋に生ひ靡ける　玉藻もぞ　絶ゆれば生ふる　打橋に　生ひををれる　川藻もぞ枯るれば生ゆる　何しかも　わが王の　立たせば　玉藻のもころ　臥せば川藻のごとく　なびかひし　宜しき君の　朝宮を　忘れたまふや　夕宮を背きたまふや　うつそみと　思ひし時　春べは　花折りかざし　秋立てばもみち葉かざし　しきたへの　袖たづさはり　鏡なす　見れども飽かず　望月の　いやめづらしみ　思ほしし　……

196

この「鏡成　雖見不獣　三五月之」の「三五」が「鏡なす　見れども飽かず望月の」の「望月」だから「十五」になる.

エ 「四四十六」を使う場合

> 長皇子遊猟獦路池之時　柿本朝臣人麿作歌
>
> 八隅知之　吾大王　高光　吾日乃皇子乃　馬並而　三猟立流　弱薦乎　獦路乃小野尓　十六社者　伊波比拝目　鶉成　伊波比毛等保理　恐等　仕奉而物　伊波比廻礼　四時自物　伊波比拝　鶉成　伊波比毛等保理　恐等仕奉而　久堅乃　天見如久　真十鏡　仰而雖見　春草之　益目頬四寸　吾於富吉可聞

これをわかりやすく書き直すと，

やすみしし　わご大王　高光る　わが日の皇子の　馬並めて　み猟立たせる弱薦を　猟路の小野に　<u>猪鹿</u>こそはい匐ひ拝め　鶉こそ　い匐ひ廻ほれ　猪鹿じもの　いはひ拝み　鶉なす　い匐ひ廻ほり　恐みと　仕へ奉りて　ひさかたの　天見るごとく　まそ鏡　仰ぎて見れど　春草の　いやめづらしきわが大王かも

239

この「十六社者」の「十六」が「<u>猪鹿</u>こそは」の「猪鹿」だから「しし」になる.

> 大伴坂上郎尾女祭神謌
> 久堅之　天原従　生来　神之命　奥山乃　賢木之枝尓　白香付
> 木綿取付而斎瓮乎　忌穿居　竹玉乎　繁尓貫垂　十六自物　膝折伏
> 手弱女之　押日取懸　如比谷裳　吾者　　　折奈牟　君尓不相可聞

これをわかりやすく書き直すと，

　ひさかたの　天の原より　生れ来たる　神の命　奥山の　賢木の枝に白香つ
け　木綿とり付けて　斎瓮を　斎ひほりする　竹玉を　繁に貫き垂れ　鹿猪
じもの　膝折り伏し手弱女の　おすひ取り懸け　かくだにも　われは祈ひな
む　君に逢はぬかも　　　　　　　　　　　　　　　　　　　　379

この「繁尓貫垂　十六自物」の「十六」が，「繁に貫き垂れ　鹿猪じもの」の
「鹿猪」だから「しし」になる．

> 安見知之　和期大王波　見吉野乃　飽津之小野笑　野上者
> 跡見居置而　御山者　射目立渡　朝獦尓　十六履起之　夕狩尓
> 十里蹈立　馬並而　御獦曽立為　春之　茂野尓

これをわかりやすく書き直すと，

　やすみしし，わご大君は，み吉野の　秋津の小野の　野の上には　跡見する
置きて　み山には　射目立て渡し　朝猟に　鹿猪履み起し　夕狩に　鳥踏み
立て　馬並めて　御猟そ立たず　春の茂野に

この「朝獦尓　十六履起之」の「十六」を「朝猟に　鹿猪履み起し」の「鹿猪」
だから「しし」になる．

オ　「九九八十一」を使う場合

> 又家持贈藤原朝臣久須磨謌二首
> 情八十一　所念可聞　春霞　軽引時二　事之通者

これをわかりやすく書き直すと，

　情ぐく思ほゆるかも春霞たなびく時に言の通へば　　　　　　789

この「情八十一」の「八十一」を「情ぐく」の「くく」になる．

　他にもいくつか書かれているが「二二が四」「二五十」「三五十五」「四四十六」
「九九八十一」の五種のみであるが万葉集で扱われている．このような九九の使
い方は室町時代の狂歌などにも見られる．　　　　　　　　　　　[佐藤健一]

❹ 律令制度と算博士，算師

　大宝律令の「大宝令」は大宝元（701）年にできて翌年の大宝 2 年から施行された．続く養老律令の「養老令」は大宝律令に修正を加えて養老年間に編纂を始めたが，遅れて天平宝字元（757）年に施行されたという．学令については修正項目に見あたらないことから大宝令と変わらないといわれている．ここで取り上げている算博士や算生については学令に関係している．

　律令制度でそのもとになる「大宝律令」や「養老律令」がともに現代には伝わらずずっと前の時代に失われているが，平安時代に令の解釈を定める必要があった．法律の文についてはいつの時代でも人によって解釈が異なることはあるからで，そのためまとめられたのが『令義解』である．これは幸いなことに現代に伝わっているため，現代でも養老令を知ることができる．

◉ 大学令の数学　大学令での大学寮に音博士，書博士に次いで，

　　算博士二人　掌教算術　算生卅人　掌習算術

とあり大学寮の中に算博士という教師が 2 人いて，30 人の算生あるいは算学生に数学を教えたことがわかる．学令における大学生については，

　　凡大学生　取五位以上子孫　及東西史部　子為之　若八位以上子情願者聴
　　国学生取郡司子弟為之　大学生式部補　国学生国司補　並取年十三以上十六
　　以下聴令者為之

と書かれている．13 歳乃至 16 歳のものを入れるという．

　では，算生たちはどのような数学を学習していたのであろうか．教科書についても学令に示されている．学令の算経条に，

　　凡算経　孫子　五曹　九章　海嶋　六章　綴術　三開重差　周髀　九司
　　各一経　学生分経習業

とある．これは算生が学ぶ教科書の名前で，中国や朝鮮で日本と同じように学校をつくり，その学校で国が定めた教科書であった．それらの中から律令を編纂した人が選んだものである．

　教科書の名前は『孫子算経』『五曹算経』『九章算術』『海嶋算経』『六章』『綴術』『三開重差』『周髀算経』『九司』で『九司』以外は中国や朝鮮の数学書に存在する．

　学令では教科書を示した後に，学習が終了した後で試験をしている．合格についても書かれている．『孫子算経』は長さの単位を忽から絲，毫，釐，分，寸，尺，丈と 10 倍した単位を並べ，6 尺を 1 歩，50 尺を 1 端，あるいは 1 疋，300 歩を 1 里としている．重さの単位として，米 1 粒の重さを 1 黍とし，その 10 倍を 1 絫，10 倍を 1 銖，24 倍を 1 両，16 倍を 1 斤，30 倍を 1 鈞としている．このようにして体積の単位，大きい数の単位の名称，九九八十一から始まる九九などの基本

的な事項を述べている．乗除などから計算法は『九章算術』をやさしくしたような本である．

　試験のことに戻って，書かれている文章の意味は，『九章算術』から3條と『海嶋算経』『周髀算経』『五曹算経』『九司』『孫子算経』『三開重差』からそれぞれ1條の合わせて9條を試験して全部及第すれば甲とし，6条及第すれば乙とする．ただし，『九章算術』を一つでもできなければ合格にしない．『九章算術』はかなり完成した数学書であるが，例えば九九のように以後の数学問題を考えるための基礎的なことについては述べられていない．そのような部分を補っているのが『孫子算経』などである．『九章算術』を重要視しているが実際には『孫子算経』『五曹算経』を理解する必要もあり，田畑の測量では『海嶋算経』も学習することが必要であった．

　『綴術』と『六章』を受ける人は『綴術』6條と『六章』3條を試験し，全部及第すれば甲，6條及第すれば乙とする．ただし『六章』が落ちれば落第とする．『六章』は『九章算術』の一部ともいわれているものであるから3條できることは当然と考えた．

　このことから算生30人を二つの組にしていることがわかるし，そのために算博士が2人いることになる．『綴術』はかなり前から中国でも失われているし，日本にもない．中国では『綴術』の修行の年数は4年で，他の数学書の修行年数よりも長い．『九章算術』でも3年である．このことは『綴術』は難解な内容の書と考えられるから，実用の数学書ではなく，理論的な数学書であろう．終了したら算師として実社会に出て働くこと以外に，国としては研究者として将来の算博士を目指す人の養成を担うことも視野に入れていたと考えられる．

● **算師としての仕事**　　学令によれば算生を終了すると，官吏として登用される．主計寮の2人は税の計算を調べたりすること税である庸を調べたりする役を担っていた．また主税寮には算師がそれぞれ2人ずついて，税の計算を調べたりすることや租税そのものも担当していた．大宰府には1人いる．ここでも税の計算を調べたりすることやさまざまな物の個数の計算をしていた．

　班田制が行われていた．養老令の田令では縦12歩，横30歩の長方形の面積を1段としている．歩は江戸時代では面積の単位だが，長さも面積も同じ語を使っていた．それは中国でも同じである．12×30＝360で当時は36歩が1畝で10畝が1段であったことがわかる．また，6歳になると男は口分田を2段，女はそれよりも3分の1少なく給えるとある．すなわち女は1段120歩給された．税はここからつくられる米についてばかりではなくほかの種類のものもあったためかなり面倒な計算であった．正倉院の文書に記載されている例のうち職員についての資料をあげる．班田司で働く職員は75人いるが，そのうち算師が20人も記録されている．

　それによれば，太政官所属の左算師として，泰種人，索羅下老萬呂，坂本来栖，

秦池守，同じく太政官所属の右算師として志首豊濱，細川私小牛廿，畝火豊足，山村乙萬呂，河内の算師として山村兄萬呂，下道長人，神漆直今手，陽隻豊成，津（摂津）の算師として，国真勝，秦人足，山代内白公，三田家成，山代（山城）算師として忍海千島，秦廣山，馬大名，飛騨道足，以上の 20 名が挙げられている[1]。

これはほんの一部の資料であるからすべてを取り上げた資料があれば全国に多くの算師が活躍していたと想像できる．

● **戸籍の調査例**　ある戸籍の収穫や税などの計算例である．

（1）	合七郡天平元年定大税稲穀 45287 斛 235 合
（2）	不動 25021 斛 9978 勺
（3）	動 20265 斛 2372 勺
（4）	粟穀 30 斛 05 升
（5）	穎穀 7814 束 16 分
（6）	為穀古穎 7950 束
（7）	得穀 795 斛
（8）	振斛量入 72 斛 2726 勺
（9）	定 722 斛 7274 勺
（10）	出擧 16180 束
（11）	身死 103 人　免税 3016 束
（12）	定納本 13164 束
（13）	利 6582 束
（14）	古穎 54018 束 16 分
（15）	合 73764 束 16 分
（16）	雑用 8060 束
（17）	年料白米 371 斛 4 斗　料 7428 束
（18）	酒米 28 斛 6 斗　料 572 束
（19）	年料外交易進上小麦 6 斛　直 60 束$_{10 \text{束}}^{1 \text{斛別}}$
（20）	遺 65704 束 16 分
（21）	輸田租稲穀 4040 斛 997 合
（22）	全給 2 所封主 231 斛 321 合
（23）	二分之一主給 99 斛 1055 勺
（24）	納官 99 斛 1055 勺
（25）	納公 3710 斛 5705 勺
（26）	振斛量入 337 斛 3242 勺
（27）	定 3373 斛 2463 勺

---

[1] 『日本数学史講話』澤田吾一，昭和 3 年による．

【解説】

この書面からの計算を推定する．（1）の内訳が（2）と（3）である．
25021.9978 ＋ 20265.2372 ＝ 45287.2350 より明らかである．
稲の1束から穀が1斗得られるから，（6）を10で割って（7）を求める．

7950 ÷ 10 ＝ 795

（7）の振入量を計算するため，所謂江戸時代の欠け米[*2]を算出する．外1割であるから，11で割る．795 ÷ 11 ＝ 72.2727…これを 72.2726 としている．
これが（8）である．
（7）の得る穀高から欠け米である振入の（8）を引くと，

795 － 72.2726 ＝ 722.7274 となりこれが定の（9）である．

出挙の（10）から免税 3016 を引くと納める税である定納本（12）が計算できる．

16180 － 3016 ＝ 13164

定納本の半分が利になる．13164 ÷ 2 ＝ 6582（13）になる．
（6）の穀古頴 7950 と（10）の出挙 16180 を（5）の 78148.16 から引く．

78148.16 － 7950 － 16180 ＝ 54018.16 でこれが古頴（14）である．

この（14）と（12）と（13）を合せたものが（15）の合になる．

54018.16 ＋ 13164 ＋ 6582 ＝ 73764.16

雑用の（16）は年料白米の（17）と酒米の（18）と年料外交易進上小麦（19）を合わせたものである．（15）の合から雑用の（16）を引き，遺の（20）が計算できる．これが輸田の祖の稲穀（21）である．

ここから（22）と（23）を引いたものが（25）の納公で，これに対しても振入料を計算する．3710.5705 ÷ 11 ＝ 337.32459…となるが，（26）としている．
（25）の納公から（26）を引き，（27）の定が求められる．

3710.5705 － 337.3242 ＝ 3373.2463

このようにして税の計算が記録されているが，この税帳の作成は多くの場所で行われていたはずであって，計算そのものは難しいことではないが，正しい計算が要求されていたであろう．やはり『九章算術』の1巻から3巻程度の知識と計算の能力は必要であった．算師である以上はこの程度の計算をすることは当然とされていたことになる．

[佐藤健一]

---

*2 「欠け米」というのは，年貢などで米を運ぶときに米を入れる俵からこぼれ落して運ぶ先に着いたときに，1俵あたり4斗入れるものとすると，1,2升少なくなっている．この少なくなった分を欠け米という．奈良時代では外1割とあるから 1 ÷ 1.1 ＝ 0.9090…となり約9分1厘少なくなる．

❺ 収穫物の容積計算

　米あるいは粟を収納するのに，倉を利用する．中国の古算書である『九章算術』では第5章の商功に粟を平地に積み上げる問題がある．また，壁に寄せて積み上げるもの，倉庫の内側の角の壁に寄せて積み上げる場合などがある．積み上げた形は円錐形なので，その求め方は（底面の円周）^{2}×（高さ）÷36である．これは底面の半径をr，円周率をπとし，高さをhとすると，$2\pi r \times 2\pi r \times h \div 36 = \pi \times \pi r^2 \times h \div 9$．$\pi$は3であったから，$\pi r^2 h \div 3$になる．

① 円錐の半分の形

　図のように壁のようなものに沿って粟を積んだものがある．その形は円錐の半分だが，底面の円弧の長さをlとし，高さをhとすると，体積Vは，$V = \dfrac{l^2 h}{18}$である．

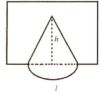

　円錐を縦に二分した形で底面の円周が半円になっていて，その長さが与えられている場合である．これは片面に壁などを想定したのである．

② 円錐の四分の一

　図のように直角に交わっている壁に沿って粟を積んだものがある．その形は円錐の四分の一だが，底面の長さがlで，高さがhであるとき，体積Vは，$V = \dfrac{l^2 h}{9}$である．

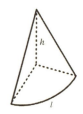

　円錐の四半分した形である．倉庫の隅（角（かど）ともいう）が直角な壁のようになっている場合を想定している．

③ 円錐の四分の三

　図のように直角の壁の外側の壁に沿って粟を積み重ねたものがある．その形は円錐形の四分の三で，底面の円弧の長さをl，高さをhとすると，体積Vは$V = \dfrac{l^2 h}{27}$である．

　倉庫の外側で，それも角の場所で壁に沿って円錐形に粟米を積み重ねた場合を想定している．そのときの底面が円の弧，円周の四分の三になっている場合である．

　日本の場合では奈良時代などの倉庫についての記載はないが，倉庫などの角の部分に枠をつくり籾の状態の米を納めたようである．江戸時代では倉の中に俵に

入れた米を積む問題があるが、俵を使うようになったのは中世からといわれている。この頃は1俵に籾の状態の米を5斗入れた。江戸時代では年貢を納めることに便利なように藩によって俵のサイズが異なっているし、俵に入れて玄米を入れるようになって、運ぶ間に俵からわずかにこぼれ落ちるためその分を多めに入れておくことになっていた。幕領の場合は3斗5升納めるために減る量として2升多く入れていた。すなわち1俵には3斗7升入っている。和算書の中に俵の絵は多いが、現代では俵を使うことがないため若い人の間では知られていない。俵1俵の中に米を入れて1俵入りとするが、これが一つの単位になっている。

もとになっている単位は1升で、この容積は1升枡で示されている。1升枡のサイズは口が4寸9分四方の正方形、深さが2寸7分の正方形柱であるから容積は64.827立方寸になっている。このサイズに定まったのは江戸時代の初期でそれ以前は口が5寸四方の正方形深さが2寸5分であった。この場合は62.5立方寸で2.327立方寸だけ少ないことになる。江戸時代ではこのサイズの枡を古枡といい、64.827立方寸の枡を今枡といっている。10升が1斗という。3斗7升が1俵ということになる。俵を収納する場所は倉である。

『塵劫記』初版本（吉田光由、寛永4〈1627〉年）にある蔵に米俵を入れる問題

問題 横が2間半、縦が6間、高さ2間の直方体の形をした蔵がある。この中に米はどれ程収められるか。

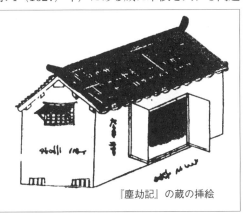

『塵劫記』の蔵の挿絵

　　答　1080石入る。
　　法　まず蔵の容積は $2.5 \times 6 \times 2 = 30$（坪）

ここでいう坪は立方間のことである。この1坪に米が36石収められるのが普通であるから、$30 \times 36 = 1080$

ただし、蔵の形により収量は異なるし、積み方によっても異なるので、この量はおおよそである。

また、農家では俵に米を入れたものを庭に積み重ねてその上に筵のようなものを掛けただけの絵も描かれている。以下は名主の家であろうか、武士が調べに来ている。

このように俵を重ねると積み重ねた俵の数を数えるのに数えやすいことから，その数え方の問題も『塵劫記』には初版から出ている．杉成算という．

> **問題** 図のように俵を杉の形に積み上げる．1番上が1俵で，1番下に13俵あるとき，その積まれた俵の総数を求めよ．

答　俵の総数は91俵である．
計算法　$(13+1) \div 2 \times 13 = 91$

俵を杉の木の形に積む

俵の数がわかれば全体の米の量も計算できる．
　また，上が1俵ではない場合の問題も一緒に出ている．計算の仕方は同じで，上の俵数と下の俵数とを平均して高さを掛けて求める．

I. 和算の黎明

俵に詰める物は米ばかりではない．収穫物を入れるのに手短で繕うことも簡単な俵はよく使われた．例えば茶でも俵に詰めた絵が算書に描かれている．

ここに書いてある問題を見ると1俵に茶がどれほど入っているかがわかる．

| 問題 | 茶が5貫入っている俵が18個ある．これは何斤になるか． |

　　答　360斤
　　計算法　$18 \times 5 = 90$　$90 \times 4 = 360$

ここでは，全部で90貫になる．1貫は1000匁，1斤は外国からの輸入品については160匁，日本のものについては250匁になるので，1000匁は4斤となる．90×4は匁を斤に直す計算である．絵にあるように茶は，米と同じように，俵に入れて送った．そのため1俵を4から5貫目と定め，俵に入れる前にはかっていた．

続いて茶を売るときの問題が付いている．商品であるから当然である．

| 問題 | 1斤につき，銀8分の茶を3貫750匁買う．そのときの代銀はいくらか． |

　　答　12匁
　　計算法　$3750 \times 0.8 = 3000$，$3 \times 4 = 12$

　　　　　　　　　　　　　　　　　　　　　　　　　　　　［佐藤健一］

❻ 室町時代の数学

　数学は律令制度により学ばれたものであったから，奈良時代では算生といわれる学生たちは活発に九九を覚えたり，加減乗除の計算をしたようであったが，その活気ある時代は律令制度についての考えが公家の時代から武士の時代と代わっていくと官僚のための数学は衰えていった．

　昭和の時代まで一般の人はいうに及ばず，和算の研究者の間でも室町時代は日本数学の暗黒時代などといっていた．この時代でも律令制はなくなったわけではなく算博士も誕生しているし，古い数学があったことは確かである．室町時代では足利幕府が日本の為政者であった．足利義満の時代を頂点として次第に統率力が減少していたことは確かである．『九章算術』をはじめとして，旧来の数学は一部の人を除いて無用になった．この時代の知識人は僧侶になっていたのである．

　鎌倉時代から僧侶は多数中国に渡り，新しい仏教を学んだ．いわゆる留学僧である．留学僧は仏典をもち帰ったが，中国の文化をももち帰った．その中に『事林廣記』という百科事典も含まれていた．日本にはこの種の本はなく，日本人にとって新鮮であったと考えられる．

　『事林廣記』には，接談称呼，天文，仏教修身之法，医学，算法など50ぐらいの項目がある．中国などの外国人との談合や交渉には非常に便利なもので役立った．

　この中の算法という数学もかなりのページを使って説明がある．この本は室町時代の公家や僧侶たちの間で読まれていたことが幕府の公的記録や公家の日記に記されているのである．数学としてはレベルは高くはないが算博士や算師などの家柄ではないところに伝わっていた．

　これとは別に，比叡山は多くの優れた僧が集まっており，誰でもが高く評価していた．比叡山で長い間学僧をしていたのが光宗（1276-1350）である．学んだことはいうに及ばず，見聞きしたことを17年もの間記録していた．その内容を顕，密，戒，記の四つの分野に分け，さらに社会でおこる医方事，俗書事，歌道事，兵法事，術法事，作業事，土巧事，算術事，傳門資事の教師の名をあげている．ここに記してあることを学ぶことが比叡山修行につながると考えられる．とすればこの本は教科書の役目を果たしていると考えられる．100巻とも300巻ともいわれる本で，「渓嵐拾葉集」という．現在残っているものでは114巻である．ここにある「算術事」に書かれている師は光宗が学んだ算術の師であろうが，その名は公慶僧，性圓阿闍梨，事圓禅師の3人である．

　光宗は1276年に生まれているから，この頃の中国は元の時代で，元では1299年に『算学啓蒙』が刊行された．光宗数え歳の24歳であるから比叡山で

修業していたころであるが，日本には『算学啓蒙』は，まだ伝わっていなかった．元に留学する僧は多かったのであるが，中国からもち帰った数学書は確認されていない．『算学啓蒙』は江戸時代の和算の発展に最も寄与した数学書であるから，この書が伝わらなかったことは，留学僧たちは学問についての究学心が高かったとはいえ，数学書の存在に気づくところまでは至らなかったと考えられる．その点初歩的な数学が述べられている『事林廣記』の数学（ここでは算法類を指す）は留学僧にとって適当であったと考えられる．

また室町時代になると金融業が現れた．質屋や酒屋を営んでいた人たちの中に富裕な人たちが何軒も現れ，その中のいくつかはますます巨大化した．その人たちとは土倉業の人である．

僧侶も法事や葬儀などで得た金を資金源として金貸しを行った．祇堂銭といい，他の金貸しよりも利率は低いものの年利にすると2割以上になる．莫大な財産を得ていた．室町幕府はこのような利益の多い所へ多大の税を課した．利益を得るためにはそれなりの計算能力を必要としていた．

室町幕府を経済面で支えたのは土倉と寺院と考えてよいようだ．寺と幕府が密接な関係にあったように寺と土倉も交流があった．僧侶は公家を補佐するような立場であり，明との貿易に際しては僧侶が幕府を助けている．遣明船に同乗する人選の話し合いが室町幕府の公式記録でもある「蔭涼軒日録」にたびたび書かれている．

この人たちが読んでいたのが『事林廣記』で，中国人や朝鮮人と接するときのバイブルとして利用していたようだ．

ここで『事林廣記』の中の数学の問題のうち面積についての問題を一部紹介する．

① 直田畝法(ちょくでんせほう)

假如有直田　長一十六歩　闊十五歩
問為田多少　答曰　一畝
法曰長闊相乗為田積歩得二百四十
歩除為畝以合前問也

直田とは図に示しているように長方形のことである．現在でいう横が長，縦が闊とある．その面積を求める問題である．長が16歩，闊が15歩である．歩は長さの単位であり，広さの単位でもある．

法（計算法）では次のような計算をする．（長）×（闊）÷（240歩）で，16×15＝240　240歩である．240÷240＝1　より1畝とする．240で割るのはこの時代の中国は240歩が1畝であるから240で割る．このようにしてさまざまな図形の面積が扱われている．図形をあげる．

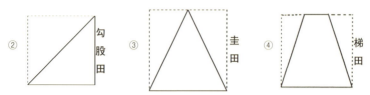

正方形，方田という．
② **勾股田畝法** これは図のように直角三角形の田である．
③ **圭田畝法** これは二等辺三角形の田をいう．
④ **梯田畝法** これは台形の田をいう．

⑤ **邪田畝法** これは二つの角が直角の台形である．
⑥ **三廣田畝法** これは等脚台形が等しい上底で合わせた形である．
⑦ **梭田畝法** これは等脚台形が等しい下底で合わせた形である．

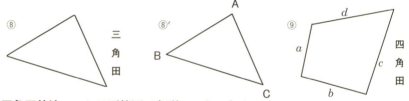

⑧ **三角田畝法** これは不等辺三角形のことである．
⑧′の図において $AB=c$, $BC=a$, $CA=b$ とすると，この三角形の面積 S は

$$S = \frac{b+c}{2} \times a$$ この式は正しくはない．

⑨ **四角田畝法** 不等辺四辺形である．各辺を a, b, c, d とすると

面積を S は $S = \dfrac{a+c}{2} \times \dfrac{b+d}{2}$ となり，正しくはない．中国では北宋時代の元豊7（1084）年の『夏侯陽算経』に「四不等田」についてまったく同じことが述べられている．

⑩ **五角田畝法** 不等辺五角形である．

各辺を a, b, c, d, e とすると,
$$S = \frac{a+b+d+e}{4} \times c$$

⑪ **六角田畝法** 等辺六角形のことである．

各辺を a とすると, その面積 S は $2a^2$ である．

⑫ **弧矢田畝法** これは弓形である．

弧矢田とは弓形のことである．『九章算術』や『五曹算経』で「弧田」として扱われていた．式は若干異なる．

『九章算術』では, $S = (a \times c + c^2) \div 2$

『五曹算経』では, $S = a \div 2 \times c$

『事林廣記』では上右図で, 弦 $AB = a$, 矢 $CM = c$, 面積を S とすると,
$$S = \frac{a+c}{2} \times c$$

この方法は正しくはないが, このような計算が日本人の一部の人に知られていた．

また, 豪商の角倉了以が吉田光由に教えた数学は「吉田流算術」として吉田光由によって稿本となり, 角倉了以の弟子田宗恂が遺した「三尺求図数求路程求山高遠法」などの書き物も室町時代にできていたものと考えられる．

このほか庶民が自ら職業や日常の売買計算で必要とされた算法は, 必要とする人, 家, 店でつくられ「算用記」として受け継がれていた．日本でもこの時代では都市を中心として貨幣による物の売買, 貸し借りが日常化してきた時代であり, そのためか古くから官僚中心に学び受け継がれてきた算博士や算師の数学は影をひそめ目立たなくなっていた．

これらの数学と庶民の中から沸き上がってきた数学が一緒に存在していたのが室町時代の数学である．

そして, これらの「算用記」をまとめて書物が刊行され, さらに他の人により修正されて刊行され江戸時代になるころにはかなり多くの人が使える程内容も多くなりやがて, もう一段高い数学を身に付けた人により数学の形式をも整えた数学書『塵劫記』が現れるのである． [佐藤健一]

❼ 平安時代の教科書「口遊」

　平安時代において，数学は前時代を引き継いだままであったが，変わったといえば教科書がつくられたことである．律令によれば大学寮算博士2人，算生30人いる．家の位に制限があって比較的低い位の子弟が算博士や算生であった．

　役職をもつ公家の家では数学などの知識は不要に思えるが，地方から送られてくる書類を点検するくらいの知識は必要であった．後に太政大臣を務めた藤原為光（942-992）は天禄元（970）年に参議になった年，長男の松雄が7歳になったので，学問を学ぶ年齢と考えた．役職に就けばそれ相当の学問を身に付ける必要があるからである．学者の源為憲に松雄の教育を依頼した．為憲は松雄をその時代の貴族として身に付けていなければならないものをまとめた教科書「口遊」を編集した．この中に数学に関するものが7種ある．為憲からみた松雄は，非常に頭のよい優れた子供であると，終わりに述べている．為光はその後，右大臣，さらに太政大臣にまで出世している．その長男の松雄は藤原誠信となり，永延2（988）年参議になった．

　「口遊」の内容について数学と関係のある部分を記す．

● **九九の表**　現存するすべての資料の中で，「口遊」の九九の表が最も古い．中国の数学書を見てもこの時代では九九の表は記載されていない．「口遊」では，九九八十一から始まる表になっている．右のようである．

　九九八十一が最初であることから，最初の字をとって「九九」という名が付いた，という説が現在では通説になっている．この九九の順序は室町時代でも「口遊」と同じような九九になっている．

● **竹束問題**　これは竹のような物を束ねて外周にある竹の個数を数え，その数から束全体の竹の本数を求める問題である．ここで扱われている竹束は中心に3本あって，そのまわりに9本あるように束ねるものである．問題には図がなく，問題文と答，計算法が書かれている．下のようである．

　員は数の義，三数は三つの算木で，只三とも書く．現代文に直すと，「ここに竹の束があります．外の周にある竹の数は21個あります．束全体ではいくつありますか」．

　　答　48個

```
今有＿竹束＿周員二十一問惣数幾何
　　日　四十八
　術日置＿周員＿加＿三算＿自乗得＿五百七十六
　以＿十二＿除得＿四十八
```

計算法　周の数 21 に 3 を加える．24 になる．24 を自乗し 576 になる．
これを 12 で割ると 48 が得られる．

※現在のような数式で書くと，$\dfrac{(21+3)^2}{12}=48$ となる．

　この問題ではうちから順に，周囲の数を並べると，3，9，15，21，27，……
になる．初項 3，公差 6 の等差数列になる．n 番目の項を a_n とすれば，

$a_n = 3+(n-1)\times 6 = 6n-3$ となり，n 項までの和は，

$$\sum_{i=1}^{n}(6i-3)=6\sum_{i=1}^{n}i-\sum_{i=1}^{n}3=6\times\frac{n(n+1)}{2}-3n=3n^2+3n-3n=3n^2$$

で表される．$6n-3=21$ より $n=4$．これを代入して 48 になる．
　この問題は当時はもちろん，その後でも類例はない．日本に入ってきた大陸の
数学書には見あたらないのである．竹束の問題は，江戸時代に伝えられた『楊輝
算法』「田畝比類乗除捷法」に中心に 1 個ある場合が論じられて「口遊」は 970
年であるから源為憲が『楊輝算法』を参考にすることはできない．また，漢時代
に円柱形の算木がすでに用いられていて，太さ，すなわち直径が 1 分のものを
271 本を束にして一握りにすることができる，という．ただし，中心に 1 個置く
もので，「口遊」のものとは違う．

●**病人問題**　一種の占いだが，病気にかかってしまったら，その結果は（治る）（な
かなか治らない）（死ぬ）の三つに分類して答えるから，病人の年齢，病気にかかっ
た日など数に置きかえられるものを算出し，その数を三つに分けて判断する一種
の遊びである．下のように書かれている．

病者
有病者 不知死生
日 置九九八十一　加十二神　得九十三　是加病者年数　并得以三

除也 若有不盡者男死女不死　若無不盡者女死男生云々

今有人死生知術　置八十一加十二神　又加十二月将又病者年若干并
以三除若有竿残者不死不遺死

九九八十一と九九が使われている．十二神の 12 を足して $81+12=93$．
　この数に病人の年齢を加える．仮に 28 歳の女ならば，$93+28=121$ で，こ
れを 3 で割ると，1 余る．すなわち不盡である．女であるから死なない．後の場
合は，81 に 12 を足して，さらに 12 を足す．$81+12+12=105$，これに年齢
を足すと 133 になる．3 で割ると 1 余る．この場合も死なない．「治る」「なかな
か治らない」「死ぬ」の 3 つに分けているため，3 つに分かれるように 3 で割っ
て余りが 0，1，2 になるようにした．

● **男女生み分けの問題**　これも考え方は第三項の病人問題と同様である．奈良時代に日本に伝えられた数学書の『孫子算経』にも同様の問題がある．まず，『孫子算経』の問題をあげる．下のように書かれている．

> 今有孕婦行年二十九歳　難九月未知所生
> 　　答日　生男
> 術日置四十九加難月減行年所餘以天除一地除二
> 人除三 四時四 五行五 六律除六 七星除七 八風
> 除八 九州除九 其不盡者奇則為男耦則為女

『孫子算経』の男女産み分け問題

「孕婦」は妊婦のこと，「難九月」は臨月が九月ということ，「四十九」は定数，「天除一」は「天の一を除く」で除くは「のぞく」で減ずることである．耦は「ぐう」で「2人並んで耕す」の意で偶と同じく使う．これの計算をしてみると，49＋9－29－1－2－34－45－56－67－78－89－9＝－352となって答の男になる．

「口遊」の問題は次のようである．

婦女の年齢が書かれていないが，『孫子算経』と同じ年齢として計算すると，29＋12＝41　41－1－2－3－4－5－6－7－8－9＝41－45＝－4

> 産婦
> 今妊婦可生子知男女法
>
> 術日 置婦女年数〔自生年至妊年〕加十二神為実可除天一
> 地二人三四時五行六神七星八風九宮
> 一三五七〔為陽男也〕　二四六八〔為除女也〕一説以九除也〔今案同法也〕
> 口傳日若自去妊者可加空算三加婦女之年也

偶数になるので女である．男女を判断するための科学的なあるいは数学的な説明はないが，物事の判断をするために数に置き換えて計算する．ここでは足し算と引き算だけであるが，計算をして楽しんでいることになる．

「口遊」は19に分けている．章に相当する門で分けてあり，ここで扱っているものは19門の雑事門である．

● **大きい数の名称**　「竹束」の後に書かれている．下のように書かれている．

> 世俗云　十千日万、十万日億、十億日兆、十兆日、十経日、嫁嫁十徑恐有
> 猶是大数也　百千倶胝即十万億億有四位一者十万　二者百万　三者千万
> 四者万万　……
> 二者百万 三者千万四者万万　今者言億者即是万万

この時代では桁があがれば，呼び方が変わる「小乗法」であったから，このようになるのだろうが，京が経になっていたりして，億については十万であったり，

百万であったり，千万であったり，万万であったりしている．前述の「九九」表の末に，千百万億兆京嫁穣などとあって，京も使われている．これは文政4年の写本を大正13年に山田孝雄が復刻ものによるのだが，江戸時代の初期に書かれた「吉田流算術」でも「京」に相当するものが「景」になっている．

◉田の収穫　田舎門という章がある．ここに「検田」「計帳」「収納使」が書かれている．初めに長さの単位について述べられている．基準になるのは尺と考えられるが，その長さが人間のどこの長さか，のような説明はない．しかし，江戸時代の前期のように6尺5寸四方を1歩とするのではなく，6尺四方を1歩としている．

六尺為歩　三百六十歩為段　十段為町　謂

とある．6尺四方を1歩といい，360歩を1段，10段を1町ということになる．続いて下のような文が書かれている．

上田卌六歩一束、中田卌五歩一束、下田六十歩一束、下々田百二十歩一束 (謂之地子田地子)　田一段(全得)　租穀一斗五升　一歩租四勺六分之一 田一段(不三得七) 租穀一斗五合一歩租二勺十二分之十　六銖為一分　四分為一両　十六両為一斤三斤為大一斤　大十斤為一束　(一束糙穀一斗舂米五升)十撮為勺十勺為合　十合為升　十升為斗　十斗為斛　十釐為毫十毫為分　十分為把　十把為束

このことからこの時代の田は，その環境によって，上田，中田，下田，下々田の4階級に分かれていたことになる．36歩の広さで稲が1束ならば上田，45歩で稲が1束ならば中田，60歩で1束ならば下田，120歩で1束ならば下々田とある．また，容量の単位についても書かれていて，学ぶ者，ここでは藤原為光の長子松雄が口ずさむ，すなわち暗証するようになっている．

田畑を測量する方法については触れていないから，位の高い藤原氏のような公家にとっては実際に測量することは必要がなかったと考えられる．

◉方陣(ほうじん)　陰陽門に次のように記してある．

「一徳　二儀　三生　四殺　五鬼　六害　七傷　八難　九危」

続いて

「今案誦曰　二四為角　左三　右七　六八為足　九頭　五身　一尾」

これを図示すると図のようになり三方陣になる．方陣については，中国で最も古いものが宋の時代の『楊輝算法』といわれている．『楊輝算法』は13世紀の本なので「口遊」の970年の方が古いことになる．

四	九	二
三	五	七
八	一	六

［佐藤健一］

❽ 計算道具「算木(さんぎ)」「ソロバン」の伝来

● **算木の伝来** 　算木は飛鳥時代に『九章算術』をはじめとする数学書とともに日本に伝わった．その形は現在の箸のような細長い竹製の棒のような物であった．これを置き方によって数を表した．1 からの置き方は次の表のとおりである．

1	2	3	4	5	6	7	8	9
｜	‖	‖｜	‖‖	‖‖｜	丅	丅丨	丅‖	丅‖｜
10	20	30	40	50	60	70	80	90
―	＝	≡	≣	≣―	⊥	⊥	⊥	⊥
100	200	300	400	500	600	700	800	900
｜	‖	‖｜	‖‖	‖‖｜	丅	丅丨	丅‖	丅‖｜

　100 の位は 1 の位と同じである．また，正負の区別は色で分けた．正の数には赤色の算木，負の数には黒色の算木を使った．この算木という棒を使って加減乗除の計算をしていた．日本に伝わってから少しも変化することなく，ソロバンが伝わってきても変化はなかったようである．

　江戸時代の算木については後で述べるが，日本に初めて入ってきた頃のものに近い形のものは，現在二月堂でお水取りのときに使うといわれる算木である（右図）．

● **ソロバンの伝来** 　ソロバンは中国から始まったと思っている人が多いが，初めて中国の数学書にソロバンのことが書かれるのは『数術記遺』で，現在に伝わるものは南北朝の甄鸞が編集注釈したものである．宋の時代には古算書が覆刻しており，その中に『数術記遺』も含まれている．中国へは西方から伝わったものでローマの溝ソロバンがもとかもしれない．B.C.300 年頃にはローマでは使われていたからである．しかし確かなことではない．『数術記遺』を見ると軸がないので溝ソロバンである可能性が高い．この形から串団子のように軸のあるソロバンになったのは中国である．

　日本には室町時代に伝わった．1401 年に足利義満が中国の明との国交を開いたが，その時期にソロバンが入ってきた可能性が高い．現在わかっていることでは宇治山田の吉野家に伝わるソロバンは文安元（1444）年の墨書きがあり，このソロバンが現存のソロバンでは最も古いものだが，足利義満の国交の開始のす

ぐ後でもあるから国交によるものと考えても不思議ではない．現在には伝わらないが吉野家のソロバンのように古いソロバンはあったはずである．有名なソロバンで，江戸時代になる前に前田利家が戦中で使っていたという由緒のあるソロバン，片岡家に伝わるという慶長年間のソロバン，など古い物は珠が不揃いで，指で弾くときに指に接する部分が尖っていない．中国では明の時代にソロバンが流行したのであるが，確かに溝から軸に通して使いやすくしたが，伝わってから1000年以上も経っているのに珠の形もあまり変わっていない．一方日本では100年ごとに比較すると，製造者の努力によるものと思うが変化している．ソロバンをつくることは比較的簡単であったから大工でも一人でつくったであろうが，実際は地域ごとにつくって土地の名を付けて販売していた．貿易港の長崎，京都に近い大津，広島などはよく知られた土地であるがそれぞれ工夫も見られる．珠の形もそうであるが，木の枠の組方も土地ごとに独特のやり方になっている．

　上の5珠が2個，下の1珠が5個あるのが普通だが梁上が1個のものも元和2（1616）年の年号のあるソロバンが三重県四日市市の井上家に伝わっている．元和9（1623）年に使ったといわれる住友家のソロバンも梁1個のものである．この頃は梁上1個のソロバンをつくっていたようである．いずれもかなり素朴なつくりになっている．

　また，梁上3個のソロバンもある．あまりないが，山形県の山寺の伊沢家に伝わるものである．35桁のもので形もよく江戸時代のものなら中期頃のものかもしれない．

　庶民の間でソロバンの必要を感じたのは貨幣経済の世が全国的になっていった江戸時代からである．銭はそれ以前でも大都市では使われていたのであるが，国民の8割以上の人である農民にまで十分に行きわたっていなかったことは事実である．銭の数量が国民全員が使うだけなかったことによる．江戸時代ではその対策として銭を大量につくった．だれでもが自分たちの生活のために計算する必要が起こり，計算することが便利なソロバンをもつようになる．江戸時代の初めでは初めは京都などが中心となってソロバン塾ができていた．例えば関ヶ原の戦いまでは池田輝政に仕えていた毛利重能は戦いの後に京都の京極あたりにソロバン塾を開いている．この塾は現在の兵庫県辺りまで知れ渡っていたぐらい評判のよい塾だったという．その塾に幼少の頃通っていた吉田光由が寛永18（1641）年にそれまで滞在していた九州熊本から帰ってきて京都に沢山のソロバン塾ができているのに驚いている．また，今村知商は『因帰算歌』を寛永17（1640）年に著した．この本の序に「……ねかはくはおさなき人　此うたを口にし　算馬を手にせは　後のたからとなりつへし……」と書いてある．『竪亥録』という漢文で専門的な数学書を前年の寛永16（1639）年に刊行し，どちらかというとこの書をやさしくして五七五七七の和歌の形で書いた『因帰算歌』で必ずしも幼児対象のものではないが，この歌を歌いながらソロバンを使えば将来の宝となると，

いっている．この頃はソロバンは大人が学び練習するものから子供も練習するようになっていたようである．

実際には数学の本であるが，ソロバンについても書かれている本があるし，江戸初期では多い．中国の本では『算法統宗』という中国の代表的な伝統数学の本である．この本には次のような絵がある．

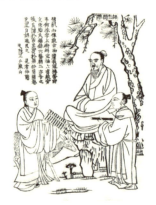

ソロバンの本というのはあまりないが，それでもソロバンの絵のある数学の本はいくつもある．数学といっても理論的な内容を述べたものではなく，日常生活の中で起こる数処理を扱った数学の本で，『塵劫記』から始まる日用数学書といわれる本である．

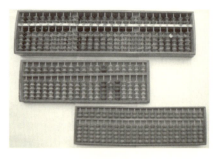

ソロバン

日本では，明治5（1872）年の学制発布にともない，学校で学ぶ数学を西洋の数学と決めた．当初は和算ばかりではなくソロバンもはずされたが，すぐにソロバンは復活し学校で教えられた．国定教科書（緑表紙）で梁上1個，梁下4個，17桁のソロバンの図が掲載されて以降，現在のようなソロバンが一般的になった．ソロバンは以上のようにして伝来から現在につながっている．

● **江戸時代における算木**　江戸時代の寛永18（1641）年に吉田光由は『新篇塵劫記』を刊行した．この本は吉田光由にとって最後の『塵劫記』となったが，この本の末に答のない12問の問題を載せた．このような問題を遺題という．問題を解いて自分の著書に答と計算法を載せ，自分のつくった問題を載せた．これを遺題継承というが，これが流行した．遺題は次第に難問化し，高次方程式になるものも現れた．これを解く方法として中国の元の時代の『算学啓蒙』に「天元術」があることに気づき発表された．これは算木を使う算法であるが，これを解くための工夫として算木を置き並べる算盤が発明された．

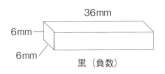

算木も今までの物では長すぎるので算盤の枠の中に納まるように短くし，さらに位が変わっても置き方を変えないで計算することにした．誰が考えたのか不明であるが今までの並べ方では面倒なので誰とはなしに変わってしまった．赤と黒の色分けは受け継いでいる．天元術は高次方程式を解く方法であるが，道具として算木を必要とする．これは赤と黒の色で染めたマッチ棒のような木片である．日本ではこれを使いやすくするために，算盤という方眼紙のような線の入った枠内に算木を置いて計算することが行われた．

［佐藤健一］

算盤の図

❾ 日本人が書いた最初の数学書

　日本には奈良時代の初頭には中国や朝鮮の数学書が伝わっていた．しかも，それらの数学書は国が定めた法律（律令のこと）により学校で教科書として使われていた．それも5年や10年などではなく何百年も続いた．けれども日本人が数学の本を著したという記録はないのである．律令制の学令によれば，当時最も重要視されていた数学書は『九章算術』で，国が人々を支配していくためには好都合な数学書であった．国が人々を支配することが薄れた，言い換えれば国が多少乱れた時代になると様子が変わってくる．

　鎌倉時代では武士が支配する時代となり，その時代の知識人は僧侶が担うようになった．僧侶は中国などの海外に渡り仏教を学んで帰国する．

　室町時代では幕府を京（京都）に置き，公家や僧侶とも密接な関係をもつようになる．しかし，足利義満の時代を境に幕府の統率力は落ち現代から見ると乱れた時代と思える．

　日本では古くから銭をつくり使われていたが，日本中の人々が毎日の生活で使うだけの銭の量はなかった．貨幣をもっていなければ物々交換になり，これが多くの土地では普通であった．それでも京や大坂（大阪のこと）などの大都市では銭も使われていた．物を売ったり買ったりする際に（単価）×（個数）＝（値段）という場合が普通の売買ではあたりまえである．物を買う場合に毎日同じ額ではない．単価が上がったり下がったりする．例えば1割上がるのも2通りあって，「内1割増し」と「外1割増し」である．a の「内1割増し」は $a \div 0.9$ であり，a の「外1割増し」は $a \times 1.1$ である．また割引きの a の「内1割引き」は $a \times 0.9$ で，a の「外1割引き」は $a \div 1.1$ である．

　現代ではそのうち「内割引き」と「外割増し」が使われていてほかの二つは使われていない．掛ける場合はあまり面倒でもないが，割る場合は面倒であった．特に古代の奈良時代でも外1割引きが使われていたから1.1で割る必要はあった．

　税の米を回収する場所では運ばれた米を囲いの中に入れるのだが，囲いの中の米の体積は底にいくほど押されて減るのが普通で大凡外1割減であったとしている．江戸時代では米を俵に入れて集める場所に運ぶと俵から少しこぼれてなくなる．これを欠け米といっていた．欠けた米は収めたことにならないので農民が減る量を見越して余分に入れていた．

　そのようなときに「ソロバン」が伝わってきた．ソロバンの計算法ははっきりとはわからないままであったから初めはあまり普及はしなかったが，室町時代の終わりの頃に，人びとの中から自分の仕事で使う計算法を身に付ける人が現れ出してきた．彼らはこれを書き留めておき，身近な人に教えたようである．それぞ

I. 和算の黎明　　35

れの分野で計算法を書いた書きものが「算用記」という算法書である．何種類も
の「算用記」があった．

　しかも大体どれも同じ内容ではない．使う人が異なれば算法も違うからである．
　大都市では貨幣も通用し，貨幣経済が次第に確立していくと物の売買や銭の貸
し借りも盛んになり，ソロバンの普及とともに計算することが人々にとって増え
ていった．このようにしていくつもある「算用記」をもっと多くの人が使うよう
に書き改め刊行したのが龍谷大学所蔵の『算用記』である．この本は割り算の
九九である「八算」から始まっているので，おそらくソロバン塾ばかりではなく
実際には一般の人たちも使っていたようである．ソロバンの計算は加法から始め，
引き算の減法，掛け算の乗法，次に割り算の除法と考えるのが普通である．

　この『算用記』は現在のところ最も早く刊行された数学書である．ただし，発
行の年も著者の名前もわからない．著者名も刊行年も書かれている算書は 1622
年刊行の毛利重能が最も古い．しかしこの本には題名がない．そのため昭和 2 年
に与謝野寛，正宗敦夫，与謝野晶子たちにより『割算書』と名付けられた．『割
算書』の終わりの部分にある跋文によれば「悉く改作直」とあるので以前からも
とになっていた算書があって，それを直したものと考えられていた．昭和 43 年
に龍谷大学所蔵の『算用記』が『割算書』よりも古い本として神田茂氏により発
表されている．その前年に写本であるが寛永元年の記述のある「算用記」を下平
和夫氏が入手して『割算書』と比較している．

　結局，最も古い算書は龍谷大学所蔵の『算用記』で，刊本としては『割算書』
が次に古い．為政者が国のためにつくった算書がどこの国でも普通なのである．
例えば日本でも中国でも『九章算術』という行政のための実務数学を最も重要と
して律令制において学令で定めている．古代エジプトの国家においてもパピルス
でつくった数学書は書記のためのもので，すなわち役人の教科書である．どこの
国でもいえることである．しかし，日本においては室町時代に限っていえば庶民
の中から湧き出るように自分たちが必要とする計算法を一つの算書としてつくっ
たことである．それまでに伝わっていた数学と比較しても決して高いレベルでは
なくても存在価値は高い．

　では，この内容を記すことにする．使われている言葉はかなり古風ではあるが，
なるべく使うことにする．

1. 八算

　これは割り算の割声（割り算における掛け算の九九に相当する）で，二の段か
ら九の段まで 8 種類あるため八算といった．

　2 で 10 を割ると，$10 \div 2 = 5$ となるので，二一天作五という．

　2 で 20 を割ると，$20 \div 2 = 10$ となるので，逢二進一十となる．

　3 で 10 を割ると，$10 \div 3 = 3$ 余り 1 となるから，三一三十一という．

　3 で 20 を割ると，$20 \div 3 = 6$ 余り 2　となるから，三二六十二となる．

このように除数，被除数，商，余りの順になっている．

2. 四十四和り

ある数を 44 で割ったときの割声で，最初の「一二加下十二」は $100 \div 44 = 2$ 余り 12 のことで，除数の 44 は省略している．以下同様である．金を貨幣として用いるときは判金すなわち大判（十両）の重さが 44 匁であったからである．

3. 四十三わり

ある数を 43 で割ったときの割声で，貨幣としての銀は純度 80 パーセントの丁銀と豆板銀を合わせて 43 匁を 1 袋に入れて封印して使っていたから，43 で割る計算が必要であった．

4. たう目十六わり

16 で割ったときの割声で，例えば「一引六二五」とは，$10 \div 16 = 0.625$ のことである．中国では 1 斤が 160 匁であったから 16 で割ることが多かった．

5. 角成物の分をみるさん

正四角柱の体積を求めることを扱っている．初めは京枡の容積を取り上げている．口が 5 寸四方，深さが 2 寸 5 分である．

6. まるき物の分を見るさん

まるき物は円である．直径が 1 尺の円の周は 3 尺 1 寸 6 分としている．

7. おけの分

桶は円錐台としている．その容積を上面と下面の平均の円の面積に深さを掛けて求める．

8. つぼのふんをみる算

壺の容積を求める方法が述べられている．

9. たまなりのまるき物のふんを見るさん

球の体積を求めることを扱っている．

10. 金子のくらい高下を吹合すくらいを見るさん

これは金両替の問題を扱う．

11. ふひきの算

割引の計算法を，「内引き」「外引き」について述べている．内三分引きというのは 0.97 を掛けて求め，外三分引きというのは 1.03 で割って求める．

12. りそくの算

貸借の対象は米で，これを貸したときの利息（利足と表した）の計算では室町時代ではなかった複利法の問題がある．

13. たのもしのりを見る算

「たのもし」とは頼母子で「り」は利息を計算する．

14. さいく作りゃう高下を分るやう

「さいく」は細工で，技術の異なる細工師への工賃についての計算を扱う．衰分や差分の問題である．

15. けんちさをのうちやう

「けんち」は「検地」で，田畑の面積を求めることを扱う．ここでは三角形の面積の公式を使う問題を扱っている．

16. ほりふしんのはり

「ほり」は堀で，「ふしん」は普請である．土木関係の計算を扱う．掘った土を運ぶためにかかる経費についても扱っている．

17. のほりさかふしんのはり

「のほりさか」とは登坂で，崖のようなところに斜めに土を盛って坂道を築くのに，七つの国に石高に比例して工事する面積を割りあてる問題である．答は書かれているが計算法はない．知っている人に尋ねよとある．

18. 町つもりみたてやう

「町つもり」は測量のことである．ここで扱われている問題は，離れた所にある高さ1丈の木までの距離を求めるものである．手にもった定規をかざし，その定規で木の高さをはかる．目と定規までの距離をはかり比例を使って木までの距離を求める問題と距離を知って木の高さを求める問題である．

　以上が龍谷大学所蔵の『算用記』の内容である．この本あるいは同じような内容の「算用記」を読んだ毛利重能が，多少の訂正などをして改訂版として刊行したのが『割算書』である．『割算書』と龍谷大学所蔵の『算用記』とは少しの違いはあるが問題や文章がほとんど同じである．『割算書』では「登坂の問題」では答ばかりではなく計算法も書かれているし，毛利自身が跋文でそれまでの本をことごとく書き直して書き直した，と書いていることから『割算書』の方が後に刊行したと考えられる．

　毛利重能が『割算書』を書いた頃には毛利重能の弟子といわれる吉田光由も今村知商も毛利重能の塾にはおらず，すでに毛利重能の学力を抜いていた吉田光由は一族の角倉了以の教えを受け開平法や開立法を知っていた．「角倉源流系図稿」の吉田光由についての記載の後に毛利重能のことも書かれているが，ここに毛利重能は吉田光由の師であるが後には光由が毛利重能に教えるようになった，とある．龍谷大学所蔵の『算用記』にも毛利重能の『割算書』にも図は少なく，絵はほとんど書かれていないが，吉田光由の『塵劫記』には図も絵もたくさん描かれていて問題の意味や考え方を知るのに役立つ．いずれにしても日本人により最初に書かれた数学書は刊本であれば『算用記』であることは間違いない．稿本の場合はあったとしても失われて現代に伝わらない．吉田光由は角倉了以から学んだ「吉田流算術　開平法口伝」を元和3（1617）年に書いている．これが最も古い数学書ともいえるが稿本なので後で書き足すことも可能なので除いた．

[佐藤健一]

Ⅱ．和算の誕生に向かって

⑩ 明代の『算法統宗』

戦乱の世が終わり生産力が高まると商業が発展する．すると，それにともなって商人に必要な数学の知識が要求されてくる．中国の明時代（1368-1644）の程大位が 1593 年に著した『算法統宗』(17 巻）もこうした時代に書かれた商業用の数学書である．それゆえ，「ソロバンの書」と呼ばれている．この書は商人や役人の他に一般の人々に受け入れられるように図や魔方陣を取り入れたため，明代のベストセラーとなった．

我が国では当時，朱印船貿易で財をなした京都の豪商，角倉一族がこの書を入手し，一族の和算家である吉田光由がこの書を参考にして 1627 年に『塵劫記』を出版した．すると，この書は大正時代まで続く大ベストセラーとなった．

『算法統宗』の著者である程大位は安徽省黄山市休寧県屯渓の出身で，少年の頃，呉と楚に遊学．その後，帰省し黄山市や河南省洛陽市などで商いをしていたが晩年，数学に興味をもち，洛陽市新安で研究を行ったという．

『算法統宗』は用事凡例やソロバンによる運用法，巻之五からは紀元前 1 世紀頃に成立したと考えられている『九章算術』と同様に 9 章に分類されている．

◉ 用字と数　暗馬式という数字は民間の市場などで使われていた特殊な数字で，香港では現在でも使われているという．

次に「大数」があり，「一は大数の始まり也，一が十個で十と為す，十が十個で百と為す，百が十個で千と為す，千が十で万と為す之れ数を成す也，万万曰く億，兆は万万億，京は万万兆，垓は万万京，秭は万万垓，穣，溝，澗，正，載，極，恒河沙，阿僧祇，那由他，不可思議，無量数」となっており，一，十，百，千，万までは 10 進法でそれからは万万進法になっている．また，「京・垓以後は罕に用いる」また「十万を億とするは誤り」と記載されている．

小数については，「分」から「塵」までは 10 進法で，「埃」から「清浄」までは記載されているが「此の名有ると雖も実無し．公私亦用いず．」とある．

次に「度量衡」と「畒」があり，次いで「諸物軽重数」(1 立方寸あたりの重さ）には「「金」重十六両，「銀」重十四両，「玉」重十二両，「鉛」重九両五銭，「銅」重七両五銭，「鐵」重六両，「碃」（青石）重三両」とあるが 4 世紀頃に成立した『孫子算経』と同じ値を使用している．

◉ 九九表　九九表は「九九合数　乗除加減皆此の数を呼ぶ．故に小数は上に在る．大数は下に在る．」と記載がある．ここでいう「小数は上に在る．大数は下に在る」は「一一如一」から始まり「九九八十一」で終わることを意味している．

Ⅱ. 和算の誕生に向かって

楼蘭から出土した九九表（264 〜 270 年頃の紀年をもつ「楼蘭古文書」の残紙）には

　九九八十一　　八八六十四　　五七卅五　　二六十二　　二三而六
　八九七十二　　七八五十六　　四七廿八　　五五廿五　　二二而四
　　　　　：

と記載されており，積が一桁になる場合は「而」を用いている．『孫子算経』（4 世紀頃）では「二三如六自相乗得三十六」と「如」が使われている．なぜ「而」から「如」へ変わったのかは明らかではない．また，「九九八十一」から始まり「一一如一」で終わっていたものが逆の順序「一一如一」から始まるようになったのも明らかになっていない．『楊輝算法』（1274 年）には「二が一より九九八十一に至る．小より大に至る．用法これより出ず．」とあり，1299 年に出版された『算学啓蒙』には『算法統宗』と同じ九九表が記載されている．

　日本の「掛け算九九の唱え方」には「が」を入れて唱える場合とそうでない場合がある．例えば，「二四八」（にしがはち）と唱える場合と「九九八十一」（くくはちじゅういち）のように唱える唱え方である．「九九の唱え方」で「が」を入れて唱えるのは「一の段」と「二二四，二三六，二四八，三二六，三三九，四二八」だけである．そして，これらの場合のみ，「積が一桁で十の位が0」であることを示している．この「が」は『孫子算経』に記載されている「如」を「が」と読んだことからきている．この「が」はソロバンや後に述べる「格子掛け算」での計算ミスを防ぐのに役立っている．

● **割り算九九の唱え方**　巻之一には「九帰歌」と題し，ソロバン用の「割算九九」（除数が 1 桁の場合）が収録されている．

二一添作五	逢二進一十	三一三十一	三二六十二	逢三進一十
$(10 \div 2 = 5)$	$(20 \div 2 = 10)$	$(10 \div 3 = 3...1)$	$(20 \div 3 = 6...2)$	$(30 \div 3 = 10)$
四一二十二	四二添作五	四三七十二	逢四進一十	五一倍作二
$(10 \div 4 = 2...2)$	$(20 \div 4 = 5)$	$(30 \div 4 = 7...2)$	$(40 \div 4 = 10)$	$(10 \div 5 = 2)$
五二倍作四	五三倍作六	五四倍作八	逢五進一十	六一加下四
$(20 \div 5 = 4)$	$(30 \div 5 = 6)$	$(40 \div 5 = 8)$	$(50 \div 5 = 10)$	$(10 \div 6 = 1...4)$
六二三十二	六三添作五	六四六十四	六五八十二	逢六進一十
$(20 \div 6 = 3...2)$	$(30 \div 6 = 5)$	$(40 \div 6 = 6...4)$	$(50 \div 6 = 8...2)$	$(60 \div 6 = 10)$
七一下加三	七二下加六	七三四十二	七四五十五	七五七十一
$(10 \div 7 = 1...3)$	$(20 \div 7 = 2...6)$	$(30 \div 7 = 4...2)$	$(40 \div 7 = 5...5)$	$(50 \div 7 = 7...1)$
六七八十四	逢七進一十	八一下加二	八二下加四	八三下加六
$(60 \div 7 = 8...4)$	$(70 \div 7 = 10)$	$(10 \div 8 = 1...2)$	$(20 \div 8 = 2...4)$	$(30 \div 8 = 3...6)$
八四添作五	八五六十二	八六七十四	八七八十六	逢八進一十
$(40 \div 8 = 5)$	$(50 \div 8 = 6...2)$	$(60 \div 8 = 7...4)$	$(70 \div 8 = 8...6)$	$(80 \div 8 = 10)$
九帰随身下	逢九進一十			
	$(90 \div 9 = 10)$			

例えば，18÷6を行う場合は，次の二つの割り声を使う．
- 六一加下四（10を6で割るときは下の桁に4を加える）
- 逢六進一十（60を6で割るときは左の桁へ10と進める）

① 18を右に，6を左におく．

② 「六一加下四」と呼んで8のところへ4を加える．上の五玉をおろして，下の一玉をとる．

③ 「逢六進一十」と呼んで上二つの五玉のうち一つ，下二つの一玉のうち一つをとり，左の桁へ1を進める．

④ もう一度「逢六進一十」と呼んで6をとり左の桁へ1を進める．答3

(鈴木久夫著『古そろばんの研究』より抜粋)

日本語で「二進も三進もいかない」という言葉は「2でも3でも割れない」⇒「どうすることもできない」という意味である．

● **格子掛け算** 巻之十七［雑法］には「写算」が収録されている．「写算」とは「格子掛け算」のことで，我が国では「斜算」と呼ばれている．

「格子掛け算」はイタリア人のルカ・パチョーリ（Fra Luca Bartolomeo de Pacioli, 1445-1517）が述べた掛け算方法である．表が格子のようになっており，当時ベネチアの窓に使われていたところから付いた名前である．宣教師等によって中国に伝えられたものである．

今有絹四百三十五疋毎疋価鈔
五千六百七十八文問鈔該若干
　答曰二百四十六万九千九百三十文

［大意］「今絹が435疋ある．1疋ごとに鈔5678文であるとき，この鈔はいくらになるか．」
（※「鈔」は当時の通貨である）

この算問も「格子掛け算」で，246万9930文としている．表の内側の数値はすべて暗馬式で記載されている．

● **韻文による問題** 『算法統宗』には問題および算法を韻文で表したものが収録されている．

例えば，次のような韻文がある．なお，原文は縦書きであるが，紙面との関係で横書きとし，かつ訓点がないため，東北大学所蔵の訓点本より抜粋した．

一百饅頭一百僧　大和三箇更無ㇾ争
小和三人分ㇾ一個　大小和尚得ㇾ幾丁

［大意］「饅頭が100個と僧侶が100人いる．和尚は1人3個，小僧は3人で

1 個を与える．和尚と小僧はそれぞれ何人か.」

[解] 　和尚の人数を x 人とすると小僧は $(100-x)$ 人であるから

$$3x + (100-x) \div 3 = 100 \quad より \quad x = 25$$

したがって，和尚は 25 人，小僧は 75 人となる．

この問題は 1784 年に村井中漸が著した『算法童子問』に引用されている．

●2次方程式

今有田積千七百五十歩 只云長比濶多一十五歩 問長濶各若干
　　答曰 長五十歩　濶三十五歩

[大意] 　「今直田あり．面積は 1750 歩．長さ（たて）は濶さ（横）より 15 歩
　　　　多い．このとき，長さと濶さの長さを問う.」

[解] 　
$$x(x+15) = 1750 \qquad (2x+15)^2 = 7225$$
$$x^2 + 15x = 1750 \qquad 2x + 15 = \sqrt{7225}$$
$$4x^2 + 60x = 7000 \qquad 2x + 15 = 85$$
$$4x^2 + 60x + 225 = 7225 \qquad \therefore \ x = 35$$

（注：これは「帯縦開平」と呼ばれるもので，平方完成の形から求めている）

●面積　
巻之三「方田章第一」には色々な形をした田の面積を求める問題が収録されている．以下に特徴的なものをあげる．

(1) 　「眉のような田がある．上周が 40 歩，下の周が 30 歩で直径が 8 歩のとき，面積は幾らか」

面積＝（上周＋下周）÷2×濶　　（※濶＝広さ＝幅）
　　　＝（上周＋下周）÷2×（直径÷2）
　　　＝（30 + 40）÷2×（8 ÷ 2）= 140

(2) 　「攬形がある．中長が 40 歩，濶 16 歩のとき，面積は幾らか」

この問題は『九章算術』の公式　面積＝$\dfrac{(弦+矢) \times 矢}{2}$　を用いて解いている．

（※攬形とは物を寄せ集めた形）

$$面積 = \frac{(中長 + 濶 \div 2) \times 濶 \div 2}{2} \times 2$$

$$= \frac{(40 + 16 \div 2) \times (16 \div 2)}{2} \times 2 = 384$$

[川瀬正臣]

[参考文献]
・『算法統宗校釈』梅榮照・李兆華校釈，安徽教育出版社出版
・『中国の数学通史』李迪，大竹茂雄・陸人瑞訳，森北出版
・『古そろばんの研究』鈴木久男，富士短期大学出版部

⓫『塵劫記』の出現

　織田信長や豊臣秀吉の時代，すなわち織豊時代になると，かなり為政者の力が充実してきたが，それ以前では戦国時代は仕方がないとしても足利幕府の統率力のなさのためか庶民は自分のことは他人に頼ることなく自分でする．この頃大都市では銭が使われていたから，この計算も自分でしなければならなかった．京都や大坂などでは特にそうであった．算用記という名の計算法を書いた書も刊行された．現存する『算用記』の中では龍谷大学所蔵の『算用記』が最も古い．

　飛鳥時代から始まる律令制のもとで生まれた数学の専門家の算博士や算師たちの数学は失せたとはいえないが，その数は全体からすれば少ない．しかもその数は減少していたものと考えられる．

　一方，公家や僧侶，それに加えて新しく台頭してきた金融業である土倉など室町幕府と何らかの関係のある人たちの間に中国の百科事典である『事林廣記』が広まっていた．この中の「算法類」は算博士や算師の数学に比べればはるかに劣るとはいえ利用価値のある書である．

　吉田光由はそのどれについても関係する立場にあった．医業と土倉業を生業とする吉田家に生まれた．父は医師で土方丹後守に仕えている．祖父も宗運といい医師で池田三左衛門に仕えた．一族には五山の僧侶に従って中国に渡った医師もいる．また，吉田光由は幼少のときに毛利重能の塾に通って日常生活に必要な数学を「算用記」のような種類の本により学んだ．その後一族の角倉了以に「吉田流算術」を学んだとはいえ，毛利に学んだ生活に役立つ数学をまとめることに努力したものと思える．

　室町時代の中頃に中国から計算道具であるソロバンが伝わってきた．吉田光由が子供の頃には京都周辺ではソロバンをもっている人の家も増えていた．毛利の塾にはソロバンを教えてもらうため通ってくる人がいた．吉田光由がソロバンに興味をもったことは確かである．

　吉田光由はこの時代では最も裕福な家に生まれた．裕福な人たちの間で流行っていた碁石を使った数当て遊びがある．その中で興味をもっていたのは双六で遊ぶ「まま子立て」と碁石の数を当てる「薬師算」「百五減」，目で覚えた字を当てる「目付字」である．特に「目付字」については自作のものもいくつかある．

　吉田光由が小さい頃，角倉了以は保津川の開削工事を丹波地方から嵯峨まで行っていた．その際に使われていた道具や川の流れを変えたり弱めたりするための蛇籠については観察していた．土地の広さをはかったり直接はかれない距離をはかる簡単な方法も学ぶことができた．金銭に関わる計算は毛利の塾でも学んだことだが，吉田一族の仕事でもあるから吉田光由は成長するとともに，特に学ぶ

こともなく覚えていた．まだ，金銭よりも米の貸借が多かった頃に少年期を経験していたから世の中の移り変わりにいち早く反応できた．米はかなり前から俵に入れるようになっていた．米の収穫時には俵の材料である稲が目につく．刈り取った稲を乾燥させるためにある．米を取った後の藁も捨てるのではなく，これを編んで米を入れる袋をつくる．俵という．米を入れた俵を積み重ねる所は庭であり，蔵である．米俵の積み方では杉の木の形に積むことが多かった．一番上にある俵数と一番下にある俵数を数えれば全体の個数が計算できる．蔵の内部の容積がわかれば何俵蔵に入るか計算できる．外国船での売買については重さの単位が同じ字であっても異なる．これについては角倉了以は安南国との交易も行っていたから吉田光由は興味があったし，『九章算術』に書かれていたり『孫子算経』に書かれていることも少しではあるが知っていたようだ．「衰分」すなわち比例配分についての問題として外国船ここでは黒船として問題にした．大堰川（保津川）の開削工事により丹波地方から穀物の輸送が可能になった．角倉了以は当然ではあるが，通行料金を現在の渡月橋の少し下の料金所で集めた．長さは曲尺が基準であり，重さは1匁で銭の重さ，物の容積については枡の1升枡を基準とする．

口が4寸9分四方の正方形で，深さは2寸7分，口の対角線の所に「つるかけ」という鉄が渡っている．この1升枡のサイズは古いものではなく，寛永年間に江戸幕府によって定められたものである．その前までは口が5寸四方，深さが2寸5分であった．争いがなくなり大名も国の充実に力を入れると，田畑の面積についても正しく区分けする必要が起こり，測量についても計算できることが大切になる．三角形の田や長方形の田ばかりではないのでさまざまな形についての計算法を必要とした．また，農民は税についても知る必要があった．現在でも基本になる所得税をもとにして地方税などが計算される．同じように年貢のような所得税に対して，その額に応じて間接税が設定してあった．

1升枡の図

吉田光由は10歳頃から毛利重能の塾を辞め，一族の角倉了以の家に行き，吉田流算術を了以から学んでいた．ここで学んだ最終的なものは開平法と開立法である．正方形の土地の面積がわかっているときにその正方形の土地の1辺の長さを求めるとき開平法を使うし，立方体なら開立法を使う．「開平法」「開立法」は実用的な数学の一つの計算法である．ここまでの算法がつくられて，この内容は特定の人ではなく誰でもが日常生活で使う本にするため，算法を知る前に知っておくべき事項をあげて置く必要に気づいた．それは数の名称であり，長さや広さ，かさなどいわゆる度量衡の名と九九や八算である．

数は一を基準にして大きい数と小さい数を並べるが，中国の書『算法統宗』では一は大の数の始めで，10個集まれば十となり，十が10個集まれば百となる．このようにして千萬というように最後は無量数で終わっている．萬からは十萬，

百萬，千萬，となり次が億というように現在と同じである．しかし，日本ではその頃では十倍で呼称が変わる小乗法であったから『算法統宗』とは少し変えた．小さい数では『算法統宗』ではマル囲みの字では塵までだが，その後に埃より清浄まで書かれている．しかし，ほとんど生活とは無縁の数であるから本にしたときのバランスの具合で決めたようだ．容量の名称は実際の生活では1升でそのために1升枡があるが，米の1石を基準として，その十分の一を1斗とし，その十分の一を1升，その十分の一を1合，その十分の一を1勺，それ以下は抄，撮，圭，粟とした．いずれも『算法統宗』を倣った．1升から下については米粒の個数が付けられている．1升といっても米のよし悪しによって大きさが異なるからで，米の質を四つに分け，上，中，下，下々の四つに分けた．その量には米粒の数は上米が60,000粒，中米が65,000粒，下米が70,000粒である．したがって1撮には下米7粒なので圭や粟には米粒の数はない．九九についてもそれまで日本で使っていたものを使った．九九はそれ以前の書き物には古い順であった．それは九九八十一から始まるもので，覚えにくいが吉田は一一の一からのものを使っていたようだ．八算はすでに『算用記』でも最初に書かれている．表現もまったく同じである．

多くの内容を書いた原稿をもって刊行するため吉田家と親しい天龍寺の老僧舜岳玄光を訪ね，本の題名と序文・跋文を依頼した．玄光からはいつの時代になっても変わらない真理という意味を込めた「塵劫記」という題名をもらい，序文と跋文を寛永4（1627）年中秋（8月15日）の日付入りで受け取った．

この『塵劫記』はすぐに刊行されたが，このように誰でもが日常生活で使う算法をまとめ，さらにこの書を読むために必要な基礎事項を記した書いわゆる数学書はなかったから世間から歓迎された．間もなく『塵劫記』をそっくり真似て偽版があちこちで刊行された．その頃の印刷は木に版下を裏返しに貼り付け，字の部分を残して彫ってつくる．2ページ分（1丁分）を刻して版木をつくったら，これに墨を付けて上から紙を載せこすってできる版画の方法で印刷するのである．一枚の版木から500枚刷るのが限界であろう．初版は500部ぐらいであったと考えられる．このような方法であったから，一冊の『塵劫記』を買い求め，綴じ糸を切って1枚ずつにしてしまえば，それが版下になってしまう．版木屋によって海賊版はいくらでもつくれるのである．著作権のない時代であったから，どうしようもないのである．吉田光由は初め『塵劫記』で取り上げようと思っていた内容のうち，取りやめていた部分を追加することにした．寛永4年の版は四巻二十六条からできていた．その続きであるから第五巻を出すことにしたが，全五巻として出すことにした．

翌年の寛永5（1628）年11月より以前に五巻本の『塵劫記』を刊行した．この刊には基礎事項の部分に「諸物軽重の事」が追加されている．それを必要とする問題を取り上げていることになる．「諸物軽重の事」とは比重に似たことである．

II. 和算の誕生に向かって

このことは吉田光由が『塵劫記』の手本としている中国の『算法統宗』では載っているもので，金や銀などの1立方寸の重さを記したものである．金（きかね）は175匁，銀（しろかね）は140目（匁）とある．

人は豊かな生活をするためには，経済的な豊かさのための知識として計算などの能力を身に付けることは大切である．また豊かな心をもつためには楽しい生活を送る必要がある．数学で楽しむ，このことは不十分ながら室町時代の公家や豊かな人たちの生活の中にあった．

碁石を使って数当てを楽しむ．目を付けた絵や文字を当てる．このような遊びといえるものの中にいくつもの知識を必要とする一種の数学がある．このようなものを『塵劫記』の中に取り込むことは可能ではないかと，いくつかを絵入りのものも入れて五巻本に入れた．絵はできるだけ目立つように大きく豪快に入れた．目付字にしても明らかに教育的なものと思われるものにしたい．しかし，面白くないものでは誰も読まないから工夫する必要がある．

最初は「まま子立の図」で1ページ全部使って30人の子供が池のまわりに輪になって立っている．その説明は次のページ1ページを使って書かれている．次のページにはやはり1ページ使って「ねずみ子孫つもりの事」としてネズミの絵がある．倍増し問題の後に「からすさんの事」があるが，興味をもたせて大きい数の掛け算をさせるという目的があるのか．「日本国ずくしにいふ」がある．これは日本の男の人数と女の人数を書いたもので，その時代の数ではないことを断っている．その後に「六里の道を四人として馬三ひき」という馬にのる方法を問うものがあり，図は見開き2ページに書かれている．道沿いの一里塚の東屋や橋の形などが描かれている．中国の古算書『孫子算経』に見える問題とほぼ同様の「きぬぬす人をしる事」があり，不定方程式になる「百五減算」もある．

この五巻本も偽版が出たこともあって，吉田光由は五巻本を編集し直して三巻にし，寛永8（1631）年に刊行した．この版は五巻本を編集したためか大きな変化はないが，目に付くものはある．絵入りのものでは川が氾濫すると付きものの橋が流されてつくりなおすことである．この費用の一部を橋の両方の村に負担してもらうための計算である．続いて碁石の数当ての遊びで，「薬師算」である．最も注目されるのが，目付字で一つは数字（椿の目付字）の目付字で，「一十百千萬億兆京秭穣溝澗正載極恒阿那至無」の21文字が各枝にある葉か花びらに書かれている．この図の下の枝にある花か葉のどちらにあるかを聞きながら覚えた字を当てるものである．次が「似字目付字」といって2枚の絵からどこの枝にあるかを聞いて覚えた字を当てるものである．3番目は「初製目付字」といって8行8列の枠の中に字が64個書かれている．この中の字を一つ覚えてもらいその字が右から何列目にあるかを聞いて当てるものである．この版には舜岳玄光の跋文の後に吉田光由の文もある．

［佐藤健一］

⓬『塵劫記(じんこうき)』の田畑の面積計算

　農耕民族である日本人は主食である米の生産を少しでも多くしようとするのであるが，多くするには耕地面積を広げるか，耕地の正しい面積を求めることが必要になってくる．税は収穫が多ければ多くなる．土地が大きければ大きいほど税も多くなる．土地の領主から見れば少しでも多くの税を得たいから土地の面積を正確にはかることが大切になる．多く取りすぎれば農民は黙っていないし，少ない場合は黙っている．税は少なくなる．田の場合は一番多い形が長方形で正方形もある．三角形もある．実際に田畑を見ると，地形に左右されるから境界線が曲がるのであるが，概ね正しければよいものとする．『塵劫記』にはそれまでの数学書と違って多くの田の形の面積計算が書かれているが，実際にはこんなに多くの形はなかったであろう．

● **長方形**　問題としては3問ある．いずれも縦が a で，横が b ならば，面積は $a \times b$ で計算する．そのうちの1問は次の問題である．

> **問題**　縦58間，横25間の長方形の田の面積を求めよ．

　　　答　4反8畝10歩
　　　計算法　$58 \times 25 = 1450$, $1450 = 48 \times 30 + 10$
　　　　　　　より4反8畝10歩

　1450歩になる．30歩が1畝，10畝が1反であるから反畝の単位に直して4反3畝10歩になる．

● **台形**　台形でも角が直角がある場合と一般の場合で分けている．

> **問題**　図のような，上底13間，下底5間，高さ57間の台形の田の面積を求めよ．

　　　答　1反7畝3歩
　　　計算法　$(13 + 5) \div 2 \times 57 = 513$
　　　　　　　$513 = 30 \times 17 + 3$
　　　　　　　より1反7畝3歩となる

　図では上底が下底よりも大きいが，江戸時代の初期はこのような不安定な図が描かれた．一般的には下底の方が大きくしかも縦よりも横の方が小さい方が図形としては安定するため好まれた．とはいうもののあくまで個人の好みである．13と5を加えて2で割ることは，図で上底と下底の平均を求めている．その値に縦を掛けて求める．

問題 図のような形の田がある．その面積を求めよ．

答　2反4畝9歩
計算法　$(63 + 18) \div 2 \times 18 = 729$,　$729 = 30 \times 24 + 9$
　　　　より2反4畝9歩

形は違うが与えられている条件は前問と同じであるから，計算法は同じになる．

● 菱形

問題 菱形の田がある．対角線の長さがそれぞれ28間と18間であった．田の面積を求めよ．

答　8畝12歩
計算法　$(18 \div 2) \times 28 = 252$,　$252 = 30 \times 8 + 12$
　　　　より8畝12歩

この面積はさまざまな求め方が考えられる．

● 四角形

問題 図のような四角形の田がある．面積を求めよ．

答　1反5分
計算法　$(14 + 9) \div 2 \times 23 = 264.5$　$(8 \div 2) \times 9 = 36$
　　　　$264.5 + 36 = 300.5$,　$300.5 = 30 \times 10 + 0.5$
　　　　より1反5分

ここでは四角形（台形）と三角形に分けて，それぞれを計算している．

● 平行四辺形

問題 図のような平行四辺形の田がある．田の面積を求めよ．

答　1反4畝
計算法　$28 \times 15 = 420$,　$420 = 30 \times 14$
　　　　より1反4畝

● 凹四角形

問題 図のような形の田がある．その面積を求めよ．

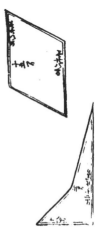

答　4畝24歩
計算法　$2 \div 2 \times 24 = 24$,　$(2 + 18) \div 2 \times 12 = 120$,
　　　　$24 + 120 = 144$,　$144 = 30 \times 4 + 24$
　　　　より4畝24歩

三角形と台形に分けてそれぞれを計算して加えて求める．

● **三角形**　直角三角形，正三角形，一般的な三角形の面積の問題がある．

> **問題**　図のような直角三角形の田がある．直角を挟む辺の長さは12間と40間である．田の面積を求めよ．

　　答　8畝
　　計算法　$12 \div 2 \times 40 = 240$，$240 = 30 \times 8$ より 8畝

この形は長方形の半分であるから縦と横を掛けて2で割って求めるが，ここでは幅に相当する12と0の平均を求め，その値に長さの40を掛けて求めている．

> **問題**　1辺が15間の正三角形の田がある．面積を求めよ．

　　答　3畝7歩4分2厘5毛
　　計算法　$15 \times 15 \times 0.433 = 97.425$，
　　　　　　$97.425 = 30 \times 3 + 7.425$
　　　　　　より 3畝7歩4分2厘5毛
　　$AB = a$ とすると，$\angle BMA = 90°$，$\angle B = 60°$
　　より $AM = \dfrac{\sqrt{3}}{2}a$　$\triangle ABC = \dfrac{\sqrt{3}}{4}a^2$　0.433 とは $\dfrac{\sqrt{3}}{4}$ のことである．

> **問題**　三角形の田がある．底辺の長さは39間で，高さが14間であった．田の面積を求めよ．

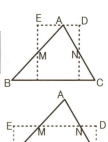

　　答　9畝3歩
　　計算法　$(14 \div 2) \times 39 = 273$，$273 = 30 \times 9 + 3$
　　　　　　より 9畝3歩

下図のように置き換えた．

● **円**

> **問題**　直径が15間の円形の田がある．面積を求めよ．

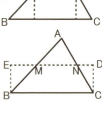

　　答　5畝27歩7分5厘
　　計算法　$15 \times 15 \times 0.79 = 177.75$
　　　　　　$177.75 = 30 \times 5 + 27.75$ より 5畝27歩7分5厘

直径を d とすれば，円の面積 S は $S = \dfrac{\pi}{4}d^2$ となる．

$\dfrac{\pi}{4}$ に相当するのが円積率といい，0.79 であった．

Ⅱ. 和算の誕生に向かって

問題 円形の田がある．周囲の長さが47間2尺6寸であるとき，田の面積を求めよ．

　　答　5畝27歩7分5厘
　　計算法　2尺6寸を間に直して
　　　　　　$47.4 ÷ 3.16 = 15$ より直径は15間になる．
　　　　　　$15 × 15 × 0.79 = 177.75$，$177.75 = 30 × 5 + 27.75$
　　　　　　より5畝27歩7分5厘　（πを3.16としている）

● **その他の図形**

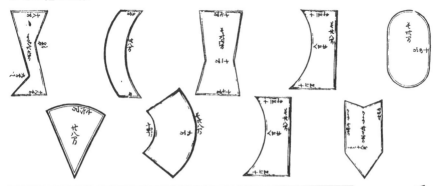

問題 台形の形の田がある．上底の長さが45間，下底の長さが54間で，高さが12間である．この田の面積を求めよ．

　　答　1反9畝24歩
　　計算法　$(54 + 45) ÷ 2 × 12 = 594$
　　　　　　$594 = 30 × 19 + 24$
　　　　　　より1反9畝24歩

横幅が高さと書かれているが，縦の左右の54と45の平均を求め，幅の12を掛けて面積を求めている．

問題 図のような台形の形の田がある．上底12間，下底33間，高さ18間である．この台形の面積を求めよ．

　　答　1反3畝15歩
　　計算法　$(33 + 12) ÷ 2 × 18 = 405$
　　　　　　$405 = 30 × 13 + 15$
　　　　　　より1反3畝15歩

［佐藤健一］

⓭ 測 量 術

　江戸時代には測量のことを町見，規矩，量地，測量などと呼んでいた．町見は町を見る，町をつもる，などと使われている．現在の測量などは量地という表現が本来は適当である．規矩については規はコンパスを，矩はさしがね，曲尺のことを意味し，この二つの大工道具を使うことから，測量の理論と考えることが多い．

　奈良時代の律令制度の時代では「班田収授法」が実施された．土地をキチンと碁盤の目のようにした荘園の図をつくったことは正倉院に残っている．これを見ると測量が行われていたことは確かである．地図をつくるためには土地が平らでない場合修正する技術が必要であるが古代の方法はよくわかっていない．

　遠い近い，高い低い，深い浅い，などを調べることは当然起こるわけで何らかの方法を知っていたと思われるが詳しいことはわかっていない．

　京都の吉田一族に吉田宗桂（1500-72）という医師がいる．江戸時代に入る前のことだが，天龍寺の老僧彦策に従って中国に渡り医師として高い評価を受けたことで知られている．この宗桂の長男は角倉了以といい，次男が吉田宗恂という．吉田宗恂は徳川家康の侍医としても有名な医師である．宗恂が子の宗達とともにつくった「三尺求図数求路程求山高遠法」がある．これは表になっていて2段あり，上段は路程，下段にはその矩の長さである．図ではADの長さになる．

　表の一部は次のようになる．

三尺求図数の表の一部

16町624丈也	1厘4毛4糸2忽
15町585丈也	1厘5毛3糸8忽
14町546丈也	1厘6毛4糸8忽

（上段は左，下段は右に書く）

三尺求図数

　上図のように直角三角形ABCがあって，AC，AB，BC上に点D，E，Fをとり，DE＝EF＝FC＝CDとする（単位は尺）．BFを路程，ADを矩という．この路程の値に対する矩の長さを表にしたものである．

　△EBF ∽ △AEDであるから，BF：FE＝ED：DA　FE＝DE＝3より

$$BF = 9 \times \frac{1}{AD}$$ これより路程 ＝ 1 ÷ 矩 となる.

また,「三尺求図数」に続いて「三尺求路程覚」の表がある. これは 3 段の表で, 上の段が矩の長さ, 中段が路程, 下段が路程を 1 間を 6 尺 5 寸として間の単位に直したものである. その一部は以下のとおりである.

三尺求路程覚の一部

5 厘	180 丈	4 町 56 間 6 尺
1 分	90 丈	2 町 18 間 3 尺
1 分半	60 丈	1 町 32 間 2 尺
2 分	45 丈	1 町 9 間 1 尺 5 寸
2 分半	36 丈	55 間 2 尺 5 寸
3 分	30 丈	46 間 1 尺
3 分半	25 丈 7 尺 1 寸 4 分	39 間 3 尺 6 寸 4 分
4 分	22 丈 5 尺	34 間 4 尺

(※上段を左, 中段を中央, 下段を右にした)

このことを宗恂か宗恂の弟子から砲術家の多期真房に伝わり, 多期は弟子の小川左太郎に与えた免許状に同じことが書かれている. その後, 清水貞徳に伝わると「清水流測量術」として伝わった. そうなると清水流はオランダ流といわれているが, その中に繰り込まれた可能性はある.

測量の書は初期においては『塵劫記』や『因帰算歌』にも見られるが徳川吉宗の時代に建部賢弘が日本地図をつくるよう命ぜられ, 1719 年から始めた. 各国から出された図をもとにして隣り合う共通のもの, 例えば山などを合わせた日本地図で現在のものと比較しても大雑把にはよく似ている.

幕末では日本の周囲の海に外国船が出没し, それぞれの国から交易を求められることが増えた. 日本ではそれに備えるため徳川吉宗の時代に伝わっていた三角法などを用いた測量の本が出版された. そこには三角関数表があり, その数値を使えば数学の計算は難しいものではない. 問題はより精密に角度や長さをはかることで, そのための道具が必要であった. 幕末に旅をしながら行く先々で和算を教え歩いた人は多かった. そのような人の中で法道寺善という関流の免許皆伝の人がいた. 法道寺の先生は関流宗統の内田五観という人だが, この内弟子として技を磨いた優秀な人である. 彼は全国にいる実力のある人の家を選んで遊歴活動をしていたといわれている. 滞在している間にその人のために本を書いていた. その中に測量の本がある. 彼は「算法量地初歩」を万延元 (1860) 年に弟子のために書いている. 測量に使う道具もわかりやすく色付きで書いてあるので, その絵を参考にして説明する.

まず経緯簡儀の図である. 上に半円儀, 中程に小経義のあるもので, 全体の高

さは2尺よりも低いと書かれている（下図の左）．
　そのため低すぎると思ったらこれを假の櫓台に捻り込む，と書かれている．
　次は矩（コンパス）を使うが，図をつくるときは全図矩図を使う．角度もはかれるし正しい方位もはかれる．これは下図の中央にあたる．
　このほか曲尺や黒線矩，白線矩，渾發などの絵は下図の右のようになる．

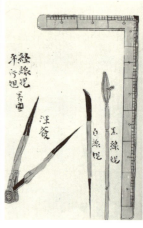

このほかでは水縄，間竿，合図，目畈などが使われる（下図）．

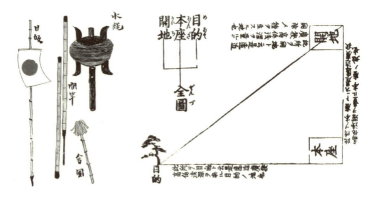

　このほか，次ページの図のように，平盤を本座の所に四つの面が東西南北を向くようにおく．ここから目的の所にある木までの距離を求めるのに，本座から直角に移動し本座と高低差のない距離もはかれる開地に平盤をおき，そこから目的の木を記せば縮小された図が書ける．
　平盤は次の図のようになっている．また，高さをはかりそれを記すときは立盤を図のようにおいて記す．

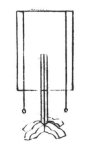

　測量では位置を知ることが大切である．陸地では目立つ高い山を見て今いる地点から見た方位を調べる．その位置から離れた別の地点からも方位をはかる．二つの地点間の距離をはかることから目立つ山までの距離を計算できるから山がすでに位置がわかっていれば2点の位置も知られる．このような測定では小方儀がカギを握っている．一般的には小方儀は方位を知るには磁石の針がなるべく長いことがはかる際の正確さが大きくなる．前に述べた法道寺善は「算法量地初歩」を万延元（1860）年に書いている．この書いた小方儀の絵が描かれ土に指す軸になる3尺の棒と一緒にある．法道寺善はこれを觀経儀と呼んでいる．

　目的までの距離をはかったり，面積をはかったり，高さや深さをはかったり，居る所の位置をはかることなどは縮小する図を描いて求められる．しかしながら実際には同じ測定を別の人が行うと違うことが普通で，これは現代でもいえる．線は理論上太さはないのだが現実には多少あるし．目的を見通す穴なども多少の値の違いは免れない．そのための測量器械は大切なので，ここでは器械を中心に述べた．

［佐藤健一］

⓮ 数学遊戯

●**大きな数の計算**　和算においては大きな数を求める問題がよく見られる．ここでは二つ取り上げ，その現代的解法を考えよう．

(1)「からす算」

『塵劫記』には「からす算」と呼ばれる問題がある．

> **問**　999 羽のからすが 999 の海辺で 1 羽ごとにそれぞれ 999 声ずつ鳴くと，全部で何声鳴いたか．

　　　答　9 億 9700 万 2999 声
　　　計算法　$999 \times 999 \times 999 = 997{,}002{,}999$

当時はおそらくソロバンを使って計算したと思われる．さて，現代風に解くとどうなるだろうか？　3 次式の展開公式には次のものがある．

$$(a-b)^3 = a^3 - 3a^2b + 3ab^2 - b^3$$

これを使って，この問題を右のように解くことができる．桁をそろえて数を縦に並べると計算しやすい．

$$
\begin{aligned}
999^3 &= (1000-1)^3 \\
&= 1000^3 - 3 \cdot 1000^2 \cdot 1 + 3 \cdot 1000 \cdot 1^2 - 1^3 \\
&= 1000\ 000\ 000 \\
&\quad\ \ -\ 3\ 000\ 000 \\
&\quad\ \ +\qquad 3\ 000 \\
&\quad\ \ -\qquad\qquad 1 \\
&=\ \ 997\ 002\ 999
\end{aligned}
$$

「からす算」の計算方法

(2) 将棋盤の目に米を置く問題

『塵劫記』には将棋盤の目に米を増やしながら置いていく問題がある．これは非常に大きくなる数を扱っている．

> **問**　米一粒を将棋の盤の目の数だけ 2 倍，2 倍にして一面分集めた米はどれくらいでしょうか？

このような大きな数をおそらく，多くの江戸時代の人はソロバンで，×2，×2，×2 と計算しながら足していったことが予想される．

さて，この問題を「何粒あるか」として現代風に解いてみよう．この問題は最初の目に 1，次の目に 2，次に 4，次に 8，というような数の増え方をする．また，将棋盤の目は 9×9 で 81 目ある．したがって，1 目には 1 粒，2 目には 2 粒，3 目には $2^2 = 4$ 粒，4 目には $2^3 = 8$ 粒ずつあることになり，さらに，81 目には 2^{80} 粒あることになる．このように，2 を次々に掛けてできる数の列，公比の 2 の等比数列ができる．このような等比数列の和には次の公式がある．

　　　初項：a（数列の最初の数．ここでは 1）
　　　公比：r（隣の数との比．ここでは 2）

II．和算の誕生に向かって

足した数の個数：n（ここでは将棋盤の目の数 81）

合計：S_n

とすると

$$S_n = \frac{a(r^n - 1)}{r - 1}$$

最初の1目の米数1，将棋の目は81目あるので，これに代入すると

$$S_{81} = \frac{1(2^{81} - 1)}{2 - 1} = 2^{81} - 1 \quad \cdots ①$$

となる．『改算記』によると，この答は

　2 秭 4178 垓 5163 京 9229 兆 2583 億 4942 万 2351 粒

とある．

さて，『塵劫記』では

　答　40 京 2975 兆 2732 億 487 万 6391 石 5 斗 6 升 8 合 7 夕 2 才 5 札 2 粒

として石高を使って表している．これを『改算記』では1粒分間違いだとしている．

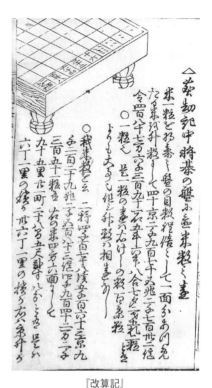

『改算記』

● 「さっさ立て」　室町時代からある遊戯だが，和算書では『勘者御伽双紙』（中根彦循，1743）で取り上げられている．これを考えてみよう．「さっさ立て」では，甲，乙2人の人がいる．

> 問　乙は「さあ」「さあ」という掛け声を発して1個か2個をそれぞれの場所に並べる．図では左に1個，右に2個並べている．並べている碁石は甲からは見えない．声だけが聞こえる．乙が並べ終わるまで「さあ」の声の数は18声だった．1個ずつ並べた方にはいくつ並んでいるか．

　　答　6個

　　計算法　$18 \times 2 = 36 \quad 36 - 30 = 6 \quad \cdots ②$

としている．この式は何を意味しているのであろうか．これを中学生ならどのように説明するか，一例をあげてみよう．

ここで「さあ」と発した回数はその都度変わるから，x 声（この問題では18声）としよう．そのとき1個ずつ並

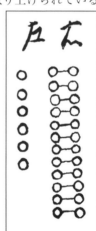

『勘者御伽双紙』のさっさ立て

べた左側に碁石は y 個あるとする．そうすると，2個ずつ置いた右側には $(x-y)$ 回「さあ」とかけ声を発したことになり，碁石は $2(x-y)$ 個あることになる．したがって，碁石の総数は30個だから

$$\begin{array}{cc} 左側 & 右側 \\ 1個ずつ & 2個ずつ \\ y & + \; 2(x-y) \; = 30 \end{array}$$

という式をつくれる．これを y について解くと，次の式を得る．

$y = 2x - 30$

例えば，「さあ」を18声発したときの1個ずつ並べた方の数 y 個を求めたいとき，この x に18を代入すると，

$2 \times 18 - 30$

となり，計算法②と同じとなることがわかる．

●**「桜の目付字」** 「目付字」とは「甲と乙の2人が問題の形で，ある文字の中から乙が一つの文字を選び，それを甲が当てる遊び」である．『勘者御伽双紙』には「桜の目付字」という遊戯がある．それは次のような遊びである．

①乙は次の和歌の中から1文字選ぶ．
　　さくらきの
　　　ふみやいつれと
　　　　おほろけも
　　はなにありしを
　　　かすへてそうる

②乙は図を見て，選んだ文字が枝ごとに花にあるか葉にあるかを甲に伝える．

③甲は②での乙の言葉から乙の選んだ文字を特定する．

さて，甲は乙の選んだ文字をどのように特定するのだろうか．

そのことは2進数を使って説明できる．

甲はあらかじめ次のことを決めておく．

桜の目付字

A 甲は「さくらきの 〜 そうる」の文字一つひとつに「1，2，3，…，29，30，31」の数を対応させておく．例えば「の」には「5」を対応させる．

B ②で乙の伝えることが「葉」であれば「0」を，「花」であれば「1」を対応させることとする．例えば，乙が甲に伝えたことが「葉葉花葉花」であるとき，それは「00101」を対応させる．

次に，文字を特定してみよう．

C ここで，乙が「花花花葉花」といったとすると，「11101」を意味することになる．

ここで，簡単に2進数について説明しよう．我々は普段10進数を使っている．それは10をひとまとまりと考え，繰り上がる数で，例えば「123」とは100が1個，10が2個，1が3個あることを表し，

$$1 \times 100 + 2 \times 10 + 3 \times 1$$
$$= 1 \times 10^2 + 2 \times 10^1 + 3 \times 10^0$$

と書くことができる．2進数では2をひとまとまりと考えるので，「101」は次のように表せる．

$$1 \times 2^2 + 0 \times 2^1 + 1 \times 2^0 \quad \text{したがってこの数は，10進数にすると}$$
$$2^2 + 0 + 1 = 5 \quad \text{である．}$$

D この「11101」を2進数と考え，10進数にすると

$$1 \times 2^4 + 1 \times 2^3 + 1 \times 2^2 + 0 \times 2^1 + 1 \times 2^0$$
$$= 1 \times 16 + 1 \times 8 + 1 \times 4 + 0 \times 2 + 1 \times 1 = 29$$

を得る．

E Aで対応させた文字と数の関係を使って，

29 →そ

を特定する．

2進法が江戸時代の庶民にどれだけ理解されていたかは不明である．しかし，その当時の遊びを2進法で説明することができる． ［小林徹也］

【参考・引用文献】
『改算記』山田正重，1659（『江戸初期和算撰書』第5巻，野口泰助・校注，研成社，1998）
『塵劫記』初版本，吉田光由，1659（研成社，2006）
『塵劫記』現代活字版，和算研究所塵劫記委員会，和算研究所，2005
『和算』佐藤健一，文溪堂，2012
『和算用語集』佐藤健一他，研成社，2005
『勘者御伽雙紙』NPO和算を普及する会，2010

⑮ 遺題の風習

　京都で自ら「割り算の天下一と号する者」と称した毛利重能のもとへは吉田光由や今村知商および高原吉種などが教えを請うために日参した．毛利重能は元和8（1622）年に『割算書』を刊行した．また，今村知商は寛永16（1639）年に門弟のために『竪亥録』（数学の公式集で錐体の体積を正確に求めている）を100部だけつくった．そして，翌年には数学の問題の解き方を和歌や長歌で記した『因帰算歌』（1640）を，寛永18（1641）年には中国の『書経』に記載されている閏月についての注釈書『日月会合算法』（計算法などを記してある）を著している．その後，今村知商は磐城平藩内藤家に仕官し，郡奉行になっている．

●**『塵劫記』**　『割算書』が出版されてから5年後の寛永4（1627）年に毛利重能の弟子吉田光由（1598-1672）は『塵劫記』を出版した．吉田光由は京都の豪商，角倉一族の子として生まれた．『算法統宗』をマスターした光由は『算法統宗』を参考にして一般大衆者向けの『塵劫記』を書いた．内容や編集の仕方は『算法統宗』に非常に類似している．

　『算法統宗』が明代でベストセラーになったのと同様，『塵劫記』も商人や職人・農民から武士まで幅広く人気を得ることができた．

　『塵劫記』が流行した時代は庶民の需要から寺子屋で「読み・書き・そろばん」を盛んに教えたり，算術家が塾を開いたり，和算家がかなり高度な数学を門弟に指導するようになった．川崎や横浜では寺子屋は慶長年間（1596-1615）頃にはすでに存在していたといわれている．寺子屋の師匠は僧侶・神官・修験（寺社師匠）・武家師匠・庶民師匠（農民・商人・平民・医師等）などで，これらの師匠達は「そろばん」の指導用教材に『塵劫記』を使用しており「そろばん」は『塵劫記』とともに急速に日本全土に広がり，庶民の間に定着するようになった．

　しかし，人気が出ると偽物がでるのは世の常．そこで，光由は朱と黒の世界最初の二色刷りを出版した．二色刷りは嵯峨本・角倉本・光悦（本阿弥）本などと呼ばれた．当時，最高級の豪華本を刊行できたのは角倉の一族であったがゆえになしえたことであった．

●**「遺題」の出現**　世界最初の二色刷りもすぐに真似されたため，寛永18（1641）年に『新篇塵劫記』を出版した．この本を刊行したときは「好み」といわれていたが，後に「遺題」といわれる「解答を付けない問題」を載せ「読者にその解答を求める」という新しい試みがなされた．すると，承応2（1653）年に榎並和澄が自著『参両録』に解答を発表し，さらに解答のない問題を載せた．すると万治2（1659）年に礒村吉徳が自著『算法闕疑抄』に『参両録』の解答を発表し，さらに解答のない問題を載せた．こうして，文政2（1819）年に石黒信由が発行し

た『算学鈎致』まで，178年間，次から次へと遺題を載せた和算書が刊行され，継承されていった．このように問題をリレー式に解いていくことを「遺題継承」といい，「日本独自の数学（和算）」を発展させた要因の一つとなっている．

『塵劫記』の「遺題」12問のうち問題の形式になっている10問は以下のとおりである．

(1) 鈎股積の問題

直角三角形の斜辺を a，他の2辺を b，c とすると $a+b=81$ 間，$a+c=72$ 間のとき辺 a，b，c の長さと三角形の面積を求めよ．

(2) 円截積の問題

長さ3間（1間＝6尺5寸とする），本の口の周り（円周）が5尺，末の口周りが2尺5寸の唐木がある．この木の値段は銀10枚である．これを3人で買い求め，3等分に切りたい．本の長さを求めよ．

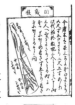

(3) 二組四色（4元連立一次方程式）

松の木80本，桧（檜木）50本合わせて2貫790目．松の木120本，杉の木40本合わせて2貫322匁．杉の木90本，栗の木150本合わせて1貫932匁．栗の木120本，桧7本合わせて419匁のとき，松，桧，杉，栗それぞれ1本につき，銀はどれほどか．

※重さの単位「匁」は一の位が「0」の場合，「目」を用いる．

(4) 三組三色（3元連立一次方程式）

桧（檜木）2本，松の木4本，杉の木5本合わせて銀弐百目．桧5本，松の木3本，杉の木4本合わせて275匁．桧3本，松の木6本，杉の木6本合わせて300目のとき，おのおの1本につき銀はどれほどか．

(5) 二組三色（2元連立一次方程式）

絹3疋，布8端（反）合わせて銀278.5匁．布2端，紗綾4巻合わせて421.4匁．紗綾1巻，絹2疋合わせて88.6匁のとき，布，絹，紗綾のおのおのの値段はいくらか．

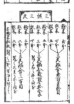

(6) 盈朒法（過不足算）の問題

今，具足2両（領）と上馬5疋（頭）を売り，小荷駄13疋を買うとすると，小判が5両あまる．また，具足1両と小荷駄1疋売って上馬3疋買うと同じ値段になる．上馬6疋と小荷駄8疋を売って，具足を5両買うとすると，小判が3両足りなくなる．具足，上馬，小荷駄のそれぞれの値段はいくらか．

(7) 方台（正四角錐台）の問題

ここに堀を掘るときに土が5,600坪ある．この土に南に下が30間四方，高さが9間の正四角錐台の天主の土台をつくるとき，上の面積を求めよ．

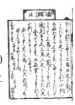

(8) 円台（円錐台）の問題

（円錐から円錐台をつくるとき,）上底の円周が40間, 下底の円周120間, 高さ6間あるとき, この上の土を1200坪切り取るとき, 上（頂点）よりどれくらいの長さ（高さ）を切り取ればよいか.

(9) 粟石積の問題

粟石750坪を高さ5尺にして5段積み上げる. 下より2段目の犬走りの広さは1丈, 3段目は7尺, 4段目は6尺, 5段目は5尺とする. 下底と上底の広さを求めよ.

(10) 円截積の問題

直径100間の円径の屋敷を図のように3人で分けるとき, 1人は2900坪, 1人は2500坪, 1人は2500坪とするとき, 北の矢, 南の矢, 中の矢の長さを求めよ.

● 「遺題」の解答集『発微算法』 沢口一之は寛文11（1671）年に『古今算法記』に遺題15問を掲載した. 関孝和は延宝2（1674）年に『発微算法』でこの遺題15問について, 「文字を使用して消去法で多元高次連立方程式を1元高次方程式の解法に還元する」という新たな方法で解法を示したが, 具体的な解答は示さなかった.

第1問 6次方程式	第6問 18次方程式	第11問 10次方程式
第2問 9次方程式	第7問 36次方程式	第12問 54次方程式
第3問 27次方程式	第8問 18次方程式	第13問 72次方程式
第4問 108次方程式	第9問 6次方程式	第14問 1458次方程式
第5問 9次方程式	第10問 10次方程式	第15問（16次方程式）

関孝和の解法はかなり難解だったため, 建部賢弘が貞享2（1685）年に『発微算法演段諺解』を刊行し, 詳しく説明したが, 関同様, 具体的な解答は示していない. 両者とも解答が示されていないのは1元高次方程式を筆算で解くには無理があることによるものであろう. 次にこの書の特徴的な問題をあげる.

第2問　今有_大立方, 小平方各一_, 只云, 平方ノ積ヲ為シテ実ト開キ立方ニ之見商ノ寸ト与エ立方ノ積ヲ為シテ実ト開キ平方ニ之見商ノ寸ト上, 二数共ニ相併テ一尺, 別ニ平方ノ面寸ト与エ立方ノ面寸ト, 和シテ而七寸, 問フ平方面, 立方面幾何ゾ_.

[現代解]　正方形の一辺を x, 立方体の一辺を y とすると

$$\begin{cases} \sqrt[3]{x^2} + \sqrt[3]{y^2} - 10 = 0 \\ x + y - 7 = 0 \end{cases}$$

より　$x \fallingdotseq 3.316, \ y \fallingdotseq 3.968$

Ⅱ．和算の誕生に向かって

　この問題は「面積の立方根と体積の平方根の和」から立式することになり，現代では次元が違うことから意味不明の問題となっている．こうした問題はほかに第3・4・7・8問がある．これは「遺題のための難問作り」から生じた副産物といえる．このような作風は佐藤正興が寛文6（1666）年に著した『算法根元記』の「遺題」が初見である．当時の和算家はこうした手段についてはあまり深く考えていなかったと思われる．

　なお，現代解の解答は日本数学史学会の会誌『数学史研究』（通巻190号）に「関孝和著『発微算法の近似解』」（筆者共著）と題し，詳しく述べているので参照していただきたい．

　寛文年間（1661-1673）は「遺題」の全盛期であった．特に下記の『新篇塵劫記』より始まる継承本は出版されるごとに工夫がこらされていった．

　「遺題」が初めて登場した1641年から33年で「文字を使用して多元高次連立方程式を1元高次方程式の解法に還元する」という方法が生まれたことは驚異的なことであり，「遺題継承」が「和算の発展」にいかに貢献してきたかがわかる．

●**「遺題」の系統**　幕末の和算家，古川氏一（1783-1837）は自著『算話随筆』に「遺題」を①『新篇塵劫記』より始まる系，②『数学乗除往来』より始まる系，③『算法勿憚改』より始まる系，④『算法天元樵談集』より始まる系に分類した．
　　　　　　　　　　　　　　　　　　　　　　　　　　　　　　　　　[川瀬正臣]

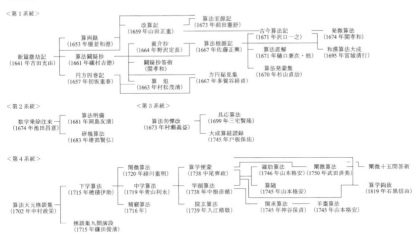

[参考文献]
- 『新篇塵劫記』吉田光由，寛永18（1641）年，野口泰助氏蔵
- 『和算の歴史（上）』下平和夫，富士短期大学出版部
- 『和算の歴史』平山諦，筑摩書房
- 『数学史研究』通巻190号，日本数学史学会誌
- 『算法統宗校釋』梅榮照・李兆華校釋，安徽教育出版社出版

Ⅲ．和算の確立

⓰ 関孝和の『括要算法』

『括要算法』正徳2（1712）年の4巻（元，享，利，貞）は『大成算経』宝永7（1710）年の巻の5，6，11，12巻に含まれている．内容は第1巻（元巻）「累裁招差之法，垛積術，衰垛術」，第2巻（享巻）「諸約之法」，第3巻（利巻）「角法」，第4巻（貞巻）「求円周率術，求弧術，求立円周積術」である．

この書は関孝和の没（宝永5〈1708〉年）後，遺稿を門弟の荒木村英が弟子の大高由昌に命じて刊行したもので，荒木は跋文を書いている．荒木は彦四郎と称し，高原吉種に学び，後，関孝和の門人となる．寛永17（1640）年に生まれ，享保3（1718）年没．江戸南鍋町で算法指南をしていた．

● 第1巻「累裁招差之法」と「垛積術」，「衰垛術」

(1)「累裁招差之法」

「累裁招差之法」は中国の授時暦の研究から生まれたもので，「与えられた条件に適するある関数を決定する方法」で，関数

$$y = a_1 x + a_2 x^2 + a_3 x^3 + \cdots + a_n x^n$$

において，変数xの値$x_1, x_2, x_3, \cdots, x_n$に対する$y$の値$y_1, y_2, y_3, \cdots, y_n$が与えられたとき，係数$a_1, a_2, a_3, \cdots, a_n$を定める方法である．定数項$a_0$がないのは$x=0$のとき$y=0$となることによる．

関孝和は2次式の場合，以下の実例で説明している．

> 問 $y = f(x)$において，$x=5$のとき，$y=15$，$x=7$のとき，$y=28$，$x=16$のとき，$y=136$，$x=20$のとき，$y=210$になるという．このとき，$y=f(x)$はどのような式で表されるか．

［解］ $$y = 0.5x + 0.5x^2 = \frac{1}{2}(x + x^2)$$

(2)「垛積術」

「垛積術」とは積み重ねるの意味である．これを数列として，$1^r + 2^r + 3^r + \cdots + n^r$の級数の和を求めている．圭垛術は11乗までの級数の和（積）の公式を求めている．

圭　垛　積： $1 + 2 + 3 + \cdots + n = \dfrac{1}{2}n(n+1)$

平方垛積： $1^2 + 2^2 + 3^2 + \cdots + n^2 = \dfrac{1}{6}\{n(2n+3)+1\}$

立方垛積： $1^3 + 2^3 + 3^3 + \cdots + n^3 = \dfrac{1}{4}n^2\{n(n+2)+1\}$

三乗方埓積： $1^4 + 2^4 + 3^4 + \cdots + n^4 = \dfrac{1}{30} n \left[n^2 \left\{ n(6n + 15) + 10 \right\} - 1 \right]$

四乗方埓積： $1^5 + 2^5 + 3^5 + \cdots + n^5 = \dfrac{1}{12} n^2 \left[n^2 \left\{ n(2n + 6) + 5 \right\} - 1 \right]$

$$\vdots$$

このとき，関が算出した $\dfrac{1}{2}$, $\dfrac{1}{6}$, $-\dfrac{1}{30}$, $\dfrac{1}{42}$, $-\dfrac{1}{30}$, $\dfrac{5}{66}$, …はベルヌーイ数 $\dfrac{1}{6}$, $-\dfrac{1}{30}$, $\dfrac{1}{42}$, $-\dfrac{1}{30}$, $\dfrac{5}{66}$, …と一致する.

　関孝和は「$1^r + 2^r + 3^r + \cdots + n^r$」なる級数の和の公式を求めることに成功したが，それにはベルヌーイ数という特別な分数列が必要になる．この数列の発見はベルヌーイの遺稿の発表が 1713 年で『括要算法』が 1712 年であるから関の方が早いことになる．

(3)　「衰埓術」

　「衰埓術」とはパスカルの三角形に表れる数列のことで，その数列の和を積といい，それらの公式を示している．

```
            1,  1,  1,  1,  1,  1,  1,  …
圭    埓：1,  2,  3,  4,  5,  6,  7,  …
三角衰埓：1,  3,  6,  10,  15,  21,  28,  …
再乗衰埓：1,  4,  10,  20,  35,  56,  84,  …
三乗衰埓：1,  5,  15,  35,  70,  126,  210,  …
四乗衰埓：1,  6,  21,  56,  126,  252,  462,  …
```
$$\vdots \qquad\qquad \vdots$$

圭　埓　積 $= \dfrac{1}{2!} n(n + 1)$

三角衰埓積 $= \dfrac{1}{3!} n(n + 1)(n + 2)$

再乗衰埓積 $= \dfrac{1}{4!} n(n + 1)(n + 2)(n + 3)$

三乗衰埓積 $= \dfrac{1}{5!} n(n + 1)(n + 2)(n + 3)(n + 4)$

四乗衰埓積 $= \dfrac{1}{6!} n(n + 1)(n + 2)(n + 3)(n + 4)(n + 5)$

$$\vdots \qquad\qquad\qquad \vdots$$

●**第 2 巻「諸約之法」**　「諸約之法」とは互約，逐約，斉約，遍約，増約，損約，零約，遍通，剰一，翦管術解の 10 項目に分かれている．

互約：二つの整数 a, b があり，それぞれの約数（ただし，もとの数に等しい場合を含む）a', b' を求め，a', b' は互いに素であって，$a' \times b'$ を a, b の最小公倍数にすることである．〈例〉6と8を互約して3と8，36と48を互約して9と16，30と54を互約して5と54または10と27

逐約：三つ以上の整数について，互約と同様の約数を探すことである．
〈例〉105，112，126 は逐約して 5，16，63

斉約：数個の整数 a, b, c, … の最小公倍数を求めることである．
〈例〉6と8を斉約して24　このとき，6と8の最大公約数2を「等数」といっている．

遍約：数個の整数 a, b, c, … をその最大公約数で約すことである．
〈例〉8と10を遍約して4と5

増約：無限等比級数の和を求めることである．
初項（原数）a，公比（増分）r，等比数列の和（極数）S_n とすると

$$S_n = a + ar + ar^2 + ar^3 + \cdots + ar^n = \frac{a(1-r^n)}{1-r}$$

となるが，関は $0 < r < 1$ の場合として，$\lim_{n \to \infty}(1-r^n) = 1$ より

$S_n = \dfrac{a}{1-r}$ としている．

〈例〉原数 $a = 10$，増分 $r = 0.6$ として，極数 $= \dfrac{10}{1-0.6} = 25$

損約：$a - ar - ar^2 - ar^3 - \cdots - ar^n$ の和を求めることである．すなわち，

$$S_n = a - ar - ar^2 - ar^3 - ar^4 - \cdots = a - (a + ar + ar^2 + ar^3 + \cdots)r$$
$$= \frac{a(1-2r)}{1-r}$$

しかし，r が $r \geqq 0.5$ になるときは和が原数より大きくなり，問題の意味に反する．そこで，この場合は「極数なし」と断っている．

零約：不尽数（無限小数）を用いて有尽（有限）の分母子を求める方法である．「正方形の一辺を1尺としたとき，対角線の長さ 1.41421 強尺の近似分数を求めよ」これに対し，「最初を除いて，分母には常に1を加え，その数が 1.41421 より小さい場合は分子に2を，大きい場合は分子に1を加えて近似分数を探す」方法である．$\dfrac{1}{1}, \dfrac{2}{1}, \dfrac{3}{2}, \dfrac{4}{3}, \dfrac{5}{4}, \cdots, \dfrac{10}{7}, \cdots, \dfrac{41}{29}, \cdots, \dfrac{58}{41}, \cdots$
第4巻の (2)「円周率の近似分数の求め方」を参照していただきたい．

$$\frac{7}{5} < \sqrt{2} < \frac{10}{7}, \quad \frac{41}{29} < \sqrt{2} < \frac{58}{41}$$

遍通：分数の通分のことである．

剰一：2元1次不定方程式 $ax - by = 1$ の整数解を求める方法である．

Ⅲ．和算の確立　　　　69

〈例〉　$19x - 27y = 1$

左段	左商	x	y	右商	右段	$ax - by = 1$
$b_1 = 1$		19	27		$b_0 = 0$	$b_0 = 0,\ b_1 = 1$
	$a_2 = 2$	16	19	$1 = a_1$		$b_2 = b_0 + b_1 a_1 = 0 + 1 \times 1 = 1$
b_3		3	8		b_2	$b_3 = b_1 + b_2 a_2 = 1 + 1 \times 2 = 3$
	$a_4 = 1$	2	6	$2 = a_3$		$b_4 = b_2 + b_3 a_3 = 1 + 3 \times 2 = 7 = y$
b_5		1	2		b_4	$b_5 = b_3 + b_4 a_4 = 3 + 7 \times 1 = 10 = x$

(止)

翦管術解：2元1次不定方程式 $ax \pm by = c$ の解法をいう．

　　　〈例〉「ある整数がある．5で割れば1余り，7で割れば2余るという．
　　　　　　その整数を求めよ．」

　　[解]　① $5x - 7y = 1$ を「剰一術」で解き，$x = 3$
　　　　　　　$5 \times 3 = 15 \cdots 5$ で除し余りなし，7で除し余り1
　　　　　② $7x - 5y = 1$ を「剰一術」で解き，$x = 3$
　　　　　　　$7 \times 3 = 21 \cdots 7$ で除し余りなし，5で除し余り1
　　　　　　　したがって，$15 \times 2 = 30 \cdots 5$ で除し余りなし，7で除し余り2
　　　　　　　　　　　　　　$21 \times 1 = 21 \cdots 7$ で除し余りなし，5で除し余り1
　　　　　　　ゆえに，$15 \times 2 + 21 \times 1 = 51 \cdots 5$ で除し余り1，7で除し余り2
　　　　　　　　　　　　　$5 \times 7 = 35 \cdots$ 去法とする
　　　　　　　したがって，$51 - 35 \times 1 = 16 \cdots$ 総数

●第3巻「角法」　正多角形の一辺を a，内接円の半径（平中径）を r，外接円の半径（角中径）を R として，a と r，a と R の関係式を求めることを角術という．

　正三角形から正二十角形までの $a = 1$ の場合の方程式を示し，その値を有効数字10桁まで求めている．また面積も求めている．方程式は以下のとおりである．

　　三角形：　$1 - 12r^2 = 0,\ \ 1 - 3R^2 = 0$

　　四角形：　$2r = 1,\ \ -1 + 2R^2 = 0$

　　五角形：　$-1 + 40r^2 - 80r^4 = 0,$
　　　　　　　$-1 + 5R^2 - 5R^4 = 0$

　　六角形：　$-3 + 4r^2 = 0,\ \ R = 1$

　　七角形：　$-1 + 84r^2 - 560r^4 + 448r^6 = 0,$
　　　　　　　$-1 + 7R^2 - 14R^4 + 7R^6 = 0$

　　八角形：　$-1 - 4r + 4r^2 = 0,$
　　　　　　　$-1 + R^2 - 2R^4 = 0$

　　九角形：　$-1 + 132r^2 - 432r^4 + 192r^6 = 0,$
　　　　　　　$-1 + 6R^2 - 9R^4 + 3R^6 = 0$

　　十角形：　$5 - 40r^2 + 16r^4 = 0,$
　　　　　　　$-1 - R + R^2 = 0$

［三角形の場合］

$r^2 + \left(\dfrac{1}{2}\right)^2 = R^2$

$\therefore\ 4r^2 + 1 = 4R^2$

$R = 2r$ より

$R^2 + 1 = 4R^2$

$\therefore\ -1 + 3R^2 = 0$

また，

$\begin{cases} 4r^2 + 1 = 4R^2 \\ R = 2r \end{cases}$

より

$4r^2 + 1 = 4 \times (2r)^2$

$\therefore\ 1 - 12r^2 = 0$

十一角形：$-1+220r^2-5280r^4+29568r^6-42240r^8+11264r^{10}=0$
$-1+11R^2-44R^4+77R^6-55R^8+11R^{10}=0$
十二角形：$-1+8r-4r^2=0$, $-1+4R^2-R^4=0$
十三角形：$-1312r^2-11440r^4+109824r^6-329472r^8$
$+292864r^{10}-53248r^{12}=0$
$-1+13R^2-65R^4+156R^6-182R^8+91R^{10}-13R^{12}=0$

以下省略するが，十四角形から二十角形までについても計算している．

● **第4巻「求円周率術，求弧術，求立円周積術」** この巻では「円理」（求円率術，求弧術，求立円周積術）について説明している．

（1）「求円周率術」（円周率の求め方）

〈『算俎』（1663）の方法による円周率の求め方〉

直径1の円に正方形を内接させ，次に弧の中点を結んで正8角形を，次いで正16角形，正32角形と進み，正131072（2^{17}）角形までの周の長さ求めている．正2^{15}角形，正2^{16}角形，正2^{17}角形のそれぞれの周の長さをS_{15}, S_{16}, S_{17}とすると，

$S_{15}=3.1415\ 9264\ 8776\ 9856\ 708$ 弱
$S_{16}=3.1415\ 9265\ 2386\ 5913\ 571$ 弱
$S_{17}=3.1415\ 9265\ 3288\ 9927\ 759$ 弱

と計算した．次にS_{15}, S_{16}, S_{17}の値を使い，円周Sの近似値を求めている．この方法は「増約術」と呼ばれている．

$$S=S_{16}+\frac{(S_{16}-S_{15})(S_{17}-S_{16})}{(S_{16}-S_{15})-(S_{17}-S_{16})}=3.1415926535\ 9\ 弱$$

この値は小数点以下第10位まで正しい．

（2）円周率の近似分数の求め方

$\frac{3}{1}$から出発して，分母には常に1を加え，分子には円周率より小さいときは4を，大きくなったときは3を加えてつくる方法である．

$\frac{3}{1}<\pi<\frac{4}{1}$

$\frac{3}{1}<\pi<\frac{3+4}{1+1}=\frac{7}{2}=3.5$

$\frac{3}{1}<\pi<\frac{3+7}{1+2}=\frac{10}{3}=3.\dot{3}$

［右辺］ $\frac{3+10}{1+3}=\frac{13}{4}=3.25$

$\frac{3+13}{1+4}=\frac{16}{5}=3.2$

$\frac{3+16}{1+5}=\frac{19}{6}=3.1\dot{6}$

$\frac{3+19}{1+6}=\frac{\mathbf{22}}{\mathbf{7}}=\mathbf{3.14285714}\cdots$

⋮

（3）「求弧術」

直径 $d = 10$ 寸，矢 $c = 1$ 寸とするとき，弧の長さ s を求める方法である．関は弧を半分，半分，…，2^n 等分にしていってその弦の長さを加え合わせて求めている．具体的には弧を $2^{13}, 2^{14}, 2^{15}$ 等分して得られる近似値を l_{13}, l_{14}, l_{15} とすると

$l_{13} = 6.435011081314995908$ 弱
$l_{14} = 6.435011086278380831$ 弱
$l_{15} = 6.43501108793519227208$ 強

定背　$s = l_{14} + \dfrac{(l_{14} - l_{13})(l_{15} - l_{14})}{(l_{14} - l_{13}) - (l_{15} - l_{14})} = 6.4350$

としている．この方法はニュートンの補間法に相当するものである．

（4）「玉率の求め方」

関は直径 d の球の体積 V は $V = \dfrac{\pi}{6} d^3$ になることを述べている．その方法は球の直径を直径に垂直に直角に交わる平行平面で 50 等分，100 等分，200 等分する．各部分の体積を求めるには，上の切り口における円の直径の 2 乗と下の切り口の直径の 2 乗との平均をもって円柱とみなし，底面の円の直径の 2 乗とするというもので，直径を $2n$ 等分した体積をそれぞれ V_1, V_2, V_3 とすると，

$$V_1 = \left(\dfrac{2}{3} - \dfrac{1}{6n}\right) d^3, \quad V_2 = \left(\dfrac{2}{3} - \dfrac{1}{6 \times (2n)^n}\right) d^3, \quad V_3 = \left(\dfrac{2}{3} - \dfrac{1}{6 \times (4n)^n}\right) d^3$$

となる．ただし，円積率 $\dfrac{\pi}{4}$ は最後にかける．

これら V_1, V_2, V_3 を増約率の公式に代入して，以下のとおりとなる．

$$V = V_2 + \dfrac{(V_2 - V_1)(V_3 - V_1)}{(V_2 - V_1) - (V_3 - V_2)} = \dfrac{2}{3} d^3$$

∴　求める体積 $= \dfrac{2}{3} d^3 \times \dfrac{\pi}{4} = \dfrac{\pi}{6} d^3$

［川瀬正臣］

[参考文献]
- 『関孝和全集』平山諦・下平和夫・広瀬秀雄編著，大阪教育図書，1974
- 『和算の歴史』平山諦，筑摩書房，2007
- 『数学書を中心とした和算の歴史（上）』下平和夫，富士短期大学出版部，1965
- 『和算ノ研究 雑論Ⅱ』加藤平左エ門，日本学術振興会，1955
- 『行列式及圓理：和算ノ研究』加藤平左エ門，開成館，1944

⓱ 『算学啓蒙』から『古今算法記』へ

　『算学啓蒙』は，元の朱世傑が1299年に著した算書である．内容は，掛け算の九九や数の単位などから始まり，基本的な算数の基礎の問題を扱い，最終的には一元高次方程式になる問題を扱っている．

　注目するべきところは二つある，一つは扱える問題の範囲が「方程式」正確には「一元高次方程式」という世界に広がったこと．これは大きな出来事である．数学は日常から専門分野に至るさまざまなところで利用されているが，そのほとんどが「方程式」を利用しているということである．

　もう一つはこの書の書かれ方である．基本的に算籌（算木）を用いて説明されていることで，天元術といわれるもので，算木と算盤を用いて処理する新しい計算法を示している所である．

　しかしながら，残念なことにこの画期的な新しい数学の方法自体の説明ではなく，算木を使って中間結果を見せながら答を導く説明に留まっているため，読者はこの書を見ただけでは，天元術を理解して利用できるというところまではいかなかったようである．

　『古今算法記』は，沢口一之によって書かれ，1670年に出版された．

　巻之一から巻之二にはそれまでの日用数学の内容を説明し，巻之三では今でいう過不足算などの説明の後で算木を用いて「連立方程式」の問題を説明するまでの誘導の問題として扱われている．

　開平・開立の説明をする前に『算学啓蒙』と『古今算法記』に不足している算盤の説明をする．算盤の定義ができたとき，天元術は完成したと考えられる．

● 算盤と算木を用いた一元高次方程式の解法

1. 算盤と算木の用い方（3次式までは以下の算盤を用いる）

　実際に算木を用いる場合は，正の数は赤い算木，負の数は黒い算木を使う．

十	億	千	百	十	万	千	百	十	一	分	釐	毫	絲	忽	◎算盤の例
									商						開方計算の答
									實						x^0の係数：定数項
									方						x^1の係数
									廉						x^2の係数
									隅						x^3の係数

：文章用に十の位千の位と一桁置に縦横を使い分ける表現もあるが実際の算盤での計算は各桁縦置きで行う．左は横置きの例．縦横共に空位は○を用いる

：一色刷りの印刷用に−1を，正の数Ⅰに斜線を付けてⅫと表し負の数に用いている．負の斜線は一の位の数に付ける

2. $x^2 = 196$ の x の答を一つ求める例

$x^2 - 196 = 0$ と変形し，この2次方程式を算盤と算木を用いて解いてみる．係数を算盤に算木で置くと下のようになる．

万	千	百	十	一	分	$x^2-196＝0$ の係数を算盤に算籌で置く
						商の級：答
						實の級：x^0 の係数：今回は -196　　：定數項
						方の級：x^1 の係数：今回は 0
						廉の級：x^2 の係数：今回は 1

計算は1桁ずつ行うことになるので商が何桁の解になるかを知る必要がある．そこで，初商が一の位に立つか十又は百の位に立つかを最高次数（この場合は2次の係数）廉の級を2桁ずつ十・百と上げて実を超えない範囲で初商の位を知る．

万	千	百	十	一	分	初商の位取りを見る
		百	十	一		初商が一の位か十の位か百の位に立つかを見る
						實の級
		百	十	一		方の級
	百		十		一	廉の位を2桁ずつ十・百と上げて見る

初商が百の位に立つとすると廉の級で實の値を超えてしまうので，初商は十の位に立つことがわかる．

商の位の計算毎に各次数の係数を移動させる（進退するという：位を上げるときは進む，位を下げるときは退くという）．

進退の次第は各級ごとに決まっている．実の級は動かさない．方の級は1桁ずつ進退し廉の級は2桁ずつ進退する．1罫に進退する各級の桁数は次数の数だけの桁数となる．

万	千	百	十	一	分	初商は十の位に立つ
			※			商の級：初商は十の位に立つ　：各級1罫進める
						實の級：この級は動かさない
						方の級：この級は1桁ずつ進退するが今回は無し
						廉の級：一の位にあった係数1は百の位に移る

具体的に初商の見当を立てる．今回は1とすぐにわかる．初商十の位に1と立てて計算を始める．

①②③④は計算の順を示している．實級は本来1行であるが手順を示すため3行分にして手順を書いてある．順を追って見ていただきたい．計算の手順は簡単である．廉に初商を掛け上の方級に加える．加えた結果の方級に初商を掛けて實級に加える．この繰り返しである．

万	千	百	十	一	分	初商の計算
			丨			①高級初商1を立てる
		丨	川	下		實級
		丨				③方の1×高の1を実に加える
		〇				④實級-96となる
			丨			②方級：廉の1×高の1を加える　0+1=1となる
			丨			廉級

万	千	百	十	一	分	初商計算の結果
			丨			高級：10
			川	下		實級：-96
				丨		方級：1
			丨			廉級：1

　次商計算のため，廉級の1に初商の1を掛け方級に加える．
　この次商計算のための繰り返しの理解を含め，この計算法の手順の理解に役立つヒントの図を右に書いておく．

	初商	次商
初商 初商		
次商		

　整理する．

万	千	百	十	一	分	次商計算の準備1
			丨			高級：10
			川	下		實級：-96
		丨				方級
		丨				①廉の1に高の1を掛けて加える
		丨				②整理する　方2となる
		丨				廉級：1

万	千	百	十	一	分	次商計算の準備1結果
			丨			高級：10
			川	下		實級：-96
		‖				方級：2
		丨				廉級：1

退位する．次商計算（一の位の計算）のために，各級を1罫退く．

万	千	百	十	一	分	次商計算の準備2　1罫退位
			l			商級：10
			Ⅲ	厂		實級：-96
			ll			方級：2：方は1桁退位
				l		廉級：1：廉は2桁退位

方の2と實の9とを見比べて，次商を4と立て計算をする．

万	千	百	十	一	分	次商計算
			l	Ⅲ		①商級：次商を4と立てる
			Ⅲ	厂		實級：
			Ⅲ			③方2に次商4を掛けて實に加える
			l	丅		④方4に次商4を掛けて實に加える
						⑤整理して實尽きて計算終了
			ll	llll		②方級：廉の1に次商の4を掛け方に加える：24となる
				l		廉級：1

計算終了後の算盤の状態．

万	千	百	十	一	分	次商計算結果
			l	llll		商級：商14と知る
						實級：實尽きて計算終了
			ll	llll		方級：24
				l		廉級：1

　この方法を使えば，一元であれば何十乗の方程式になっても開方を求めることができる．これが，天元術の開方計算の基本である．

　余談であるが，和算書を見るとき，「術曰」と「解曰」という2文がある．「術曰」の文章は，最後の答を出すために，問に出ている条件を用いていかにして最小限・簡潔に最終式をつくるかを書いているので，その最終の式を得るまでの過程はわからないことが多い．その最終式を問題の条件やすでにわかっている比率などから導き出す手順は「解曰」の方に書かれている．流派によっては「解曰」と同等のものに「矩曰」などといったものもある．　　　　　　　　　　[清水布夫]

【参考文献】
『算学啓蒙』朱世傑，1299
『古今算法記』沢口一之，寛文10年版，1670
『改正天元指南』藤田貞資，寛政7年，1795

⓲ 天元術で解いてみよう

天元術は正しくは，天元法術といって内容は，二つに分けられる．

一つは「開方術」であり，この中には算木を使った四則演算と連立方程式の扱いと一元高次方程式の開方計算が含まれる．

もう一つは，開方術に掛けるための，一元高次方程式をつくる過程である．こちらを一般に「天元術」といったようだ．

開方術が使われ始めると，一元の高次方程式ができさえすれば具体的な答は機械的に知ることができると知れ渡り，以後の問題の解答は一元高次方程式をつくることをもってあてられることになる．

問題も具体的な数値を用いずに「あるすう」とか「いくすう」というように，今でいえば「a」と置くとか「b」とするというような出題になり，その問題を解く一元高次方程式をつくることが解答になった．京都の祇園にある八坂神社の絵馬堂に復元額があるが，そこの1面には2問があげられ，その答は一つが「26乗方（今風にいうと27次方程式）」もう一つは「69乗方（70次方程式）」をつくる解答が書かれた「算額」を見ることができる．

開方術をもう少し見てから天元術を紹介する．

$x^3 + 12x^2 - 2234x + 32867 = 0$ を開く例：

百	十	万	千	百	十	一		
							商	答の級
							實	x^0定数項の係数
							方	x^1の係数
							廉	x^2の係数
							隅	x^3の係数

$x^3+12x^2-2234x+32867=0$ 係数を置く

百	十	万	千	百	十	一		隅を進退し和商の位を探す
							商	和商は十の位に立つと判る
							實	
							方	方は1桁ずつ進退
							廉	廉は2桁ずつ進退
百			十			一	隅	隅は3桁ずつ進退

實の桁を見ながら隅を3桁ずつ進め，十の位に初商が立つことを知る．

百	十	万	千	百	十	一		各級を進退して和商を求める
							商	實の32と方の10程度を見て和商を20と立てる
							實	和商30と見立てると　一の位2が持たない
							方	
							廉	
							隅	

商立ては，方と実の値を考慮するが，正しくなくとも簡単に修復できる．

III. 和算の確立

百	十	万	千	百	十	一		初商の計算
						高	高	
		⦀	‖	Ⅲ	⊤	‖	實	
		‖						⑥ 方-1×高2を實に加算
								⑦ 方-5×高2を實に加算
						Ⅲ		⑧ 方-9×高2を實に加算
					Ⅲ			⑨ 方-4×高2を實に加算
			Ⅲ	Ⅲ				⑩ 整理する 實987残る
	‖	‖	‖	𝍥			方	
								③ 廉3×高2を方に加算
				Ⅲ				④ 廉2×高2を方に加算
		𝍤	Ⅲ	𝍥				⑤ 整理する 方-1594となる
					Ⅲ		廉	
				‖				① 隅1×高2を廉に加算
			Ⅲ	‖				② 整理する 廉32となる
							隅	

①②③と丸数字を追って計算の順を見ていただきたい.

				‖		高	整理して係数の準備
		Ⅲ	Ⅲ	⊤		實	
Ⅰ	𝍤	Ⅲ	𝍥			方	
							③ 廉5×高2を方に加算
			Ⅲ				④ 廉2×高2を方に加算
𝍤	Ⅲ	𝍥					⑤ 整理する 方-554になる 退位する数
		Ⅲ	‖			廉	
		‖					① 隅1×高2を廉に加算
		Ⅲ	‖				② 整理する 廉52になる
		‖					⑥ 隅1×高2を廉に加算
		⊤	‖				⑦ 整理する 廉72になる 退位する数
						隅	

$(a+b)^3$ の立方体を参考にして
$x^3 = (a+b)^3$ の計算にて係数の準備の意味を確認してみてほしい.
方を半分程と見立て實と比べて次商を立ててみる.

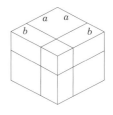

百	十	万	千	百	十	一		一次退位して次高を立てる
			‖	Ⅲ		高	次高を3と立てる	
		Ⅲ	Ⅲ	⊤		實		
𝍤	Ⅲ	𝍥				方		
	⊤	‖				廉		
					Ⅰ	隅		

百	十	万	千	百	十	一		次高計算
			‖	Ⅲ		高		
		Ⅲ	Ⅲ	⊤		實		
		Ⅲ						⑥ 方-3×高3を實に加算
		⊤						⑦ 方-2×高3を實に加算
		‖	Ⅱ					⑧ 方-9×高3を實に加算
								⑨ 整理する 實尽きて 計算終了
	𝍤	Ⅲ	𝍥		方			
	‖							③ 廉7×高3を方に加算
		Ⅲ						④ 廉5×高3を方に加算
	Ⅲ	‖	𝍥					⑤ 整理する 方-329になる
		⊤	‖	廉				
			Ⅲ					① 隅1×高3を廉に加算
	⊤	𝍤						② 整理する 廉75になる
			Ⅰ	隅				

方程式の解の一つ **23** が得られた.

●**算木と算盤による連立方程式の扱いを見る**　『古今算法記』には「方程正負」というくくりで出ている．方程という言葉はすでに『九章算術』に見られる．連立n元一次方程式を扱っているが，『塵劫記』などでもnの数が少ない場合の計算法を扱っている．算盤と算木を用いて導く方法は，nが多くなっても整然と扱えることにある．

連立方程式の解法例

> 米3石と麦2石合わせて代銀151匁また米1石と麦5石合わせて代銀137匁のとき，米と麦それぞれ1石の代銀はいくらか

算盤と算木を用いて下図のように解いた（右から左に見て行く）．

この例題は，米1石の代銀をx，麦1石の代銀をyとした時の連立方程式を解くことになる．

$$\begin{cases} 3x+2y=151 & :1\text{組} \\ x+5y=137 & :2\text{組} \end{cases}$$

布算という言葉があるが，このように算盤に算木を置くことを，算を布く，布算といったので，上の図は布算図ということになる．

図解をすると下図のようになる．

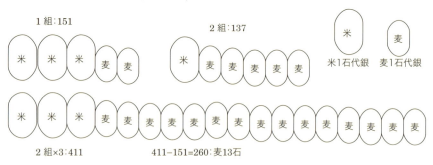

また，開方術の中では，一元の高次式の算盤上での扱いなどが説明されている．

III. 和算の確立　　79

● **天元術で１元高次方程式をつくる**　　元禄 11（1698）年に佐藤茂春によって刊行された『算法天元指南』が天明戊申の春に京師の火に失われてしまったので，寛政 7（1795）年に藤田貞資によって改正再刻された『改正天元指南』の中の問題（右図）を例題にして天元術の解法を紹介する.

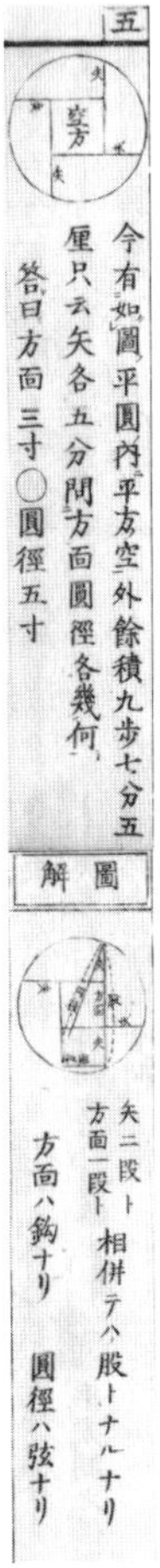

　　今図の如く平円の内に平方の空がある．外余積 9 歩(ぽ)7 分 5 厘，只云矢各 5 分の時，方面と円径を求めよ.

という問題である．平円とは平面に書かれた「円」，平方とは「正方形」のことで歩は面積の単位「坪」の意味である．未知数は二つあるが，ここでは方面（正方形の 1 辺）の長さを求める未知数（天元ノ一）として展開している.

　　右から順を追って算盤に布算して解いていく流れを見た後,解説をする.

			商					○			○			○	○				商
			實								○				○				實
			方	○															方
			廉				○												廉

| ⑩ 圓径∴圓径幕を平方に開く | ⑨ 圓径幕∴股幕16＋鈎幕9 | ⑧ 開方式∴方面∴3寸 | ◎寄左與相消して開方式 | ⑦ 圓積∴外餘積と方積∴相消 | ◎外餘積と方積で圓積 | ⑥ 圓積∴寄左式 | ◎圓積∴圓径幕因圓積率 | ⑤ 圓径幕∴弦幕∴圓径幕 | ④ 鈎幕∴方を自乗∴方幕 | ◎股幕＋鈎幕∴弦幕 | ③ 股幕∴方を自乗∴股幕＋ | ② 股∴加矢倍 | ◎矢倍∴1寸 | ① 立天元ノ一∴方面 | 只云 矢5分 | 外餘積∴9歩7分5厘 |
| | | | | 相消式 | | | 寄左式：圓積を求める | | | | | 基本条件 | | | | |

　　布算を見ていけば，解説は不要だとは思うが，算盤に慣れていない方のために何をしているのかを加筆する．初めに基本条件を布算している.

① 未知数を方面として立てる：方
② 矢を倍して方に加え股（直角三角形の 1 辺）とする
　　：方＋矢×2＝方＋1：股
③ 股幕（股^2）をつくる：股^2＝(方＋1)^2＝方^2＋2方＋1
④ 方幕（方^2）をつくって鈎幕（鈎：直角三角形の 1 辺）とする：鈎^2＝方^2
⑤ 鈎幕＋股幕で弦幕（圓径幕：直径の 2 乗）とする：径^2＝2方^2＋2方＋1
⑥ 直径の自乗に圓積率 0.75 を掛けて円の面積とする：1.5方^2＋1.5方＋0.75
　　円の面積をつくり，寄左式とする（別に円の面積を出し等式をつくる）
⑦ 外餘積に方幕を加え別途　円の面積とする：方^2＋9.75：相消式
⑧ 寄左式＝相消式から開方式をつくる．0.5方^2＋1.5方－9＝0 を得る．これを開方計算し，方面＝3 寸と知る.
⑨ 圓径幕の式より 25 を知って，⑩で圓径＝5 と知る.
　　この問題には，丁寧に図解まで載っている.　　　　　　　　　　　　［清水布夫］

⑲ 関孝和の傍書法

「天元術」を自在に扱えるようになると，次に多元高次の問題をいかに扱うかに目が向いていくことになる．関孝和は「天元術」の過程を書物に書きながら「傍書法」を工夫した．

当初の目的は，開方式に掛けるための，一元高次方程式をつくるための工夫であったろうが，自然に筆算による代数の世界へと展開していくことになる．

関孝和の「傍書法」を見るということは，関孝和の代数の世界に入り込むことになる．それはあまりにも大きな世界になるので，ここでは「傍書法」の記法を見る程度に留まってしまうが「解見題之法」を数項読んでみたい．

解見題之法 凡四篇

関孝和編

加減第1 附併

加減は題旨の干に応じ而 両位 相併る従うは　加と謂う
両位 相消するは減と謂う　併は與（与）加と同じ

　假如（例えば）直が有る 長若干 平若干 和を問う
　　平を置き 長を加入して 和を得る
　假如 甲若干 乙若干 丙若干 が有る 相併て 共数 を問う
　甲を置き 乙を加入して得る数に 又丙を加入して共数
　を得る
　假如 直有り 長平和若干 平若干 長を問う
　　和を置き平を減じた餘りで長を得る
　假如 甲乙丙を有相併た数若干有 甲若干 乙若干 丙を問う
　　共数を置き甲を減じた餘 又 乙を減じた餘で丙を得る

分合第2 附添削化

分合は術意に依り 正負と段数とを圖して 加減相乗する
は名を 傍書し 宜しく之を分ち 之を合すべし

　假如 四不等が有 甲若干乙若干丙若干 積を問う
　分術　甲を置き乙を以て相乗 右積2段を得る ｜甲乙

　甲を置き丙を以て相乗 左積2段を得る ｜甲丙 2積
相併 之を折半し積を得る

合術　乙を置き丙を加入して共に得た数に甲を以て相乗 ｜甲丙｜甲乙 之を折半し積を得る

　假如　勾股が有 勾若干 股若干　勾股和冪を問う

分術　勾自乗一段 ｜勾巾｜　股自乗一段 ｜股巾｜

勾股相乗二段 ‖勾股　三位相併　和冪を得る

合術　勾を置き股を加入し共に得る ｜股｜勾を自乗し和巾を得る（巾は冪の略字）

〇添 (テン：そえる)

多位で正負が同じものは 之を添え寡位 (短く纏める) と為

　假如 ｜斜巾｜方巾｜ 之を添え ‖方巾

　　　　　　　　　　（正方形とその対角線の関係）

　假如 ｜弦巾｜股巾｜勾巾｜ 之を添え ‖弦巾

　　　　　　　　　　（直角三角形の関係）

〇削 (さく：けずる)

多位で正負が異なるは 之を削り 寡位と為

　假如 ／斜巾‖方巾 之を削り ｜方巾

　　　　　　　　　　（正方形とその対角線の関係）

　假如 ／弦巾‖股巾｜勾巾 之を削り ｜弦巾

　　　　　　　　　　（直角三角形の関係）

〇化 (か)

的同数 傍書して変るは 之を化と謂う

　假如 ｜円径｜弦｜ 之を化し ｜勾｜股｜

　　　　　　　　　　（円径は勾殳玄に内接する円の直径）

　假如 ｜股中巾勾｜勾中巾股｜ 之を化して ｜股巾｜勾巾｜

右添削化は分合一理を為すと雖も 意味の少差が焉有る

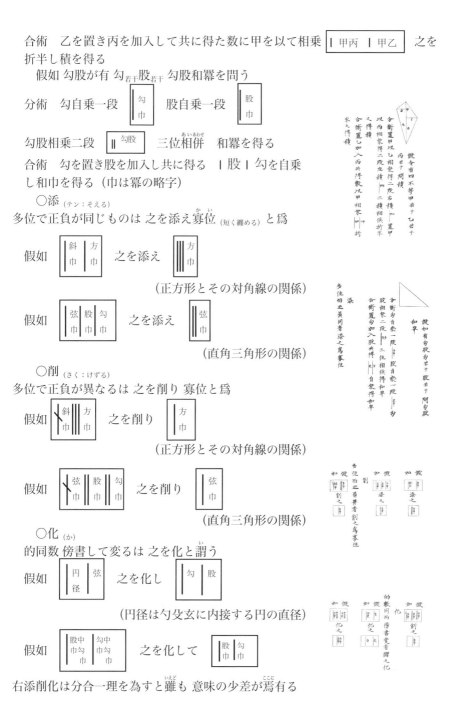

次の全乗第三では，正形（正方形・矩形・立方体などのこと）の面積・体積の求め方を説明しているが，この主題は「傍書法」であるので，関の求積計算に譲り，「傍書法」の使い方を見る．

「解見題之法」は，加減第一で加法・減法の意味を説明し，分合第二で「傍書法」の記法を述べて，その計算法は次の「解隠題之法」で説明している．

「分合は術意に依り 正負と段数とを圖して 加減相乗するは名を 傍書し 宜しく之を分ち 之を合すべし」とある．江戸時代の言葉に慣れていない方のために，今風にいうと，「正と負とを図して：正の数の時は │（正）を図し（書き） 負の数の時は ╳（負）を書く，この時段数（係数）も書く．そして加減乗する名を書く．」といっている．

例えば，「$-3x$ というときは， ╳3x と書くかまたは ░x と書く」といっている．x は，今では未知数の代表になっているが，これはaでもbでもよく，江戸時代は当然，甲とか乙または勾とか斜とか術意により用いた．その用い方の例を，求積の説明とともに示している．

関の残した書物は，完成した論文になっており，結果のみが無駄なく書かれている．ある意味でいえば，関の文章は，式を見たときに，その扱っている問題の図が見えている状態で書かれている，まさしく天才の書きようであるので，その見えているという所を補って，解説としたい．

假如 (例えば) 直が有る 長若干 平若干 和を問う 平を置き 長を 加入して 和を得る

長若干 │長 と置く事 平若干 とは │平 と置く事

加入するとは並べて又は縦に揃えて書く事

（直：長方形，長：長方形の長辺，平：長方形の短辺）

│長 │平：長+平 ： │長
            │平

假如 甲若干 乙若干 丙若干 が有る 相併て 共数 を問う 甲を置き 乙を加入して得る数に 又丙を加入して共数を得る

（甲・乙・丙は変数でも定数でも良い）

│甲：甲若干 │乙：乙若干 │丙：丙若干
│甲 │乙：甲+乙 │甲 │乙 │丙：甲+乙+丙

假如 直有り 長平和若干 平若干 長を問う 和を置き平を減じた餘りで長を得る

和：│長 │平：長 + 平(長平和若干) 和 - 平：│和╳平：│長 │平╳平ハ │長

（和を定義すれば，和を文字数として使える）

合術 勾を置き股を加入し共に得る │股│勾を自乗し和巾を得る

このように文字式を使えるようになっていく．

│股 │勾 ヲ自乗スレバ │股巾│勾巾║勾股

III. 和算の確立

直角三角形を勾殳玄（鉤股弦）といった．
勾殳玄には三平方の定理が知られている．

これで「添」と「削」の関係式が判る．
同様に，次の関係もある．
直角三角形に内接する円の直径を円径とすると

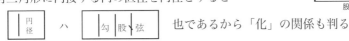

也であるから「化」の関係も判る

最後の例題は右の図で中鉤を知れば直ぐに判る．

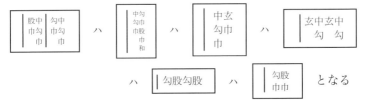

今風に書いてみると，（式中の中鉤は一つの用語として扱う．中×鉤ではない）
股^{2}中鉤^2＋鉤^{2}中鉤^2＝中鉤^2（鉤^2＋股^2）＝中鉤^{2}弦^2＝弦中鉤弦中鉤
＝鉤股鉤股＝鉤^{2}股^2

「天元術」では，求めるべき未知数を天元の一と立て，寄左式と相消式を得て開方式を得て，解答を得られたが，未知数一つでは，寄左式と相消式を得られない問題も，一つの未知数でできる多項式を一つの係数として，もう一つの未知数による関係式をつくり，連立方程式の工夫によって，未知数を一つ消去する方法を述べている．そのようなことができるように「傍書法」は筆算による代数の扱いができるように広がったのである．その中で関孝和は行列式の扱いを述べている．

関孝和は，新しい数学の世界を独自に開拓していった人であったが，残念なことに「指南書」のような書物を残していない．「傍書法」は関の考案であるが，その使い方を書いたものがないので，門人や後世の人が，いわゆる教科書に当たる指南書や諺解（げんかい）（解説書）を書き，天才でない人の理解を容易にしている．小生などはそういった書物に大いに助けられて，美しい数学の世界に遊んでいる．

式変形の過程を表現することを「演段」（えんだん）といったので，筆算による代数を「演段術」と呼んだが，使われていく中でしばらく「帰原整法」（きげんせいほう）と呼ばれた後に「点竄術」（てんざんじゅつ）と呼ばれるようになる．中々に相応しい命名であると感心している．

[清水布夫]

⓴ 田中由真の傍書法
　　　（たなかよしざね）　（ぼうしょほう）

　田中由真また吉真あるいは正利は,『明治前日本数学史』によると, 関孝和と同年代に京都の槙木町に住んでいたという. 生まれは慶安4（1651）年で, 享保4（1719）年10月21日に69歳で亡くなっている.

　田中由真のすごい所は,「奇収約之術」の中で, 関孝和の「零約術」と建部賢弘の「連分数」との中間に位置するまったく新しい方法を論じているところである. 西洋の文献にはまったく見あたらない, 独創的なものである. この時代は, 数学の天才が, 多出している.

　「筆書」による解法例を田中由真の『算法明解』の中から一つ見てみよう. これは『古今算法記』の遺題に答えたものである.

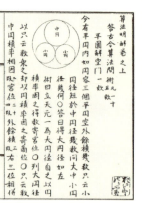

　　「大円の中に中円一つと小円二つが入っている
　　　条件は
　　1　外余積（大円の面積から中円と小円の面積を引
　　　いた残り）：幾数
　　2　只云：中円の直径と小円の直径との差：幾
　　　数（幾数：わかっている数が有：適宜文字を補って表す）
　　大中小それぞれの直径を問う」
という問題である.
　　術文を追って, どう答えたか見てみる.
　　　術曰　天元の一を立て大円径と為
　　　大円の直径を未知数として置：（以後）大と表す
　　※解説用に, 未知数を大としたが, ここにまとめて使
　　　用する文字を定義しておく.
　　　大：大円の直径：未知数　中：中円の直径：未知数
　　　小：小円の直径：未知数
　　　只：中−小　外：外余積　率：圓積率（読み下し用）
　　※当時, 円の面積を求めるのに, 直径×直径×圓積率
　　　としたが, この問題の解法には関係なく消えてしま
　　　うので, 説明にはπを用いてつないでいく.
これを自して圓積率を以て掛け（因）得た数を宮位とする　　　（大^{2}率：宮位）
○大円径を列して只云数を之に乗じ却円積率を掛け商位とする（大只率：商位）
○只云数巾圓積率相因二段宮位二十四段外餘積三段右三位相併内商位五十四段減じ余り角位とす

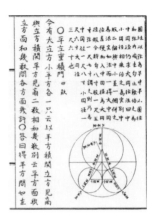

(2只²率＋24宮＋3外－54商：角位)

〇外餘積大円径相乗六段 宮位只云数相乗三段 外餘積只云数相乗四段 只云数再乗巾圓積率相因四段 右四位相併徴位とす

(18外大＋32宮只＋4外只＋4只³率：徴位)

〇大円径宮位相乗六段 只云数巾大円経圓積率相因六段 右二位相併せた内減ずる徴位余りを角位の因る小円径とし羽とす

(18大宮＋18只²大率－徴：角×小：羽位)

〇角位只云数相乗一段 羽位一段 相併せ得る数を角位に因る中円径と為 之を自し羽位巾二段を加え得た数に円積率を掛け左位に寄せる

(角只＋羽：角×中)【{(角只＋羽)²＋2羽²}率：左位】

〇宮位を列し外餘積を減じ余りを以て角位巾を之に掛けて左に寄せると相消し 開方式五乗方を得る 之を開き大円径を得る 　　【(宮－外)角²：相消式】

{(角只＋羽)²＋2羽²}率＝(宮－外)角² より大の6次式が得られる.

前術を照らべる事により各得て問に合う

田中由真の多元高次方程式の解法例を見てきた．この問題は，関孝和も扱っており，その解説を建部賢弘が『発揮算法演段諺解』の中で解説をしている．工夫と目の付け所に違いがあり，楽しめる．

ところで，術文の理解の助けになればと，この問題を，追いかけたものを付ける．

わかっていることを，書き出しておく．

大：大円形の直径：未知数
中：中円径の直径：未知数
小：小円径の直径：未知数
只：中－小：只云数
外：外余積：大円の面積－中円の面積－2×小円の面積：
　　大²率－中²率－2小²率
率：円積率：πの4分の1 (江戸時代円の面積は　直径×直径×圓積率　で求めた)

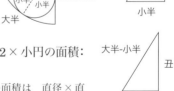

子の直角三角形で　　$子^2 = \left(\dfrac{中}{2}+\dfrac{小}{2}\right)^2 - \left(\dfrac{小}{2}\right)^2$　より　$子 = \dfrac{1}{2}\sqrt{中^2+2中小}$

丑の直角三角形で　　$丑^2 = \left(\dfrac{大}{2}-\dfrac{小}{2}\right)^2 - \left(\dfrac{小}{2}\right)^2$　より　$丑 = \dfrac{1}{2}\sqrt{大^2-2大小}$

よって

$$寅＝子－丑＝\frac{大}{2}－\frac{中}{2}＝\frac{1}{2}(大－中)＝\frac{1}{2}\left(\sqrt{中^2+2中小}－\sqrt{大^2-2大小}\right)$$

扨　寅より　$大－中＝\sqrt{中^2+2中小}－\sqrt{大^2-2大小}$　より「大」の一元高次方程式をつくってみる.

$(大－中)^2＝中^2+2中小+大^2-2大小-2\sqrt{中^2+2中小}\sqrt{大^2-2大小}$

両辺自乗して整理する　$(大中＋中小－大小)^2＝(中^2+2中小)(大^2-2大小)$

$大^2(中^2-2中小+小^2)＋大(2中^2小-2中小^2)＋中^2小^2＝大^2(中^2+2中小)-2大小(中^2+2中小)$

「大」に目を付けて整理すると　$大^2(4中－小)-2大中(2中＋小)-中^2小＝0$

これは括弧をはずすと　$4大^2中-4大中^2-(大^2+2大中+中^2)小＝0$　となる.

整理しておく $\begin{cases} 4大^2中-4大中^2-(大^2+2大中+中^2)小＝0 & \cdots甲 \\ 外－大^2率＋中^2率＋2小^2率＝0 & \cdots乙 \\ 中＝小＋只 & \cdots丙 \end{cases}$

この三つの条件を工夫して未知数の中と小を消して,「大」の式をつくることになる.

丙を甲に代入して

$$4只大^2-4只^2大+(3大^2-只^2-10只大)小+(-2只-6大)小^2-小^3＝0 \qquad \cdots丁$$

丙を乙に代入して

$$外－大^2率＋只^2率＋2只小率＋3小^2率＝0 \qquad \cdots戊$$

丁と戊で「小^3」を消す工夫は　丁×3率＋戊×小：両式の「小^3」の係数を同じにして加減する.

丁×3率は

$12只大^2率-12只^2大率+(9大^2-3只^2-30只大)小率+(-6只-18大)小^2率-3小^3率＝0$

戊×小は　$(外－大^2率＋只^2率)小＋2只小^2率＋3小^3率＝0$

両式を辺々加えると

$12只大^2率-12只^2大率+(-2只^2率＋外-30大率+8大^2率)小+(-4只率-18大率)小^2＝0 \qquad \cdots己$

己と戊より　己×3＋戊(4只＋18大)　で係数を同じにして「小^2」を消す.

己×3　$36只大^2率-36只^2大率+3(-2只^2率＋外-30只大率+8大^2率)小+3(-4只率-18大率)小^2＝0$

戊　$(4只＋18大)$

$(4只＋18大)外-(4只＋18大)大^2率＋只^2(4只＋18大)率＋2只率(4只＋18大)小＋3(4只＋18大)小^2率＝0$

加えて「小^2」を消すと

$$\frac{18大^3率＋18只^2大率-18外大-32只率大^2-4只外-4只^3率}{羽}$$

徴

$$= \frac{(2\,只^2率 + 3\,外 - 54\,只大率 + 24\,大^2率)小}{角}$$

式が長くなり大変なので，例題の命名を使わせてもらって，「小」を消して，「大」の式を求める．この方法は，残った未知数「小」を用いないで，未知数「大」と既知数だけの等式をつくり，「大」だけの方程式をつくることである．

羽＝角小　となって　角只＋羽＝角只＋角小＝角(只＋小)＝角中　となる．

折角消した「中」が出て来ても心配はない，等式の確認のために出て来ているだけである．ここで，$\{(角只＋羽)^2 + 2\,羽^2\}率 = (角^2中^2 + 2\,角^2小^2)率$　となる．

また，別に　$(宮 - 外)角^2 = \{大^2率 - (大^2率 - 中^2率 - 2\,小^2率)\}角^2 = (中^2率 + 2\,小^2率)角^2 = (中^2角^2 + 2\,小^2角^2)$ 率　となり，寄左・相消できるわけである．よって　$\{(角只＋羽)^2 + 2\,羽^2\}率 = (宮 - 外)角^2$　となり，小を用いない等式が完成する．よって　$\{(角只＋羽)^2 + 2\,羽^2\}率 - (宮 - 外)角^2 = 0$ でできる方程式は，未知数「大」と既知数だけの方程式となる．

（※数学は，実に「視点」と「工夫」の学問である）

宮 ＝ $大^2率$　を代入し，$\{(角只＋羽)^2 + 2\,羽^2\}率 - (宮 - 外)角^2 = 0$　を展開する．

$(只^2率 + 外 - 大^2率)角^2 + 2\,只率角羽 + 3\,率羽^2 = 0$　ここで，「角」と「羽」以外は既知数である．「角」と「羽」の展開をして整理すれば，開方術に掛ける大の開方式が得られる．

大を求める6次方程式が得られ

$(9\,外^3 + 36\,只^6率^3 + 72\,只^4外率^2 + 45\,只^2率^2率) + (-72\,只^3外率^2 - 144\,只^5率^3)$ 大 $+ (1107\,外^2率^2 + 3528\,只^2外率^2 + 2484\,只^4率^3)$ 大$^2 + (-1872\,只^3率^3)$大$^3 + (-1512\,外率^2 - 900\,只^2率^2)$大$^4 + 396\,率^3$大$^6 = 0$　となる．

傍書法とは，多元高次方程式を江戸風の文章形態の中でいかに表現するかの工夫であり，これが代数学への発展につながっている．

代数学の基本的手法は，少し複雑になり計算量も増えるが，連立方程式の丁寧な解法の繰り返しということになる．ここでは，計算量をいかに減らすかのために，視点を工夫し，括りを工夫するということであろう．そして括ったものは展開しなければならないが，これもまた，量が増えれば，計算ミスが増大することになる．これも少なくする工夫が大切になるが，筆者は昔からマトリックスを利用して展開を整理している．角の自乗を展開した例を参考までにあげておく．

角^{2}の展開

角＼角	$2\,只^2率$	$3\,外$	$-54\,只率大$	$24\,率大^2$
$24\,率大^2$	$48\,只^2率大^2$	$72\,外率大^2$	$-1296\,只率^2大^3$	$576\,率^2大^4$
$-54\,只率大$	$-108\,只^3率^2大$	$-162\,只外率大$	$2916\,只^2率^2大^2$	$-1296\,率^2大^3$
$3\,外$	$6\,只^2外率$	$9\,外^2$	$-162\,只外率大$	$72\,外率大^2$
$2\,只^2率$	$4\,只^4率^2$	$6\,只^2外率$	$-108\,只^3率^2大$	$48\,只^2率^2大^2$

［清水布夫］

㉑ 関孝和の求積計算

●**楕円の面積** 関孝和は，楕円を初めて扱った人とされている．楕円様のものを，側円（円の射影）と呼ぶ．側円の中には，放物線のようなものも含まれる．関孝和は，さまざまな側円に関して言及しているが，ここでは，楕円の面積と角錐の体積について見る．

楕円は，円柱を斜めに切ることで現れる側円の一つであるとしている．ここに現れる楕円の面積を求めている．

できた楕円は長径と短径をもつ．今，一般に利用されている楕円の面積の求め方の一つは，短径を直径とする円の面積を短：長の比率で伸ばしたものとして面積を求める．

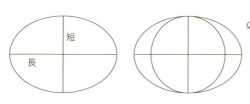

円周率を π として，一般の楕円の面積を求める．

$$\left(\frac{短}{2}\right)^2 \pi = \frac{\pi 短^2}{4} \quad :円の面積$$

$$\frac{\pi 短^2}{4} \times \frac{長}{短} \quad :楕円の面積$$

関孝和も，さまざまな求め方を工夫しているが，楕円の定義から円柱を用いて楕円の面積を求めている．

円柱を切って現れる楕円の長径と短径は図のように現れる．
円柱から楕円の面積を求める手順は次のようにする．
①円柱の体積を求める．
②円柱を斜めに二つに切る．
③この二つを，円柱の底面と上面を合せ，楕円面を底面と
　上面とする立体（楕円柱を斜めにずらした形）とし，この体積は，楕円の底
　面積×高さであると見て，円柱の体積を新しくできた立体の高さで割ることによって求める．

そのために，円柱の高さを，短径と長径で求め，新しい立体の高さを求めている．

円柱の高さを求める．
$\sqrt{長^2-短^2}$ ：円柱の高さ

$\pi\left(\dfrac{短}{2}\right)^2 \times \sqrt{長^2-短^2}$ ：円柱の体積

新しい立体の高さを求める．
短×(円柱の高さ)＝長×(新しい立体の高さ) より

$\dfrac{短\sqrt{長^2-短^2}}{長}$ ：新しい立体の高さ

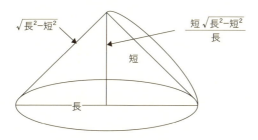

円柱の体積を新しい高さで割り，楕円の面積を求める．

$\pi\left(\dfrac{短}{2}\right)^2 \times \sqrt{長^2-短^2} \div \dfrac{短\sqrt{長^2-短^2}}{長} = \dfrac{\pi 短^2 \sqrt{長^2-短^2} \times 長}{4短\sqrt{長^2-短^2}} = \dfrac{\pi 短長}{4}$

問題を解くときに，普通はできるだけ単純にと考える，高次のものは少しでも低次に，立体は平面でという具合であるが，平面の面積を立体から求める．実に楽しいではないか．

● **角錐の体積を求める**　方錐の体積の公式（底面積と錐の高さの相乗を錐積の法3で約す）について，関孝和は方錐の体積を求めるときに用いる「錐積の法3」の説明をさまざまにしているが，その一つを見る．

右の影印は，方錐（底面が正方形の角錐）の体積を求める問題である．術文は

底面積×高さ÷3

で出すと書いている．ここで「解曰」でなぜ3で割るのかの説明をしている．

現代風の言い回しになるが下に示す．

1辺を「方」とする立方体に対角線を描き，その交点を頂点とし各面を底面とする「方錐」をつくると，同じ体積の「方錐」が，立方体の六つの面をそれぞれ底面としてできる．

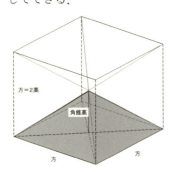
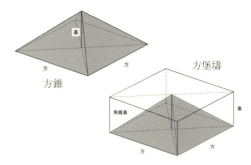

方錐の体積を方錐積として

(方錐積)×6＝立方体の体積＝方^3＝2方^{2}高

3(方錐積)＝方^{2}高　：方堡壔　　（堡壔：ほうとう：土を盛り上げた砦）

方錐積＝方^{2}高÷3＝(方堡壔)÷3

Ⅲ. 和算の確立　　　　　　　　　91

● 関孝和の三平方の定理の説明図
関孝和は，独自に三平方の定理の説明図を「解見題之法」と「規矩要明算法」に載せている．

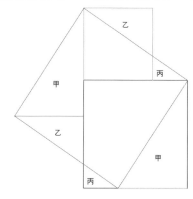
「解見題之法」に載っている図解

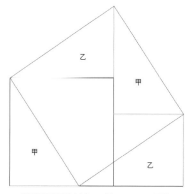
「規矩要明算法」に載っている図解

　和算での図解は，実に完成度が高く，このゆえに説明文を必要としないものが多い．

　図解ゆえに，見ればわかるという所まで整理されている．そればかりか，上のように，一つの説明をいくつものパターンで見せてくれている．何とも嬉しいことである．

　ここで参考までに，3 例の図解を示す．

　右から 1 番目は，三斜に内接する円の直径と三斜の関係を図解している．

　2 番目は，円にできる弦と矢と円径の関係について図解している．

　3 番目は，外接する 2 つの円に引かれた接線と大小の円の直径との関係を図解している．

　　　　　　　　［清水布夫］

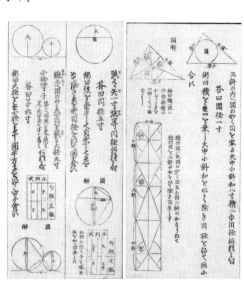

㉒ 円周率を計算した村松茂清

● **日本における円周率求値の歴史**　我が国で円周率を明記してた最古の書物は，1610（慶長15）年頃の「算用記」であるといわれ，その値は 3.16 である．これは龍谷大学写字台文庫に所蔵されている．その後の和算における主な円周率の数値を見てみよう．

1610年頃	不　明	『算用記』	3.16
1622年	毛利重能	『割算書』	3.16 または 3.2
1627年	吉田光由	『塵劫記』	3.16
1639年	今村知商	『竪亥録』	3.162
1653年	榎並和澄	『参両録』	3.162277
1663年	村松茂清	『算俎』	3.1415926
1712年	関　孝和	『括要算法』	3.1415926535
1722年	建部賢弘	『綴術算経』	円周率42桁

$\arcsin x$ の無限級数展開　$3\sqrt{1+\dfrac{1^2}{3\cdot 4}+\dfrac{1^2\cdot 2^2}{3\cdot 4\cdot 5\cdot 6}+\dfrac{1^2\cdot 2^2\cdot 3^2}{3\cdot 4\cdot 5\cdot 6\cdot 7\cdot 8}+\cdots}$

　1739年　　松永良弼　『方円算経』円周率52桁

　これを見ると，1663年の村松茂清のとき，急に正確さが増したことがわかるだろう．村松が尊敬され，その書「算俎」が150年版を重ねたのはその数値のみならず，それを求めるための論理の正確さが認められていたためである．

● **村松茂清の円周率**
(1) 村松茂清とは

　村松茂清（通称：九太夫）は1608（慶長13）年の生まれ，1695（元禄8）年没といわれる．水戸藩平賀保秀に和算を学び，常陸国の浅野家に仕えた．養子の秀直，その子高直の2人は吉良家討入りに参加している．村松の家塾は江戸にあり，二本松藩士の礒村吉徳とともに二大勢力であった．

(2) 『算俎』について

　村松は『算俎』を1663（寛文3）年に記した．『算俎』巻之四でそれまでの円周率に関するさまざまな議論に終止符を打ったといわれる．『算俎』

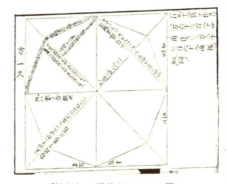

『算俎』に掲載されている図1

は中国の『算学啓蒙』の影響を受けているといわれる．当時の数学書は円周率として 3.16 を用いていたが，村松は『算学啓蒙』にある値を参考に，円に内接する正 32768 角形の周を計算し，π ＝ 3.141592648… を得た．
　さらにその巻之五にある「玉率」では球の体積を求める方法を記述している．

(3) 村松茂清が円周率を求めた方法

　ここで，最初の目標は一辺の長さが 1 である正方形に内接する正八角形の一辺の長さをもとめることである．なぜなら，仮にここで一辺の長さが 0.3925 になったとすると，辺の長さの和は 0.3925 を 8 倍して 3.14 となる．これは直径 1 の円周の長さと同程度ということになり，したがって，円周率が約 3.14 ということができる，という考え方である．ただし，正 8 角形よりは正 16 角形の方が円に近い．さらに，正 32 角形，正 64 角形……とすると，より円に近づく．前の正 n 角形の辺の長さを求め，それを用いて正 $n+1$ 角形の辺の長さを求めることを繰り返す，という方法で村松は正 32768 角形の辺の長さの和を求めた．
　具体的に村松の方法を見てみよう．まず，図 2 のように，正方形に正八角形を内接させた．ここで，EI ＝ FJ ＝ GK ＝ HL ＝ 1，AC ＝ $\sqrt{2}$ である．さらに，OA の中点を M とすると OE ＝ $\dfrac{1}{2}$，OM ＝ $\dfrac{\sqrt{2}}{4}$ より，EM ＝ $\dfrac{1}{2} - \dfrac{\sqrt{2}}{4}$ である．

ここで，△EFM は直角三角形だから，三平方の定理より

$$FE = \sqrt{EM^2 + FM^2}$$
$$= \sqrt{\left(\dfrac{1}{2} - \dfrac{\sqrt{2}}{4}\right)^2 + \left(\dfrac{\sqrt{2}}{4}\right)^2}$$
$$= \sqrt{\dfrac{2-\sqrt{2}}{4}} = \dfrac{1}{2}\sqrt{2-\sqrt{2}} \quad ※$$

これを 8 倍すると
$$4\sqrt{2-\sqrt{2}} = 3.061\cdots$$
となる．したがって村松は円周率に近い値として，3.06 を得たことになる．

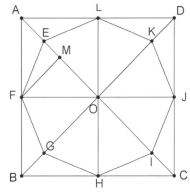

村松の円周率の求め方 1

　次に次頁の図のように，正方形に正 16 角形を内接させよう．なお，村松は具体的な数値で計算したようなので，ここからはできるだけそうしてみる．
　　PO と FE の交点を N とすると
　　FO ＝ PO ＝ 0.5
　さらに，※より
　　FE ＝ 0.3826 8343 2365 0897 7173
　より

FN = 0.191341716⋯ となる．
　ここで，△FON は直角三角形だから，三平方の定理より
　　$ON^2 = FO^2 - FN^2$
　　　　$= 0.5^2 - 0.191341716^2$
これを用いて，
　　ON = 0.461939766
よって，
　　PN　= PO － ON
　　　　= 0.5 － 0.461939766
　　　　= 0.038060234
　ここで，△FPN は直角三角形だから，三平方の定理より
　　$PF^2 = PN^2 + FN^2$
　　　　$= 0.038060234^2 + 0.191341716^2$
これを用いて，
　　PF = 0.19509032

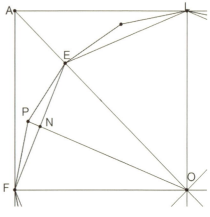

村松の円周率の求め方2

　なお，これを 16 倍すると 3.12144512 となる．なお次の正 32 角形では 3.13654849 を得た．

(4) 村松の求めた円周率

　このような計算を村松は正 32768 角形まで繰り返した．32768 とは 2^{15} である．その手前である正 16384 角形と，正 32768 角形の場合について数値のみ書くと次のようになったという．なお，図において，正多角形の一辺を AB，その次の正多角形の一辺を AC，外接円の中心を O，辺 AB の中点を M としている．

　　正 16384 角形の場合
　　　AM 　= 0.0001 9174 7593 7856 9705
　　　　　　3032
　　　AM^2 = 0.0000 0003 6767 1397 2260
　　　　　　4687 1095
　　　CM 　= 0.0000 0003 6767 1410 7442 74
　　　CM^2 = 0.0000 0000 0000 0013 5182 2712 8
　　　OB 　= 0.5
　　　OM 　= 0.4999 9996 3232 8589 2557 26

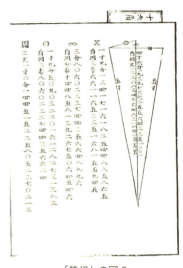

「算俎」の図2

OM² = 0.2499 9996 3232 8602 7739 5312 8
AC = 0.0001 9174 7597 3107 0269 66
AC² = 0.0000 0003 6767 1410 7442 74
周　 = 3.1415 9263 4338 5529 8

正 32768 角形の場合
AM = 0.0000 9587 3798 6553 5134 83
AM² = 0.0000 0000 9191 7852 6860 685
CM = 0.0000 0000 9191 7853 531
CM² = 0.0000 0000 0000 0008 4488 9179 7746 37
OB = 0.5
OM = 0.4999 9999 0808 2146 469
OM² = 0.2499 9999 0808 2147 3139 315
AC = 0.0000 9587 3799 0959 9911 1
AC² = 0.0000 0000 9191 7853 531
周　 = 3.1415 9264 8777 6988 6924 8

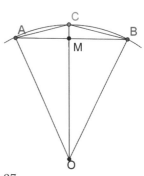

村松の円周率の求め方 3

このようにして村松は円周率の正しい数値を 3.1415 926 まで得た．ちなみに小数 7 位の「6」以降は 535… が正しい．当時，日本では村松が最先端であるから，どこまでが正しい数値なのか，誰も教えてくれない状況であった．村松はどこまで正しいと考えていたのであろうか．村松は 3.14 だけを採用したといわれる．控えめな桁数である．タイムマシーンがあれば村松にその素晴らしさを教えてあげたい気分になる．

なお．村松は円に多角形を内接させた．そうすると，多角形の辺の長さの和は円周よりも短いから，そうして求める円周率はその正しい値よりは小さくなる．一方，円に多角形を外接させると，多角形の辺の長さの和は円周よりも長いから，そうして求める円周率はその正しい値よりは大きくなる．この二つの値を求めると正しい値を二つの近似値で挟むことになり，その値に自信がもてることになる．

例えば内接多角形を用いて求めた値が　3.1415 9264 8
　　　外接多角形を用いて求めた値が　3.1415 9265 9
であったとすれば，その二つの数の間に正しい値があるのだから，
　　　3.1415 926　まで正しいことに自信を持てただろう．
この考えを述べたのは鎌田俊清の「宅間流円理」(1722 年序) である．

[小林徹也]

【参考・引用文献】
『学術を中心とした和算史上の人々』平山諦，ちくま学芸文庫, 2008
『和算の事典』佐藤健一，朝倉書店, 2011

㉓ 零約術

円周率 π や $\sqrt{2}$ のように，小数表示すると無限に続く数がある．和算では問題を解くときに，計算上不便なので簡単な近似分数が使用された．そして，小数をなるべく簡単な分数に表すことを零約術という．

和算では関孝和や会田安明などの「不等式を使用したはさみうち」の方法と「割り算」による方法とがある．

いくつか簡単な例をあげてみる．

◉ **不等式による方法**

例1 関孝和の零約術による π の値．$\pi = 3.141592\cdots$ は既知とする．

$\dfrac{3}{1} < \pi < \dfrac{4}{1}$ は明らかである．

$\dfrac{3+4}{1+1} = \dfrac{7}{2} = 3.5 > \pi$ $\qquad$ $\dfrac{3}{1} < \pi < \dfrac{7}{2}$

$\dfrac{3+7}{1+2} = \dfrac{10}{3} \fallingdotseq 3.3 > \pi$ $\qquad$ $\dfrac{3}{1} < \pi < \dfrac{10}{3}$

$\dfrac{3+10}{1+3} = \dfrac{13}{4} = 3.25 > \pi$ $\qquad$ $\dfrac{3}{1} < \pi < \dfrac{13}{4}$ $\cdots$ $\dfrac{3}{1} < \pi < \dfrac{22}{7}$ までくる．

$\dfrac{3+22}{1+7} = \dfrac{25}{8} = 3.125 < \pi$ $\qquad$ $\dfrac{25}{8} < \pi < \dfrac{22}{7}$

$\dfrac{4+25}{1+8} = \dfrac{29}{9} \fallingdotseq 3.2 > \pi$ $\qquad$ $\dfrac{25}{8} < \pi < \dfrac{29}{9}$

$\dfrac{3+29}{1+9} = \dfrac{32}{10} = 3.2 > \pi$ $\qquad$ $\dfrac{25}{8} < \pi < \dfrac{32}{10}$ $\cdots$ $\dfrac{355}{113}$

このように，得られた分数が π より大きいうちは，「分母に 1，分子に 3 を加え」π より小さい分数が得られたら「分母に 1，分子に 4」を加える．

この方法は会田安明などにより改良された．会田の方法は，π を分数表示し，真の値より小さいものを少率，大きいものを多率と名付けた．それぞれ少，多と略記する．

a, b, c, d が正の整数のとき，$\dfrac{b}{a} < \dfrac{c}{d} \Rightarrow \dfrac{b}{a} < \dfrac{b+c}{a+d} < \dfrac{c}{d}$ を用いると

$\dfrac{3}{1}$（少）$< \pi < \dfrac{4}{1}$（多）は明らか．

III. 和算の確立　　　　97

$$\frac{3+4}{1+1}=\frac{7}{2}\ (多)\qquad\qquad \frac{3}{1}<\pi<\frac{7}{2}$$

$$\frac{3+7}{1+2}=\frac{10}{3}\ (多)\qquad\qquad \frac{3}{1}<\pi<\frac{10}{3}$$

これを続ける.

　関の方法は最初の少率 $\dfrac{3}{1}$ までさかのぼって計算するので収束が遅く，第 114 番目までかかる．会田の方法では収束が速く 24 番目に求まる.

例2　$\sqrt{2}=1.41421356\cdots$ は既知とする.

　$1<2<4$　より　$1<\sqrt{2}<2$　両辺を分数で表示する．$\dfrac{1}{1}<\sqrt{2}<\dfrac{2}{1}$

　両辺の分数の精度を $\dfrac{1}{1}$，$\dfrac{2}{1}$ を使用して高めていく．計算した近似値が $\sqrt{2}$ より「大きい場合は小さくするために $\dfrac{1}{1}$」「小さい場合は大きくするために $\dfrac{2}{1}$」を分母子に加える.

$$\frac{1+2}{1+1}=\frac{3}{2}=1.5>1.41\qquad\qquad \frac{1}{1}<\sqrt{2}<\frac{3}{2}$$

$$\frac{1+3}{1+2}=\frac{4}{3}\fallingdotseq1.33<1.41\qquad\qquad \frac{4}{3}<\sqrt{2}<\frac{3}{2}$$

$$\frac{2+4}{1+3}=\frac{6}{4}=1.5>1.41\qquad\qquad \frac{4}{3}<\sqrt{2}<\frac{3}{2}$$

$$\frac{1+6}{1+4}=\frac{7}{5}=1.4<1.41\qquad\qquad \frac{7}{5}<\sqrt{2}<\frac{3}{2}$$

$$\frac{2+7}{1+5}=\frac{9}{6}=1.5>1.41\qquad\qquad \frac{7}{5}<\sqrt{2}<\frac{3}{2}$$

$$\frac{1+9}{1+6}=\frac{10}{7}\fallingdotseq1.42>1.41\qquad\qquad \frac{7}{5}<\sqrt{2}<\frac{10}{7}$$

$$\frac{1+10}{1+7}=\frac{11}{8}=1.375<1.41\qquad\quad \frac{11}{8}<\sqrt{2}<\frac{10}{7}\qquad \frac{10}{7}\ を小さくする.$$

● 割算の形の連分数表示

例1　円周率の近似分数は $\dfrac{22}{7}$，$\dfrac{355}{113}$ などである.

　$\pi=3.141592\cdots$ は既知とする.

$$3.14=3+0.14=3+\cfrac{1}{\cfrac{1}{0.14}}\fallingdotseq3+\cfrac{1}{7+0.142}\fallingdotseq3+\frac{1}{7}=\frac{22}{7}$$

$$3.14159 = 3 + 0.14159 = 3 + \cfrac{1}{\cfrac{1}{0.14159}} = 3 + \cfrac{1}{7 + 0.06264}$$

$$= 3 + \cfrac{1}{7 + \cfrac{1}{\cfrac{1}{0.06264}}} \fallingdotseq 3 + \cfrac{1}{7 + \cfrac{1}{15}} = \frac{333}{106}$$

$$3.141592 = 3 + 0.141592$$

$$= 3 + \cfrac{1}{\cfrac{1}{0.141592}} = 3 + \cfrac{1}{7 + 0.06254} = 3 + \cfrac{1}{7 + \cfrac{1}{\cfrac{1}{0.06254}}}$$

$$= 3 + \cfrac{1}{7 + \cfrac{1}{16}} = \frac{355}{113}$$

余りの逆数の商が 7 を超えるときはそこで停止する.

例 2 $\sqrt{2} = 141421356\cdots$

(1) $\quad 1.4 = 1 + 0.4 = 1 + \cfrac{2}{5} = 1 + \cfrac{1}{2 + \cfrac{1}{2}}$

(2) $\quad 1.41 = 1 + 0.41 = 1 + \cfrac{41}{100} = 1 + \cfrac{1}{\cfrac{100}{41}} = 1 + \cfrac{1}{2 + \cfrac{18}{41}} = 1 + \cfrac{1}{2 + \cfrac{1}{\cfrac{41}{18}}}$

$$= 1 + \cfrac{1}{2 + \cfrac{1}{2 + \cfrac{5}{18}}} \quad \text{逆数の商が 2 より大きくなるので停止する.}$$

(3) $\quad 1.4142 = 1 + 0.4142 = 1 + \cfrac{4142}{10000} = 1 + \cfrac{1}{\cfrac{10000}{4142}}$

$$= 1 + \cfrac{1}{2 + \cfrac{1716}{4142}} = 1 + \cfrac{1}{2 + \cfrac{1}{\cfrac{4142}{1716}}} = 1 + \cfrac{1}{2 + \cfrac{1}{2 + \cfrac{710}{1716}}}$$

$$= 1 + \cfrac{1}{2 + \cfrac{1}{2 + \cfrac{1}{\cfrac{1716}{710}}}} \quad \cdots \quad = 1 + \cfrac{1}{2 + \cfrac{1}{2 + \cfrac{1}{2 + \cfrac{1}{2 + \cfrac{60}{118}}}}}$$

(4) $\quad 1.41421 = 1 + \cfrac{1}{2 + \cfrac{1}{2 + \cfrac{1}{2 + \cfrac{1}{2 + \cfrac{1}{2 + \cfrac{1}{2 + \cfrac{530}{149}}}}}}}$

逆数の商が 2 より大きくなるので停止する.

例 3 $\quad \sqrt{3} = 1 + \cfrac{1}{1 + \cfrac{1}{2 + \cfrac{1}{1 + \cfrac{1}{2 + \cfrac{1}{1 + \cfrac{1}{2 +}}}}}}$

例 4 $\quad \sqrt{5} = 2 + \cfrac{1}{4 + \cfrac{1}{4 + \cfrac{1}{4 + \cfrac{1}{4 +}}}}$

　岩手県盛岡市八幡宮算額には $\sqrt{2}$ を分数で表す問題がある. 岩手県遠野市駒形神社算額には $\sqrt{73}$ を分数で表す問題がある. 零約術は和算書, 算額の問題解答のためにさまざま使用されていたことがうかがえる. 　　　　　　　［菅原　通］

【参考文献】
『算額道場』佐藤健一編, 研成社, 2002
『和算の事典』佐藤健一監修, 朝倉書店, 2009
『江戸の天才達が開花させた和算の魅力に迫る！』小寺裕, シーアンドアール研究所, 2016
『算法勝負！「江戸の数学」に挑戦』山根誠司, 講談社ブルーバックス, 2015

㉔ 剰一術と朒一術

　和算の剰一術は $ax - by = 1$ の形の2元1次不定方程式（ディオフォントス方程式）の解を求める方法である．a, b は自然数で既知，x, y は未知数で正の整数である．これは朒一術，翦管術にも適用される．和算では，「x の最小の正の整数解」を求め，「ax」の値が求められている．このとき y は自明としている．関孝和の遺稿を，関の没後関流の門弟荒木村英などが編集，出版した『括要算法』正徳2（1712）年で「剰一」「剰一術」として詳しく解説している．その方法は，いわゆるユークリッドの互除法を使用する方法である．もう一つの方法が，千葉胤秀が編集した『算法新書』巻三，天保元（1830）年に見られる，割り算を使用しない方法である．これを仮にここでは「段数法」と名付けて紹介する．

　ユークリッドの互除法とは，二つの自然数の最大公約数を求める方法である．最終的に余りが1の場合は互いに素（約数が1以外にない），余りが0の場合は約数があることがわかる．以下，例でその方法を確認する．

例1　(525, 231) の最大公約数を求めよ．

　商と余りを以下にように計算する．＝の次の数字は商である．

① $\dfrac{525}{231} = 2$　余り63　　　　　　$525 = 231 \times 2 + 63$

② $\dfrac{231}{63} = 3$　余り42　　　　　　$231 = 63 \times 3 + 42$

③ $\dfrac{63}{42} = 1$　余り21　　　　　　$63 = 42 \times 1 + 21$

④ $\dfrac{42}{21} = 2$　余り0　　　　　　$42 = 21 \times 2 + 0$

余りが0であることに注意する．

今度は，割った数と商余りを使用して逆にたどる．

④　$42 = 21 \times 2$

③　$63 = 42 \times 1 + 21 = (21 \times 2) + 21 = 21 \times 3$　　　（④より）

②　$231 = 63 \times 3 + 42 = (21 \times 3) \times 3 + 21 \times 2 = 21 \times 11$　　　（③より）

①　$525 = 231 \times 2 + 63 = (21 \times 11) \times 2 + 21 \times 3$

　　　　$= 21 \times 25$　∴　②

①より　$525 = 21 \times 25$　②により $231 = 21 \times 11$ で21が最大公約数とわかる．

例2　(27, 19) は互いに素かどうか示せ．

① $\dfrac{27}{19} = 1$　余り8　　　　　　$27 = 19 \times 1 + 8$

② $\dfrac{19}{8}=2$　余り 3　　　　　　$19=8\times2+3$

③ $\dfrac{8}{3}=2$　余り 2　　　　　　$8=3\times2+2$

④ $\dfrac{3}{2}=1$　余り 1　　　　　　$3=2\times1+1$

余りが 1 なので，この二つの自然数は互いに素とわかる．

【互除法の解】　それでは，これを利用して $19x-27y=1$ を解く．

　④より $1=3-2\times1$　　③の余り $2=8-3\times2$ を代入して

　　　　　$=3-(8-3\times2)\times1$

　　　　　$=3\times3-8\times1$　　②の余り $3=19-8\times2$ を代入して

　　　　　$=3\times(19-8\times2)-8\times1$

　　　　　$=3\times19-8\times7$　　①の余り $8=27-19\times1$ を代入して

　　　　　$=3\times19-(27-19\times1)\times7$

　　　　　$=19\times10-27\times7$

　　　∴　$x=10,\ y=7$ とわかる．

　これは，1 を $3x-2y$ の形で表す→ $3x-8y$ の形で表す→ $19x-27y$ の形で表すという方法である．

　さて，互除法であるが，二つの正の整数 a，b の最大公約数を記号 $(a,\ b)$ で表すことにする．

　このとき，整数 a，b $(a>b)$ に対して，a を b で割った余りを r とするとき，$a=bq+r$（q は 1 以上の整数，r は 0 以上で b より小さい整数）ならば，a と b と r について，$(a,\ b)=(b,\ r)$ が成立する．

証明

　a，b の最大公約数を d とする．すなわち，$d=(a,\ b)$，このとき

　　$a=d\cdot a',\ b=d\cdot b'$ $(a',\ b'$ は正の整数$)$　このとき

　　$r=a-b\cdot q=d\cdot a'-d\cdot b'\cdot q=d\cdot(a'-b'\cdot q)$　∴ d は r の約数

b と r の最大公約数を d_1 とすれば，$d\leqq d_1$　　…①

　逆に，$d_1=(b,\ r)$ は b と r の公約数であるから

　　$b=d_1\cdot b'',\ r=d_1\cdot r''$ となり

　　$a=b\cdot q+r=d_1\cdot b''\cdot q+d_1\cdot r''=d_1\cdot(b''\cdot q+r'')$

となり，d_1 は a の約数である．よって，d_1 は a と b の公約数であるから

　　$d_1\leqq d$　　…②

　①と②により，$d=(a,\ b)=(b,\ r)$

　∴ ｛a と b の最大公約数｝＝｛b と r の最大公約数｝が成立．

●段数法　方程式の係数を使用して，1 を導く．割り算ではなく，掛け算を使用

するので計算が簡単である.

例1 『算法新書』巻三より $11x - 8y = 1$ を解け.

11 を左数, x を左段数. 8 を右数, y を右段数という. 求め方は 11 と 8 を使用して, 何倍かして引き, 1 を導く.

$\quad$ A＝左－右＝11－8＝3 (11, 8, 3 により 3 より小さい数をつくる.)

$\quad$ B＝右－2A＝右－2(左－右)＝右×3－左×2＝8×3－11×2＝2

$\quad$ C＝A－B＝左－右－(右－2A)＝左×3－右×4＝11×3－8×4＝1

$\quad\quad$ 1＝11×3－8×4

$\quad\quad\therefore\quad x＝3,\ y＝4\quad$ と求まる.

例2 『括要算法』剰一 第2問 $179x - 74y = 1$ を解け.

【互除法の解】

① $\dfrac{179}{74} = 2$　余り 31　　　　$179 = 74 \times 2 + 31$

② $\dfrac{74}{31} = 2$　余り 12　　　　$74 = 31 \times 2 + 12$

③ $\dfrac{31}{12} = 2$　余り 7　　　　$31 = 12 \times 2 + 7$

④ $\dfrac{12}{7} = 1$　余り 5　　　　$12 = 7 \times 1 + 5$

⑤ $\dfrac{7}{5} = 1$　余り 2　　　　$7 = 5 \times 1 + 2$

⑥ $\dfrac{5}{2} = 2$　余り 1　　　　$5 = 2 \times 2 + 1$

⑦ $\dfrac{2}{1} = 1$　余り 1　　　　$2 = 1 \times 1 + 1$

$\begin{aligned}
1 = 2 - 1 &= 2 - (5 - 2 \times 2) = 3 \times 2 - 5 && (⑥より) \\
&= 3(7 - 5) - 5 = 3 \times 7 - 4 \times 5 && (⑤より) \\
&= 3 \times 7 - 4(12 - 7) = 7 \times 7 - 4 \times 12 && (④より) \\
&= 7(31 - 12 \times 2) - 4 \times 12 = 7 \times 31 - 18 \times 12 && (③より) \\
&= 7 \times 31 - 18(74 - 31 \times 2) = 31 \times 43 - 18 \times 74 && (②より) \\
&= 43(179 - 74 \times 2) - 18 \times 74 && (①より) \\
&= 179 \times 43 - 74 \times 104
\end{aligned}$

$\quad\quad\therefore\quad x = 43,\ y = 104$

【段数法の解】　179 を左数, x を左段数. 74 を右数, y を右段数という.

$\quad$ A＝左－右＝179－74＝105

$\quad$ B＝A－右＝(左－右)－右＝左－2右＝105－74＝31

$\quad$ C＝右－2B＝右－2(左－2右)＝5右－2左＝74－62＝12

D＝B－2C＝(左－2右)－2(5右－2左)
　＝5左－12右＝31－24＝7
E＝C－D＝(5右－2左)－(5左－12右)
　＝17右－7左＝12－7＝5
F＝D－E＝(5左－12右)－(17右－7左)
　＝12左－29右＝7－5＝2
G＝E－2F＝(17右－7左)－2(12左－29右)
　＝75右－31左＝5－4＝1
H＝F－G＝12左－29右－(75右－31左)＝43左－104右
　$1 = 179 \times 43 - 74 \times 104$
　$\therefore\ x = 43,\ y = 104$

◉**朒一術**　剰一術と似ている，不定方程式 $ax - by = -1$ をみたす最小の正の整数 x，y を求める方法を朒一術という．

例　$13x - 7y = -1$

【互除法の解】

① $\dfrac{13}{7} = 1$　余り6　$13 = 7 \times 1 + 6$

② $\dfrac{7}{6} = 1$　余り1　$7 = 6 \times 1 + 1$

②より　$-1 = 6 \times 1 - 7 \times 1$　①より　$6 = 13 - 7 \times 1$　により
$= (13 - 7 \times 1) - 7 \times 1$
$= 13 \times 1 - 7 \times 2$　$\therefore\ x = 1,\ y = 2$

【段数法の解】　左数13，左段数 x，右数7，右段数 y である．係数を考慮して－1をつくる．
　A＝左・1－右・2＝$13 \times 1 - 7 \times 2 = -1$
　$\therefore\ x = 1,\ y = 2$

『算法新書』の約術雑題に次の問題がある．「x，y，k は正の整数．このとき，$11x + 5y = 183$…①　$x + y = 7k$…②を満たす x を求めよ．」
①－5×②より $6x + 35k = 183$…③　$k = -K$ とおくと　$6x - 35K = 183$…④　$6x - 35K = 1$…⑤とおく．⑤は剰一術により $x = 6$，$K = 1$　⑤は $6 \cdot 6 - 35 \cdot 1 = 1$　両辺を183倍して
$\therefore\ 6 \cdot 6 \cdot 183 - 35 \cdot 1 \cdot 183 = 183$　③と辺々相減じて
$6(x - 6 \times 183) = -35(k + 183)$　6と35は互いに素なので
$x - 6 \times 183 = -35t$　$\therefore\ x = 6 \times 183 - 35t$ とおける．
これを満たす t の最大値は31　$\therefore\ x = 13$

［菅原　通］

㉕ 翦管術（せんかんじゅつ）

　剰一術と䏶一術を一般化した不定方程式 $ax \pm by = \pm c$ をみたす最小の x, y を求める解法を翦管術という．a, b, c は既知，x, y は未知数で正の整数．

　この方程式の解は，剰一術と䏶一術を使用して解くことができる．

　しかしながら，一般的な解法は連立1次合同式（剰余方程式）によるものである．

　剰余方程式の解法は，中国の古算書『孫子算経（そんしさんけい）』（南北朝時代の孫子）A.D.440年，に書かれており，『楊輝算法（ようきさんぽう）』南宋の楊輝（ようき）1274年にも記載されている．なおこの孫子は兵法家の孫子とは別人である．

　剰余方程式には合同式が使用されるので，合同式について説明する．

● **合同式について**　a と b の差 $a - b$ が n で割り切れるとき，$a \equiv b \pmod{n}$ と書き，a と b は合同であるという．

　例えば

　　$16 \equiv 9 \pmod{7}$ は $16 - 9 = 7 = 7 \times 1$ で合同である．

　　$9 \equiv -5 \pmod{7}$ は $9 - (-5) = 14 = 7 \times 2$ で合同である．

　これは，言い換えると a, b を n で割った余りが等しいということである．関孝和は，『括要算法』で5種類に分けて，大半は「百五減算」とその類題について解説している．

　最初に剰一術と䏶一により，翦管の方程式を解いてみる．

例　$7x - 9y = 8$ をみたす正の整数 x を求めなさい．

　最初に $7x - 9y = 1$ を剰一術により解く．ここでは段数法による．

　左数7，左段数 x，右数9，右段数 y である．係数を考慮して1をつくる．

　　$A = 右 - 左 = 9 - 7 = 2$

　　$B = 左 - 3A = 左 - 3(右 - 左) = 左 - 3右 + 3左 = 4左 - 3右$

　　　$= 7 \times 4 - 9 \times 3$

　　　$\therefore \quad x = 4, \quad y = 3$

　これにより

　　$7 \cdot 4 - 9 \cdot 3 = 1$

　両辺を8倍して

　　$7 \cdot 4 \cdot 8 - 9 \cdot 3 \cdot 8 = 8$

　$7x - 9y = 8$　この2式を辺々相減じて

　　$7(4 \cdot 8 - x) - 9(3 \cdot 8 - y) = 0$

　　$7(4 \cdot 8 - x) = 9(3 \cdot 8 - y)$

III. 和算の確立　　105

7 と 9 は互いに素なので $32-x=9t,\ 24-y=7t$ とおける.

　　$x=32-9t$　$x \geqq 0$,

整数なので

　　$32-9t > 0$

t の最大値は 3　このとき $x=32-27=5,\ y=24-21=3$

(別解)

　　$7x-9y=8$ より

　　　$7(x-1)-9y=1$

　　と変形して $x-1=X,\ y=Y$ とおくと

　　　$7X-9Y=1$

　　剰一術により

　　　$X=x-1=4$ より $x=5$,　また $y=3$

順序が逆になったが, 百五減算も剰一術・胸一術で解くことができる.

例　7 で割ると 4 余り, 5 で割ると 3 余り, 3 で割ると 2 余る数を求めよ.

(1)　7 でも 5 でも割りきれ, 3 で割ると 2 余る数を求める.

　　$7 \cdot 5x = 3y+2$　とする.

　　$35x-3y=2$ $(x,\ y$ は正の整数$)$ を解く.　　…①

　　まず, $35X-3Y=1$ の一つの解を剰一術で求める.

　　　左数 $=35$,　右数 $=3$

　　　$A =$ 左 -11 右 $= 35-11 \times 3 = 2$

　　　$B =$ 右 $-A =$ 右 $-($左 -11 右$)$

　　　　$= 12$ 右 $-$ 左 $= 12 \times 3 - 35 = 1$

　　　C $=$ A $-$ B $=$ 左 -11 右 $-(12$ 右 $-$ 左$) = 2$ 左 -23 右 $= 1$

　　　$35 \times 2 - 3 \times 23 = 1$　…②　$(X=2,\ Y=23)$

　　　$35x-3y=2$　　　…①　より

　　②$\times 2 -$①を計算して整理すると $35(4-x)=3(46-y)$

　　35 と 4 は互いに素（なので 1 以外の約数をもたない）なので

　　　$4-x=3t,\ 46-y=35t$

　　　$x=4-3t>0$　$t=1$　$x=4-3=1,\ y=11$

　　　∴　$35x=3y+2=35$（35 は 7 と 5 で割りきれ, 3 で割ると 2 余る.）

(2)　5 でも 3 でも割りきれ, 7 で割ると 4 余る数を求める.

　　　$5 \cdot 3x = 7y+4$　$15x-7y=4$　…①

　　$15X-7Y=1$ を解く.

　　(1) と同様に計算して

　　　$15 \times 1 - 7 \times 2 = 1$　…②　∴　$X=1,\ Y=2$

　　②$\times 4 -$①を計算して整理すると

$$15(4-x)=7(8-y)$$

7 と 15 は互いに素なので，

$$4-x=7t,\ 8-y=15t$$

$$x=4-7t>0 \quad \therefore\ t=0 \quad \therefore\ x=4,\ y=8$$

$$\therefore\quad 15x=7y+4=60\ (60\ は\ 5\ と\ 3\ で割りきれ，7\ で割ると\ 4\ 余る.)$$

(3)　7 でも 3 でも割りきれ，5 で割ると 3 余る数を求める．

$$3\cdot 7x=5y+3 \quad 21x-5y=3\ \cdots①$$

$21X-5Y=1$ を解く．

(1)（2）と同様に計算して

$$21\times 1-5\times 4=1\ \cdots② \quad \therefore\ X=1,\ Y=4$$

②×3－①を計算して整理すると

$$21(3-x)=5(12-y)$$

5 と 21 は互いに素なので，

$$3-x=5t,\ 12-y=21t$$

$$x=3-5t>0 \quad \therefore\ t=0 \quad \therefore\ x=3,\ y=12$$

$$\therefore\quad 21x=5y+3=63\ (63\ は\ 7\ と\ 3\ で割りきれ，5\ で割ると\ 3\ 余る.)$$

(1)（2）（3）により $35+60+63=158$ は条件をみたす．

また，$3\times 5\times 7=105$ は 3 でも 5 でも 7 でも割りきれる数．

$$\therefore\quad 求める最小の数は，158-105=53$$

それでは，『孫子算経』に進む．『孫子算経』の解は次のとおりである．

$$x \equiv 4\,(\mathrm{mod}\ 7)$$
$$\equiv 3\,(\mathrm{mod}\ 5)$$
$$\equiv 2\,(\mathrm{mod}\ 3)$$

なので

$$x=4\times(5\times 3)+3\times(7\times 3)+2\times(7\times 5\times 2)$$
$$=4\times 15+3\times 21+2\times 70$$
$$=60+63+140$$
$$=263\,(\mathrm{mod}\ 7\times 5\times 3=105)$$

x の正の最小値は

$$263-105\times 2=53$$

上記の解も確かめる．

一般に「7 で割ると a 余る．5 で割ると b 余る．3 で割ると c 余る」数を N とする．求める数 N は

$$N=7x+a\ \cdots①$$
$$N=5y+b\ \cdots②$$
$$N=3z+c\ \cdots③$$

とする．

①×15 は $15N = 105x + 15a$
②×21 は $21N = 105y + 21b$
③×70 は $70N = 210z + 70c$
辺々相加えて
$$106N = 105(x+y+2z) + (15a + 21b + 70c)$$
$$N = 105\ (x+y+2z) + (15a + 21b + 70c) - 105N$$
$$= (15a + 21b + 70c) - 105(N - x - y - 2z)$$
$$= (15a + 21b + 70c) - 105 \times 自然数$$
これにより 7 で割ると 4 余り, 5 で割ると 3 余り, 3 で割ると 2 余る数を求める.
$a = 4$, $b = 3$, $c = 2$ なので
$$15a + 21b + 70c = 15 \times 4 + 21 \times 3 + 70 \times 2 = 263$$
よって
$$N = 263 - 105 \times 2 = 263 - 210 = 53$$
例えば $a = 2$, $b = 3$, $c = 2$ のときも同様に 23 となる.

それではなぜ 15, 21, 70 なのだろうか. 合同式を用いて $x \equiv 2 \pmod 3$, $x \equiv 3 \pmod 5$, $x \equiv 4 \pmod 7$ とする.

$(5 \times 3 = 15)$ の倍数で, $x \equiv 1 \pmod 7$ は $x_1 = 15$

$(3 \times 7 = 21)$ の倍数で, $x \equiv 1 \pmod 5$ は $x_2 = 21$

$(5 \times 7 = 35)$ の倍数で, $x \equiv 1 \pmod 3$ は $x_3 = 70$ が最小の整数である.

35 は 3 で割ると余りが 2 になる. 70 を 3 で割ると余りが 1 である.

そして
$$x = 4x_1 + 3x_2 + 2x_3$$
$$= 4 \times 15 + 3 \times 21 + 2 \times 70 = 263$$
$$N = 263 - 105 \times 2 = 263 - 210 = 53$$
となる.

ここで関連した話題として, 楊輝 (1261〜75 年に著作活動) という宋・元代の数学者によりまとめられた 3 種の数学書の書名を挙げておこう. ①『乗除通算宝』(1275) 3 巻, ②『田畝比類乗除捷法』(1275) 2 巻, ③『続古摘奇算法』(1275) 2 巻.

これらは総称して『楊輝算法』と呼ばれている初級算術書で, 銭塘 (現在の杭州) の地で著述されたものであるが, 翦管術は『続古摘奇算法』の巻上第 1 節に記述されている. 　　　　　　　　　　　　　　　　　　　　　　［菅原　通］

【参考文献】
『関孝和 算聖の数学思潮』小寺裕, 現代数学社, 2013
『関孝和の数学』竹之内脩, 共立出版, 2008
『算法勝負!「江戸の数学」に挑戦』山根誠司, 講談社ブルーバックス, 2015
『算法新書』千葉胤秀, 江戸書林, 1830
『和算の事典』佐藤健一監修, 朝倉書店, 2009

㉖ 招差術（しょうさじゅつ）

　星の動きは，ある一定のリズムをもって動いている．この動きのリズムの特徴を知るために，考案されたのが，「招差術」である．今風にいえば，関数を特徴付ける変数の各次元の係数を求める方法で，二つの計算法をもっている．

　　（注）ところで，傍書法を用いた時代，高次方程式の「係数」を［1次の係数（算盤の方級におく係数）を「定差」，2次の係数（廉の級におく係数）を「平差」，3次の係数（3次までの基本的な算盤の場合，隅の級におく係数）を「立差」という具合に］「差」といった．この「係数」（当時の「差」）をすべて求めることからこの計算法を「招差」の「術」または「法」といった．

　一つは，すでに関数の次数がわかっている場合のもので，この場合は，いく組かの観測結果がわかっていれば，その観測結果を代入した連立方程式を解くことによって，係数を求められる，この計算法を「方程招差法」という．

　もう一つは，次数がわかっていない関数の次数を決定するための方法で，関孝和の遺稿の中で出てくる「累裁招差法」という．次数がわかれば，後は「方程招差法」で決定する．

　まず「招差法」の説明にあたって，基礎用語の定義から始めよう．

「招差法」基礎用語

- ・限数　　：独立変数（今でいう　変数 x　：順番を付けて　x_i）
- ・元積　　：従属変数（今でいう　変数 y　：独立変数 x_i に応じて　y_i）
- ・差　　　：限数 (x_i) と元積 (y_i) の組 (x_i, y_i) に一定の関係があるとき　その関係を決定付けるのは　関数の係数である　この係数を「差」という
- ・定差　　：1次の係数
- ・平差　　：2次の係数
- ・立差　　：3次の係数
- ・三乗差　：4次の係数
- ・四乗差　：5次の係数

（影印は『算法新書』の「招差」の一部である）

●**招差**　『算法新書』では「招差」を「一次相乗は乃ち平積なり矩合二件を求め平定二差を招く　二次相乗は乃ち立積なり矩合三件を求め立平定の三差を招く　三次相乗は乃ち三乗積なり矩合四件を求め三乗立平定の四差を招く　逐て此の如

　　　　　　　　　　　　Ⅲ. 和算の確立　　　　　　　　　　109

し善く此法に仍て諸数に密合せざる紀（記）は亦加減の数を求む是を直差という招差は右二法に限れり」と説明している.

【方程招差法】畳乗（じょうじょう／ちょうじょう）招差法ともいった.

　求める関係式が二次式になるとわかっているときは，限数と元積の組が二つわかっていれば，連立方程式によって定（1次の係数）と平（2次の係数）を求めることができ決定される［本来ならば三つの組が必要で，求める係数も2次の係数・1次の係数と0次の係数つまり常数または定数の三つを求めることになるのだが，この頃扱っていた問題は，天体の運行問題等常数0のものばかりだったので，常数0として，省いて計算していた，もちろんのこと招差法は常数（定数）も扱える，そのときは限数と段数の組がもう1組必要なだけである］. 同様に関係式が3次式になるとわかっているときには，三つの限数と元積の組み合わせがあれば，連立方程式により，係数（定・平・立）を決定できる.

例題1　元積＝定限数＋平限数^2　であれば　限数1の時元積3　又　限数3の時元積21　定・平は幾らか.

　今風に書けば「$y ＝$ 定 $x ＋$ 平 x^2 であれば $x＝1$ のとき $y＝3$ また　$x＝3$ のとき $y＝21$ のとき，係数（定・平）を求めよ」となる［以後（限数, 元積）$＝(x, y)$の形で書く］. 次数の決まった関数に$(1, 3)$と$(3, 21)$を代入し$\begin{cases} 3 ＝ 定 1 ＋ 平 1^2 \\ 21 ＝ 定 3 ＋ 平 3^2 \end{cases}$を解き　定$＝1$　平$＝2$　を得て

$y ＝ x ＋ 2x^2$ となる.

例題2　3次式，つまり，元積＝定限数＋平限数^2＋立限数^{3}とわかっているとき（限数, 元積）が $(1, 6)(2, 22)(3, 54)$ であれば，定・平・立はいくらになるか.

$\begin{cases} 6 ＝ 定＋平＋立 \\ 22 ＝ 2定＋4平＋8立 \\ 54 ＝ 3定＋9平＋27立 \end{cases}$　　　という連立方程式となり，

これを解き　定$＝3$　平$＝2$　立$＝1$を得て，
元積$＝3$限数$＋2$限数$^2＋1$限数^3　という関数を得る.

　余談ながら，例題2の条件に例えばもう一つ$(4,108)$というような4つ目のデータがあっても常数＝0という結果を得る四つの常数を含んだ連立方程式ができることになる.

　この計算法に関しては，連立方程式の解法を知っていれば，利用法だけを知れば難なく利用できる. そこでなぜ何次式になるとわかるのかという疑問とそもそもデータを取っても何次式になるかどうすればわかるかという疑問が出るだろう. 初めの疑問は次のテーマである「垜術」の中で一つの答を得られる. 次の疑問の答の一つが次の「累裁招差法」である.

110 　　　　　　　　　　Ⅲ. 和算の確立

【累裁招差法】 関孝和の『括要算法』巻元の最初に述べられている.

　「累裁招差法」基礎用語

- 限数：独立変数　（今でいう　変数　x　：順番を付けて　x_i）
- 元積：従属変数　（今でいう　変数　y　：独立変数 x_i に応じて　y_i）
- 差：限数と元積の　組になる　値に　一定の関係があるとき　現代でいう「関数」の関係式をつくれる　この関数ができたとすると　その関数を特徴付けるのは　関数の係数である　この係数を指して　「差」という　これが決まれば　関係式はでき上がる　招差法とはこの係数を集める（決定する）ことをいう
- 定積：元積を限数で割った値

　　　　1 段定積：1 番目の元積 ÷ 1 番目の限数

　　　　2 段定積：2 番目の元積 ÷ 2 番目の限数

　　　　3 段定積：3 番目の元積 ÷ 3 番目の限数

　　　　　　・・・・・・・・・

　　　　i 段定積：i 番目の元積 ÷ i 番目の限数

- 平積：定積の差(平積実) ÷ 限数の差(平積法)

　　　　平積法：限数の差　$x_{i+1} - x_i$

　　　　平積実：定積の差　$(y_{i+1}) \div (x_{i+1}) - (y_i) \div (x_i)$

- 立積：平積の差 ÷ 限数の差
- 三乗積：立積の差 ÷ 限数の差

　　　　　　・・・・・・・・・

- 一次相乗演段：平積が等しくなる：二次式となる
- 二次相乗演段：立積が等しくなる：三次式となる

　　　　　　・・・・・・・・・

　基礎用語を用いて表形式にまとめながら，以下の例題の解法を説明する.

例題 1　(限数, 元積) の組 (5, 15)，(7, 28)，(16, 136)，(20, 210) のとき，何次関数になるか.

　計算法

$$\text{定積} = \frac{\text{元積}}{\text{限数}}　\frac{15}{5},　\frac{28}{7},　\cdots$$

限数 ×	元積 y	定積	平積	立積
5	15	3		
7	28	4	0.5	
16	136	8.5	0.5	
20	210	10.5	0.5	

$$\text{平積} = \frac{\text{定積差}}{\text{限数差}}　\frac{4-3}{7-5},　\frac{8.5-4}{16-9},　\cdots$$

平積が同数で等しくなったので，この関数は 2 次関数となる

よってこの関数は $y = 定 x + 平 x^2$ となり，限数と元積の組も十分にある.

$$(5,\ 15),\ (7,\ 28) とで \begin{cases} 15 = 定 5 + 平 5^2 \\ 28 = 定 7 + 平 7^2 \end{cases} を解いて　定 = \frac{1}{2}　平 = \frac{1}{2}　を得$$

て　$y = \dfrac{1}{2}x + \dfrac{1}{2}x^2$ となる．　　　　　　　　　　（この例題は関孝和『括要算法』の第一術）

例題 2　（限数, 元積）の組 (10,48841000), (20,92576000), (30,131019000), (40,163984000) のとき, 何次関数になるか.

計算法
定積と平積は前例に同じ

立積 ＝ $\dfrac{\text{平積差}}{\text{限数差}}$

限数　x	元積　y	定積	平積	立積
10	48841000	4884100		
20	92576000	4628800	−25530	
30	131019000	4367300	−26150	−31
40	163984000	4099600	−26770	−31

立積実計算　$\dfrac{-26150 + 25530}{30 - 10}$, $\dfrac{-26770 + 26150}{40 - 20}$ より立積が等しくなる．

限数は平積のよって立つ範囲の差を見るので, 一つ置の差となり, 30 − 10 と 40 − 20 となる. よって, 立積は二つ置の差となる.

これにより 3 次関数となる. よって, 元積 ＝ 定限数 ＋ 平限数^2 ＋ 立限数^3 となるから (10,48841000), (20,92576000), (30,131019000) を代入し

$$\begin{cases} 48841000 = \text{定}\,10 + \text{平}\,10^2 + \text{立}\,10^3 \\ 92576000 = \text{定}\,20 + \text{平}\,20^2 + \text{立}\,20^3 \\ 131019000 = \text{定}\,30 + \text{平}\,30^2 + \text{立}\,30^3 \end{cases} \text{を得てこれを解き} \begin{cases} \text{定} = 5133200 \\ \text{平} = -24600 \\ \text{立} = -31 \end{cases}$$

この関数は $y = 5133200x - 24600x^2 - 31x^3$ となる．

（この例題は『括要算法』の問題）

「招差術」は, 関孝和の『括要算法』で出て以来, 後続の研究者が工夫を重ねた. 会田算左衛門安明によって, 以下の 10 種に整理されている.

1　累裁招差法　2　方程招差法　3　渾沌招差法　4　直差法又は找差法
5　反復招差法　6　分合招差法　7　極差法　　　8　拾璣招差法
9　無題　　　　10　混交招差法

である.

「累裁招差法」は代数を学ぶ者にとっては, 少なからず嬉しい分野ではないか, 画期的な広がりをもてる出会いではないか, と思う. データの組み合わせから, 関数ができてしまうのだから.　　　　　　　　　　　　　　　　　　　[清水布夫]

【参考文献】
『関孝和全集』平山諦・下平和夫・広瀬秀雄編著, 大阪教育図書, 1974
『和算用語集』佐藤健一・安富有恒・疋田伸汎・松本登志雄, 研成社, 2005
『明治前日本数學史』新訂版, 第二巻, 日本学士院日本科学史刊行会, 1979

㉗ 垛術

「垛」：ものを積み上げたり，束ねたりしてできる「数列」を「垛」という．
「垛積」：束ねられたり積み上げられたりしたものの総数を「垛積」という．
「垛術」：ものを積み上げたり束ねたりしたものの総数を，積み上げたものであれば底辺の数や頂点の数または上辺の数，束ねたものであれば外周の数からその総数を知る計算法のことである．

「垛術」「垛積」の計算で，一番大切なことは，積み上げ方・束ね方の特徴を見て工夫を試みることである．
ここでは，図解による問題の説明と関数を用いた問題の取り組みを見よう．

例題1 菱草が積み上げられている．どの辺も54束あれば全部でいくらあるか．
「底辺の数が54であるから 54＋1＝55をつくる．
次に 55×54＝2970 これを2で割る．2970÷2＝1485
このように解け」といっている．

図解1 右の図はどの面も6で書いている．

杉成り（三角形）に積み上げられた物をもう一つ用意し，ひっくり返して並べ，平行四辺形にして，底辺×高さ÷2で求めている．このとき，底辺の数が一つ増えるので，解き方の最初に＋1を計算している．

この問題は 1＋2＋3＋4＋5＋…＋54 を求める問題であった．この方法は台形になっても，（上辺の数＋底辺の数）÷2を計算し高さを掛ければ出る．

例題2 圓箭（1本の中心となる竹の周りに竹を束ねたもの）が1束ある．外周に54隻ならば，全部で何隻か．

54＋6＝60　54×60＝3240　3240÷12＝270　270＋1＝271 隻

であるといっている．

図解2 右は1本を中心に取り巻く順に交互に影を付けて見やすくしている．

左図は中心を別扱いにして，六つの塊に分けてみる．

総数は左の三角に積まれたもの六つ分と中心の1隻を加えたものになる．これを例題1を応用して下図のように並べ，

III. 和算の確立   113

底辺を 54＋6＝60 としている．これを 6 段分，54 を掛けて総数を求め，その総数は求めたい数の 12 倍にあたっているので，12 で割り，最後に 1 を加え求めている．

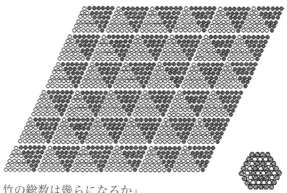

例題 3 「口遊」の中の「竹束」の問題である．

「今　竹束がある　周員（周囲の数）21 の時　竹の総数は幾らになるか」

「術曰　周員を置き　三竿を加へ　自乗して得る数 576 を 12 を以て除き（割り）48 を得る」と説明している．術文を数式で書くと，以下のようである．

$\{(周囲の数)+3\}^2 \div 12$

この問題は　例題 2 より難しいものである．図解が面白いのだが，図説は問題のみにして，解説は関数として捉える次のコーナーに譲ることとする．

ものを束ねる問題は　発展し　束ねる紐（縄でもよい）の長さで束ねる数「垜積」がわかるという問題になっていく．実際には紐・縄の長さを統一し管理していったのではないか．これは実用的である．

例題 4 「錐垜」（衰垜ともいう）「諸勘分物」の問題より．

「三角錐の形に積み上げた菓子が有　底面にはどの辺にも 5 個ずつ並んでいる時　全部で幾つあるか」

5＋1＝6　6×5＝30　また　5＋2＝7　7×30＝210

210÷6＝35　で答は 35 だという．

この問題は以下のような問題である．

一番上が一つ，2 段目が三つ，3 段目が六つ，…これは $1+(1+2)+(1+2+3)+\cdots+(1+2+3+\cdots+n)$ を求める問題である．

（※この問題の図解は実にチャーミングである）

例題 5 四角錐の形に積み上げた菓子がある．底面にはどの辺にも四つずつ並んでいるとき，全部でいくつあるか．

「術曰　半加一加六相因して　下四個にして三帰して　三十個也」とある．現代風に書くと，

$$\frac{\left(4+\frac{1}{2}\right)\times(4+1)\times 4}{3}=30$$ となる．

またこの問題は，一番上が一つ，2 段目が四つ，3 段目が九つ…となる数列の総和 $1^2+2^2+3^2+\cdots+n^2$ を求める問題である．

今風にいえば，数列の総和を求める級数のことであり，これは，関数として捉えることができ，招差法を用いてまとめていける問題でもある．例題4の練習になっている．ぜひ挑戦を！

例題1を関数として見てみる．

y を総数として x を段数（底辺の数）とすると，右の表のようになる．

これが何次式になるか累裁招差法で決める．（※右の表はあえて常数の項を入れているが定積を求めるときに $y_2 - y_1$ の段階で消えてしまう）

x 段数	1	2	3	4	5
a_x	1	2	3	4	5
y 総数	1	3	6	10	15

限数 x	元積 y	常数	定積	平積	立積
1	1				
2	3		2		
3	6		3	0.5	
4	10		4	0.5	
5	15		5	0.5	

例題1は2次関数で表せることがわかる．

よって，$y = $ 定 $x + $ 平 x^2 の定と平を x と y を2組代入して求めればよい．

$$\begin{cases} 1 = \text{定} + \text{平} \\ 3 = 2\text{定} + 4\text{平} \end{cases} \text{を解いて} \begin{cases} \text{定} = \dfrac{1}{2} \\ \text{平} = \dfrac{1}{2} \end{cases} \text{を得て} \quad y = \dfrac{1}{2}x + \dfrac{1}{2}x^2 \text{となる．これは}$$

$y = \dfrac{x(x+1)}{2}$ であり，今風に書くと，$\displaystyle\sum_{k=1}^{n} k = \dfrac{n(n+1)}{2}$ のことであった．和算の例題に即して用いると，今回のような $a_x = x$ の場合はそのまま使えるが例題2の場合は，a_x の値が与えられるのでそこから x の値（今回の場合段数・底辺の数）を求めてから総数 y を求めることになる（または x を a_x で表し代入して術文を確認できる）．

例題2を招差法で解いてみる（中心の一つを別に扱い後で足すことにすると例題1のようにできるが今回は敢えて中心の1も含んで解いてみる）．y を総数，x を中心からの巻き数として見ると，中心は1である．2周目は6，3周目は12本という具合である．

これを用いて，何次式になるか累裁招差法により見てみる．

x 巻数	1	2	3	4	5	6
a_x	1	6	12	18	24	30
y 総数	1	7	19	37	61	91

限数 x	元積 y	常数	定積	平積	立積
1	1				
2	7		6		
3	19		12	3	
4	37		18	3	
5	61		24	3	
6	91		30	3	

左表のようになるデータはいくつあっても，平積で計算は止まる．2次式の場合は4組ほどもあればよいということになる．

2次式になると知る．

$y = $ 常 $+$ 定 $x + $ 平 x^2 という形になるので，3組の (x, y) を

代入して常と定と平を求める．

$$\begin{cases} 1=常+定+平 \\ 7=常+2定+4平 \\ 19=常+3定+9平 \end{cases} \text{これを解いて} \begin{cases} 常=1 \\ 定=-3 \\ 平=3 \end{cases}$$

を得て，$y = 1 - 3x + 3x^2$ となる．これより $y = 1 + 3x(x-1)$ を得る．

例題に用いるには $a_x = 6(x-1) = 54$ より $x=10$ を得て，y を求めることになる．

外周が54本のときは $x=10$ で，$y=271$ 隻となる．

例題3は招差法で解くと実に簡単に解ける．

$a_x = 6x - 3$ となる．よって $x = \dfrac{a_x+3}{6}$．

これは2次式になるとわかるので，$y = 定\,x + 平\,x^2$ として，定と平を求めると，

x 巻数	1	2	3	4	5
a_x	3	9	15	21	27
y 総数	3	12	27	48	75

定 $=0$　平 $=3$　となり，$y=3x^2$ となる．これに x を a_x の式で用いると，

$$y = 3x^2 = 3\left(\frac{a_x+3}{6}\right)^2 = \frac{3(a_x+3)^2}{36} = \frac{(a_x+3)^2}{12}$$

となり，術文と同じになる．

例題4の衰垛を招差法で解いてみる．

累裁招差法により，右表から3次式になることがわかる．

$$y = 定\,x + 平\,x^2 + 立\,x^3$$

この式に3組の (x, y) を代入し，立 $=1/6$，平 $=1/2$，定 $=1/3$ を得て

x 段数	1	2	3	4	5	6
a_x	1	3	6	10	15	21
y 総数	1	4	10	20	35	56

限数 x	元積 y	常数	定積	平積	立積
1	1				
2	4	3			
3	10	6	1.5		
4	20	10	2	0.166667	
5	35	15	2.5	0.166667	

$$y = \frac{x}{3} + \frac{x^2}{2} + \frac{x^3}{6} = \frac{x(x+1)(x+2)}{6}$$

となる．5段ということから，総数は35となる．

例題5は $y = \dfrac{1}{6}x + \dfrac{1}{2}x^2 + \dfrac{1}{3}x^3 = \dfrac{x(x+1)(2x+1)}{6}$ となる．

例題3（中心が3本の問題）は平安時代に「口遊み」の中で書かれたものであるが，この問題の出典は隋・唐・元・明の書物にはどこにも見あたらない．平安時代の小学生に教えるレベルの教科書？　に突然出て来ている．誰が解いたのだろうか．

[清水布夫]

【参考文献】

『関孝和全集』平山諦・下平和夫・広瀬秀雄編著，大阪教育図書，1974

『明治前日本数學史』新訂版，第二巻，日本学士院日本科学史刊行会，1979

『和算用語集』佐藤健一・安富有恒・疋田伸汎・松本登志雄，研成社，2005

『新・和算入門』佐藤健一，研成社，2000

『和算の辞典』佐藤健一監修，朝倉書店，2009

㉘ 角　術

　角術の角は正多角形のことで，角術は正多角形に関する内容を扱っている．和算を代表する一つの素晴らしい術といえる．伝統的に関孝和以前の礒村吉徳や村松茂清あたりから研究された．

　その内容は正多角形の1辺と角中径（中心から頂点までの距離，外接円の半径）と平中径（中心から1辺までの距離，内接円の半径）そして対角線・矢との関係の研究である．

　関孝和は『括要算法』第3巻，正徳2（1712）年に正三角形から正二十角形まで，1辺の長さを1としたときの角中径・平中径を求める方程式を導き，その値を求めている．松永良弼は『算法全経』で n が奇数，単偶（2で割ると奇数になる），双偶（4の倍数）に分けて述べているが，無限級数展開で求めている．その後も石黒信由，白石長忠などが研究した．

　面を a ，角中径を R ，平中径を r とする．

1. 正三角形

$$R^2 = \mathrm{OA}^2 = \left(\frac{2}{3}\mathrm{AI}\right)^2 \quad (\text{O は重心})$$

$$= \left(\frac{2}{3}\right)^2 \times (\mathrm{AB}^2 - \mathrm{BI}^2)$$

$$= \left(\frac{2}{3}\right)^2 \times \left(a^2 - \frac{1}{4}a^2\right)$$

$$= \frac{1}{3}a^2 \qquad \therefore \ a^2 - 3R^2 = 0 \ \cdots ①$$

$$r^2 = \mathrm{OI}^2 = \mathrm{OB}^2 - \mathrm{BI}^2 = R^2 - \frac{1}{4}a^2 = \frac{1}{3}a^2 - \frac{1}{4}a^2 = \frac{1}{12}a^2$$

$$\therefore \ a^2 - 12r^2 = 0 \ \cdots ②$$

①②で $a = 1$ とすると　 $-1 + 12r^2 = 0$ 　 $-1 + 3R^2 = 0$

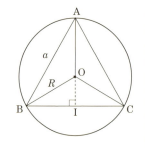

2. 正四角形（正方形）

$$\mathrm{AC}^2 = \mathrm{AB}^2 + \mathrm{BC}^2 \quad (2R)^2 = a^2 + a^2$$

$$\therefore \ -a^2 + 2R^2 = 0 \ \cdots ①$$

$$\mathrm{OI} = \frac{1}{2}\mathrm{AB} \quad r = \frac{1}{2}a \quad \therefore \ -a + 2r = 0 \ \cdots ②$$

①②で $a = 1$ とすると　 $-1 + 2r = 0$ 　 $-1 + 2R^2 = 0$

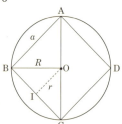

3. 正五角形

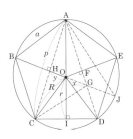

(四角形 OABC の面積)
$= 2 \times \triangle \text{OAB}$
$= 2 \times \dfrac{1}{2} ar = ar$ …①

四角形 OABC の対角線は直交するので

(四角形の面積) $= \dfrac{1}{2} \times \text{AC} \times \text{OB}$

$\qquad\qquad\qquad = \dfrac{1}{2} pR$ …② ①②より $2ar = pR$ …③

(三角形 OAC の面積) $= \dfrac{1}{2} \times \text{AC} \times \text{OH} = \dfrac{1}{2} py$ …④

(三角形 OAC の面積) $= \dfrac{1}{2} \times \text{OA} \times \text{CI} = \dfrac{1}{2} \times R \times \dfrac{1}{2} a$

$\qquad\qquad\qquad\qquad = \dfrac{1}{4} aR$ …⑤

④⑤より $2py = aR$ …⑥
③と⑥を辺々乗じて $4yr = R^2$ …⑦
四角形 ABCG はひし形なので, HB = HG
 $R - y = x + y$ ∴ $x = R - 2y$ …⑧
直角三角形 ABJ ∽ 直角三角形 HBA より, AB : BJ = HB : BA
 $a : 2R = (R-y) : a$ $2R(R-y) = a^2$ …⑨
⑧の両辺に R を乗じて, $xR = R^2 - 2yR = -R^2 + 2R^2 - 2yR$
$\qquad\qquad\qquad\qquad = -R^2 + 2R(R-y)$ ⑨により
$\qquad\qquad\qquad\qquad = -R^2 + a^2$ …⑩

直角三角形 OCI に三平方の定理を用いると

$R^2 = \left(\dfrac{1}{2}a\right)^2 + r^2$ ∴ $4r^2 = 4R^2 - a^2$ …⑪

直角三角形 OFG ∽ 直角三角形 OID より OG : OF = OD : OI
 $x : y = R : r$ ∴ $xr = yR$ …⑫
(⑩の左辺) × (⑪の左辺) $= 4xr^2 R$ ⑫により
$\qquad\qquad\qquad\qquad = 4yRrR$ ⑦により
$\qquad\qquad\qquad\qquad = R^4$ …⑬
(⑩の右辺) × (⑪の右辺) $= (-R^2 + a^2)(4R^2 - a^2)$
$\qquad\qquad\qquad\qquad = -4R^4 + 5a^2R^2 - a^4$ …⑭
⑬⑭より $-a^4 + 5a^2R^2 - 5R^4 = 0$ …⑮

⑪より, $R^2 = \left(\frac{1}{2}a\right)^2 + r^2$ を代入して整理すると $-a^4 + 40a^2r^2 - 80r^4 = 0$ ⋯⑯
⑮⑯で $a = 1$ とおくと
$-1 + 5R^2 - 5R^4 = 0$　　$-1 + 40r^2 - 80r^4 = 0$

4. 正二十角形

ここでは和算の用語を使用する．
図で AB ＝ 子とすると
　CD ＝ DE ＝ EO ＝ 子

(1) CD ＝ DE の証明

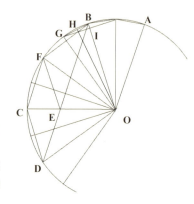

　図で，四角形 FCDB は等脚台形なので，
FC ∥ BD　　∴　FC ∥ ED　⋯①
　△FCE と △CDE は線分 CE について対称なので
　　　∠FCE ＝ ∠DCE, ∠FEC ＝ ∠DEC
　　　　　　　　　　　　　　　⋯②
①と②により
　　∠DCE ＝ ∠FCE　＝∠DEC（錯角）
　　　　　　＝∠FEC　⋯③
よって △FCE と △DCE は合同な二等辺三角形となるので
四角形 CDEF はひし形になる．∴ CD ＝ DE ＝ FE ＝ FC

(2) DE ＝ EO の証明

　また，正二十角形なので，面の中心角は 18°
　　∠OCD ＝ ∠ODC ＝ $\frac{1}{2}(180° - 2 \times 18°) = 72°$
　三角形 CDE は (1) により二等辺三角形
　　∴　∠DCE ＝ ∠DEC ＝ 72°
　　∴　∠DEO ＝ 180° − 72° ＝ 108°
　三角形の外角はそれと隣り合わない内角の和に等しいから
　　∠EDO ＝ ∠DEO − ∠EOD ＝ (108° − 72°) ＝ 36°
　　∴　△EDO は二等辺三角形　∴　DE ＝ EO
　よって (1) と (2) より　CD ＝ DE ＝ EO ＝ 子

(3) △BOE も二等辺三角形で，BE ＝ BO ＝ 角中径の証明

　　∠CED ＝ ∠BEO ＝ 72°（対頂角より）
　または ∠BEO ＝ 180° − ∠DEO ＝ 180° − 108° ＝ 72°
　または ∠BOE ＝ 18° × 4 ＝ 72°　よって　∠BEO ＝ ∠BOE
　　∴　△BEO は二等辺三角形　∴　OB ＝ BE ＝ 角中径

　図で面 BG に点 O から下した垂線の足を H とする．OH は正二十角形の内接円の半径で，OH ＝ 平とすると，△OBH で三平方の定理により，

$$OB^2 = OH^2 + BH^2$$

$$\therefore \quad 角^2 = 平^2 + \frac{1}{4}\,面^2 \quad \cdots ①$$

①の両辺に $4\,面^2$ を乗じて，

$$(4\,角^2 - 面^2)\cdot 面^2 = 4\,平^2\cdot 面^2 \quad \cdots ②$$

ここで，$2\,平\cdot面 = 角\cdot子 \quad \cdots ③$ が成り立つ．（証明は略）

③を②に代入して，

$$(4\,角^2 - 面^2)\cdot 面^2 = 角^2\cdot 子^2 \quad \cdots ④$$

また $\triangle CDE \backsim \triangle OBE \quad \therefore \quad CD：CE = OB：OE$

$$\therefore \quad 角^2 - 子^2 = 角\cdot子 \quad \cdots ⑤$$

④を -1 倍して両辺に $角^4$ を加えて，⑤を用いると

$$角^4 - (4\,角^2 - 面^2)\cdot 面^2 = 角^4 - 角^2\cdot子^2 = 角^2(角^2 - 子^2) = 角^3\cdot子$$

両辺を二乗して④を代入して整理すると

$$角^8 - 12\,面^2\cdot 角^6 + 19\,面^2\cdot 角^4 - 8\,面^2\cdot角^2 + 面^2 = 0$$

$面 = 1$ とすると

$$角^8 - 12\,角^6 + 19\,角^4 - 8\,角^2 + 1 = 0$$

①により角を消去すれば平の方程式が導かれる．

ここで参考までに，関孝和の方程式を正十角形まで示す．

面を 1，角中径を R，平中径を r とする．

三角	$-1 + 12r^2 = 0$	$-1 + 3R^2 = 0$
四角	$-1 + 2r = 0$	$-1 + 2R^2 = 0$
五角	$-1 + 40r^2 - 80r^4 = 0$	$-1 + 5R^2 - 5R^4 = 0$
六角	$-3 + 4r^2 = 0$	$-1 + R = 0$
七角	$-1 + 84r^2 - 560r^4 + 448r^6 = 0$	
	$-1 + 7R^2 - 14R^4 + 7R^6 = 0$	
八角	$-1 - 4r + 4r^2 = 0$	$-1 + 4R^2 - 2R^4 = 0$
九角	$-1 + 132r^2 - 432r^4 + 192r^6 = 0$	
	$-1 + 6R^2 - 9R^4 + 3R^6 = 0$	
十角	$5 - 40r^2 + 16r^6 = 0$	$-1 - R + R^2 = 0$

［菅原　通］

【参考文献】

『関孝和の数学』竹之内脩，共立出版，2008

『江戸の天才達が開花させた和算の魅力に迫る！』小寺裕，シーアンドアール研究所，2016

『関孝和全集』平山諦・下平和夫・広瀬秀雄編著，大阪教育図書，1974

『関孝和 算聖の数学思潮』小寺裕，現代数学社，2013

㉙ 方陣と円陣

　方陣（魔方陣）は正方形（格子）に数字を並べ，縦横対角線の和がすべて同じ数になるというものである．西洋・東洋で研究されてきた．

　中国の古い方陣は，漢代の『大戴礼記』（紀元前後）とされている．宋代の『楊輝算法』（1275 年）では 8 方陣，『算法統宗』（1592 年）には 10 方陣が記載され，宋から明の時代には数学として研究された．

　インドでは 10 世紀頃から見られ，ナーラーヤナの『ガニタ・カウムディ』（1367年）には 14 方陣まで述べられている．イスラムのイフワーン・アッツサファー（10世紀後半）は 9 方陣まで示した．

　日本では鎌倉時代末の『二中歴』に 3 方陣が記載されている．江戸時代になり和算家もまた熱心に方陣の研究を行った．初期の和算では，「並べ物」などと呼ばれたが，関孝和は『方陣円攢之法』天和 3（1683）年で「方陣」という名称を使用し，方陣の一般的な作成に成功し，田中由真も同年に「洛書亀鑑」を著した．元禄 10（1697）年には安藤有益が『奇偶方数』で 3 方陣から 30 方陣まで述べた．そのほか，建部賢弘，久留島義太の立体 4 方陣などたくさんの和算家の研究がある．

　岩手県の一関市博物館所蔵で，関流九伝の安倍勘司（保円）が編集した『算法童子歌車』嘉永 2（1849）年によると，短歌で次のように詠まれている．

　　四方陣の歌「数次第　四角に並べ隅々を　向かい合わせて　斜成にそろえ」
　方陣は庶民にもなじみ深い内容であったようだ．

　さて，1 次の方陣は空欄は 1 個．中には 1 を入れる．2 次の方陣は空欄は $2 \times 2 = 4$ 個．空欄に異なる数 a，b，c，d を入れて行，列，対角の和が等しいとすると，$b = c = d$ で不合理．ゆえに 2 方陣はない．

　方陣のつくり方をここでは建部賢弘の方法で説明する．

● 建部の方陣

　n 方陣（n 行 n 列）の場合，行，列，両対角の和は

$$\frac{1 + 2 + 3 + \cdots + n^2}{n} = \frac{n(n^2 + 1)}{2} になる.$$

　行，列，対角の和を計算し，差が大きい行，列，対角から数を入れ換えをしていく．偶数方陣と奇数方陣で方法が異なる．

1. 3 方陣（3 行 3 列）　各行と列と対角は $\dfrac{1 + 2 + \cdots + 9}{3} = 15$

(1)「元隊」
　1から9までの自然数を正方形の形に並べる．
(2)「換隊」
　1行目の和は6（9不足），2行目の和は15，3行目の和は24（9多い）．1列目の和は12（3不足），2行目の和は15，3行目の和は18（3多い）．15になっているのは2行目，2列目，2列の対角で2と8を入れ替えてみるが15にならない．そこで中央の⑤を中心として，まわりの数を時計と反対周りに45度回転する．
(3)「対換」
　1行目は11（4不足），3行目19（4多い）．それで3と7を入れ替える．
(4)「対換」
　1列目7（8不足），3列目23（8多い）．それで，1と9を入れ替える．

2. 4方陣（4行4列）　各行列と対角は $\frac{1+2+\cdots+16}{4}=34$

(1)「元隊」1から16までの自然数を正方形の形に並べる．
(2)「変隊」
　差が大きい1行目に着目する．対角は34になっているので，対角を入れ替える．$1\Leftrightarrow 16$，$4\Leftrightarrow 13$　と入れ替えると
$(16+13)-(1+4)=24$増え1行目は34になる．
このとき1行目と4行目，1列目と4列目が34になる．
(3)「変隊」
　これでは2行目26（8少ない），3行目42（8多い），2列目32（2不足），3列目36（2多い）となるので，$6\Leftrightarrow 11$，$7\Leftrightarrow 10$と入れ替える．
$(10+11)-(6+7)=8$
$(11+7)-(6+10)=2$
これで第2行目，第3行目，第2列目，第3列目が完成した．

3. 5方陣（5行5列）　各行列と対角は $\frac{1+2+\cdots+25}{5}=65$

(1)「元隊」1から25までの自然数を正方形の形に並べる．
(2)「換隊」
　3方陣と同じで，⑬を中心に2組の対角，および中央の

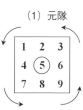

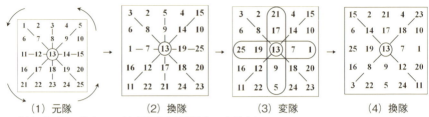

行と中央の列を 45 度時計と反対周りに回転する．
(3)「変隊」各行の下側，各列の右側が大きいので，中央の行，中央の列の順序を逆にする．
(4)「換隊」対角を 90 度回転すると完成する．

● 建部賢弘の方法
(1) 偶数の場合
 ア　対角線上の数を逆転する（変隊）．
 イ　対角線上にある数以外の数で，同一行内にある 2 数または，同一列内にある 2 数の交換（対換）を行い完成させる．
(2) 奇数の場合
 ア　中央の行，中央の列，対角線上の数を 45 度回転する（換隊）．
 イ　中央の行，中央の列の順序を逆転する（変隊）．
 ウ　対角線上の数を 90 度回転する（換隊）．
 エ　対角線上にある数以外の数で，同一行内にある 2 数または同一列内にある 2 数を交換する（対換）．

 賢弘は 10 方陣まで求めた．n 方陣も可能と確信したことと思う．しかし，第 n から第 $(n+1)$ の方陣をつくるという帰納的な証明はされていない．

● 円陣
 円陣は，円周上の数と中心の和（周和），直径上の数の和（径和）がすべて等しくなる方陣である．正方形そして円は非常に整った基本的な図形なので可能であったと思われる．
 吉田光由は寛永四（1627）年から実用的な数学書『塵劫記』を刊行した．続いて六年，八年，九年，十一年，十八年と刊行した．最後の十八年の『新篇塵劫記』の巻末に，12 問の答のない問題を挙げ，新書にはこの問題の解答を記載するよう求めた．これを「遺題」という．この提案は，その後「遺題承継」という大きな流れになり，和算発達の大きな力となった．このなかに円陣の問題があった．和算家は「円攢」と呼んだ．
 その後，礒村吉徳は『算法闕疑抄』万治 2（1659）年に二つの円陣を発表した．

『算法闕疑抄の円陣』
(1) 二周四曜の円陣（中心の 1 は除く）

Ⅲ．和算の確立   123

$9+3+2+8=22$
$7+6+4+5=22$
$9+7+4+2=22$
$8+5+6+3=22$

(2) 三周六曜の円陣（中心の1は除く）
$19+18+4+2+3+17=63$
$16+15+7+5+6+14=63$
$13+12+10+8+9+11=63$
$19+16+13+8+5+2=63$
$17+14+11+10+7+4=63$
$18+15+12+9+6+3=63$

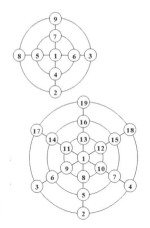

関孝和は『円攢之法』1683年を著した．関はその個数にしたがって，二周径之図，三周径之図，四周径之図と呼び，五周径之図までつくった．関の円攢はすべて中心数は1である．関の円攢の要点をまとめておく．

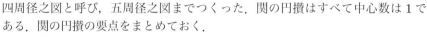

	周径数	数字	周和	径和	相対和
二	2	1〜9	23	23	11
三	3	1〜19	64	64	21
四	4	1〜33	141	141	35
n	n	$1\sim 2n^2+1$	$2n^3+3n+1$	$2n^3+3n+1$	$2n^2+3$

多賀谷環中仙（本名　不破仙九郎）は当時のパズル集ともいえる『和国知恵較』享保12（1727）年でつくり方を解説した．

$2+3+4+5+6+7+8+9=44$
$44\div 2=22$　和は22
その半分11になる数は
　1
$2+9\ =11$
$3+8\ =11$
$4+7\ =11$
$5+6\ =11$

例えば5と6を入れる円を決め，その後ほかの組の数を入れていけばよい．

[菅原　通]

【参考文献】
『和算の再発見』城地茂，化学同人，2014
『和算百話』佐藤健一，東洋書店，2007
『魔方陣の世界』大森清美，日本評論社，2013
『和算の事典』佐藤健一監修，朝倉書店，2009

IV．和算の円熟

㉚ 円理

「円理」とは「極限の考え方を用いて円周・円の面積・弧長・弧積や球の体積・表面積・球闕の体積および楕円やその他の曲線で囲まれた面積，空間曲線の長さなどの計算につけられた名称」で微積分学の知識を要する算法はすべてこれを「円理」と呼んでいる．

● **「綴術算経」** 最初に「円理」に取り組んだのは建部賢弘（1664-1739）である．建部は天文暦学に必要な正確な円周率の公式を「無限級数で求める方法」を発見（㊲「天文暦算と『暦算全書』」参照）し，享保7（1722）年に「綴術算経」に収録して将軍吉宗に献上した．

「綴術算経」の内容は，

　　綴術算経目録
　　　探‿因乗法則‿ 第一　　就‿探‿四角垜術‿探‿会累裁招差之法‿ 第七
　　　探‿帰除之法‿ 第二　　探‿求‿球面積‿術‿ 第八
　　　探‿重互換之術理‿ 第三　　探‿算脱法‿ 第九
　　　探‿開平方之数‿ 第四　　探円数 第十
　　　探‿立元之術理‿ 第五　　探弧数 第十一
　　　探‿薬種為‿方術‿ 第六　　探碎抹術理 第十二

である．

● **関流秘伝書「乾坤之巻」** この書には「弧背冪を無限級数」に展開する方法が述べられている．

図のように直径1尺の円周上に2斜AB, ACを入れる．このとき，矢AF(h) は1寸とする．これを4斜，8斜，16斜，…と次第に斜数を増やしていく．このとき，それぞれに対する矢を $x_1, x_2, x_3, \cdots$ とすると，図より，

$$4x_1(d-x_1) = AC^2 = hd$$

$$\therefore \quad x_1^2 - + dx_1 + \frac{1}{4} = 0$$

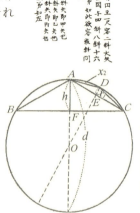

IV. 和算の円熟

これを組立除法（ホーナー法）で解くと，
$$x_1 = \frac{h}{4} + \frac{h^2}{16d} + \frac{h^3}{32d^2} + \frac{h^4}{256d^3} + \cdots となる.$$
和算では初項を「原数」，第2項を「一差」，第3項を「二差」，…という．
ゆえに，$x_1 =$ 原数 + (原数)$\times \dfrac{h}{4d}$ + (一差)$\times \dfrac{h}{2d}$ + (二差)$\times \dfrac{5h}{8d}$ + (三差)
$\times \dfrac{7h}{10d} + \cdots$ このように表すことができる．ただし，原数 $= \dfrac{h}{4}$ とする．

これを整理して，
$$x_1 = 原数 + \frac{1\cdot 3}{3\cdot 4}(原数)\frac{h}{d} + \frac{3\cdot 5}{5\cdot 6}(一差)\frac{h}{d} + \frac{5\cdot 7}{7\cdot 8}(二差)\frac{h}{d} + \cdots$$

次に x_2 を x_1 と同様に求めると，$x_2^2 - dx_2 + \dfrac{1}{4}x_1 d = 0$ より，
$$x_2 = 原数 + \frac{3\cdot 5}{6\cdot 8}(原数)\frac{h}{d} + \frac{7\cdot 9}{10\cdot 12}(一差)\frac{h}{d} + \frac{11\cdot 13}{14\cdot 16}(二差)\frac{h}{d} + \cdots$$
ただし，原数 $= \dfrac{h}{4^2}$ とする．

これを繰り返し，弦の和 l を求める公式として以下の式を導き出している．
$$l_2 = 原数 + \frac{2^2}{3\cdot 4}(原数)\frac{h}{d} + \frac{4^2}{5\cdot 6}(一差)\frac{h}{d} + \frac{6^2}{7\cdot 8}(二差)\frac{h}{d} + \cdots$$
ただし，原数 $= 4hd$ とする．

●**回転体の楕円の体積および表面積**　和算では楕円は円柱の切り口とし，また円を軸の方向に $\dfrac{b}{a}$ に縮小したもの，長立円（楕円の長径を軸と回転楕円体）や矮立円（楕円の短径を軸として回転楕円体）は球を同様に伸縮したものと考えている．

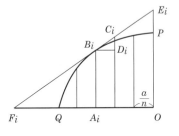

楕円周は以下のようにして導きだしている．
長径 $= 2a$, 短径 $= 2b$, OQ を n 等分する．
$$B_i'G_i' = \frac{i}{n}a$$
$$A_i'B_i'^2 = a^2 - \left(\frac{i}{n}a\right)^2 = a^2\left[1 - \left(\frac{i}{n}\right)^2\right]$$
$$\therefore A_i'B_i' = a\sqrt{1 - \left(\frac{i}{n}\right)^2}$$

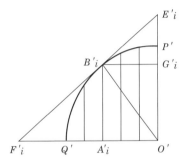

また, $A_i'B_i' : a = a : O'E_i'$

$$\therefore O'E_i' = \frac{a}{\sqrt{1-\left(\dfrac{i}{n}\right)^2}}$$

$$\therefore OE_i = \frac{b}{a} O'E_i'$$
$$= \frac{b}{\sqrt{1-\left(\dfrac{i}{n}\right)^2}} \quad \cdots (1)$$

また, $B_i'G_i' : a = a : O'F_i'$ $\quad \therefore OF_i = O'F_i' = \dfrac{a}{\left(\dfrac{i}{n}\right)} \quad \cdots (2)$

また, $E_iF_i^2 = OE_i^2 + OF_i^2$, $OF_i^2 : E_iF_i^2 = B_iD_i^2 : B_iC_i^2$

$$\therefore B_iC_i^2 = \frac{E_iF_i^2 \cdot B_iD_i^2}{OF_i^2}$$

これに (1), (2) を代入して整理すると,

$$B_iC_i = \frac{a}{n\sqrt{1-\left(\dfrac{i}{n}\right)^2}} \left[1 - \frac{1}{2}率\left(\dfrac{i}{n}\right)^2 - \frac{1}{8}率^2\left(\dfrac{i}{n}\right)^4 - \frac{3}{48}率^4\left(\dfrac{i}{n}\right)^6 \right.$$
$$\left. - \frac{15}{384}率^6\left(\dfrac{i}{n}\right)^8 - \cdots \right]$$

ただし, $率 = 1 - \dfrac{b^2}{a^2}$ とする.

そして, この式を用いて, 楕円の長軸のまわりに回転してできる立体の表面積を求めている. その方法は,

$$V = \pi \int_a^b f(x)^2 dx \quad , \quad S = 2\pi \int_a^b y\sqrt{1+\left(\dfrac{dy}{dx}\right)^2} dx$$

と同一内容の計算をしている.

弘化元 (1844) 年長谷川善左衛門閲 内田久命編『算法求積通考』(八十六) には「今有長立円如図長径若干短径若干問得冪積術如何」とある. これは「今, 図のような長立円がある. 長径若干, 短径若干あるとき冪積(べきせき)を得る術を問う」という意味である. 冪積とは表面積のことである. 内容は以下のとおり.

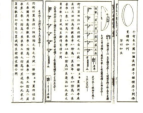

$$P_iQ_i = \frac{a}{n\sqrt{1-\left(\frac{i}{n}\right)^2}}\left[1 - \frac{1}{2}率\left(\frac{i}{n}\right)^2 - \frac{1}{8}率^2\left(\frac{i}{n}\right)^4 - \frac{3}{48}率^4\left(\frac{i}{n}\right)^6\right.$$
$$\left. - \frac{15}{384}率^6\left(\frac{i}{n}\right)^8 - \cdots\right]$$

ただし, $率 = 1 - \dfrac{b^2}{a^2}$ とする.

また, $B_iB_i' = 2b\sqrt{1-\left(\dfrac{i}{n}\right)^2}$

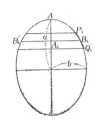

$$\therefore \overset{ぼうべきせき}{某冪積} = \frac{2\pi ab}{n}\left[1 - \frac{1}{2}率\left(\frac{i}{n}\right)^2 - \frac{1}{8}率^2\left(\frac{i}{n}\right)^4\right.$$
$$\left. - \frac{3}{48}率^4\left(\frac{i}{n}\right)^6 - \frac{15}{384}率^6\left(\frac{i}{n}\right)^8 - \cdots\right]$$

これを整理して2倍すると,

$$\overset{べき}{冪積} = 4\pi ab\left[1 - \frac{率}{2\cdot 3} - \frac{率^2}{5\cdot 8} - \frac{率^3}{7\cdot 48} - \frac{率^4}{9\cdot 384} - \cdots\right]$$

$\therefore$ これを $\dfrac{b}{a}$ 倍して

$$楕円積 = \pi a^2 \times \frac{b}{a} = \pi ab$$
$$長立円積 = \frac{4}{3}\pi a^3 \times \frac{b}{a} = \frac{4}{3}\pi a^2 b \quad (a < b, \ 矮立円は a > b)$$

[川瀬正臣]

【参考文献】

- 『綴術算経』建部賢弘(享保7年, 1722)写本 東北大学デジタルコレクション
- 『関孝和全集』平山諦・下平和夫・広瀬秀雄編著, 大阪教育図書, 1974
- 『算法求積通考』長谷川善左衛門閲, 内田久命編(弘化元年, 1844)野口泰助氏蔵
- 『行列式及円理』加藤平左エ門, 開成館, 1944
- 『和算の研究 補遺Ⅱ 』加藤平左エ門, 名城大学理工学部数学教室, 1969
- 『数学書を中心とした和算の歴史(上)』下平和夫, 富士短期大学出版部, 1965
- 『学術を中心とした和算史上の人々』平山諦, ちくま学芸文庫, 2008
- 『和算の歴史』平山諦, ちくま学芸文庫, 2007

㉛ 円周率・円積率・球の体積と表面積

●**円周率**　円周率について考えるとき，円周率の値とその近似値の計算方法の発見とに分けて考えた方がよい．

もともと，円周率は円周の長さの直径に対する比率として定義される．円の周の長さが直径のほぼ 3 倍であることは経験的に古くから知られていた．

現代にいうところの円周率は，和算では「円周法」「円率」「周径率」などといった．聖書に「円周は直径の 3 倍になる」という記述があるといわれる．古代中国では 1 世紀には 3.14 を使っていたといわれる．5 世紀には祖冲之（429-500）が現れた．祖冲之は字を文遠という．宋の考武帝に仕えた．彼は

$$3.1415926 < \pi < 3.1415927$$

を示したといわれる．さらにその近似値として $\dfrac{113}{355}$ を示した．

西洋では，アルキメデスは円に内接および外接する正 6 角形の周を計算し，それから次々に辺数が 2 倍になってゆく正 n 角形の周を求め，正 96 角形までつくり，およそ次の値を得ていたといわれる．

$$3\frac{10}{71} < \pi < 3\frac{1}{7}$$

ドイツのルドルフは 2^{62} 角形まで調べ円周率を小数点以下 35 桁まで求めた．ドイツでは円周率をルドルフの数という．

和算において，円周率は次の値が知られていた．

$$\frac{3}{1} = 3 \qquad\qquad 古法$$

$$\frac{22}{7} = 3.142857142 \qquad 約率$$

$$\frac{25}{8} = 3.125 \qquad\qquad 智術$$

$$\frac{63}{20} = 3.15 \qquad\qquad 桐陵法$$

$$\frac{79}{25} = 3.16 \qquad\qquad 和古法$$

$$\frac{142}{45} = 3.15555 \qquad\quad 陸績率$$

$$\frac{157}{50} = 3.14 \qquad\qquad 徽術$$

$$\frac{355}{113} = 3.14159292 \qquad 円周率　または　定率$$

また，例えば村松茂清は 1663 年に円周率を 3.1415926 と求めた．

◉ **円積率**　円積率とは円とその円に外接する正方形の面積との比であり，その値は $\dfrac{\pi}{4}$ である．

右の図において，正方形の一辺の長さを 2 とする．

円の面積は　　　$1 \times 1 \times \pi = \pi$
正方形の面積は　$2 \times 2 = 4$

となるから，

$$\dfrac{\text{円の面積}}{\text{正方形の面積}} = \dfrac{\pi}{4}$$

となる．

その数値は

$$\dfrac{\pi}{4} = 0.785398\cdots$$

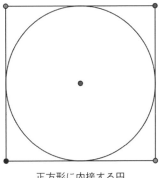

正方形に内接する円

である．和算では 0.8 または 0.79 がよく用いられ，問題にしばしば出てくる．

この値は現代で用いられることはあまりない．この違いはなぜ起こるのだろうか．

現在の私たちは円の面積 S を求めるときは半径を r として次の公式を使う．

$S = \pi \times r^2$ …①

当時は円の面積を求めるのに半径でなく直径を使っていた．「半径」「直径」という文字を見ればわかるように，「直径」の方がもとであり，その半分が「半径」であるという考え方である．

そこで円の面積を，直径は半径の 2 倍だから $2r$ として，定数 E を用いて表すと，

$S = E \times (2r)^2$ …②

となる．この E こそ円積率なのである．①も②も同じ面積 S であることから，

$\pi \times r^2 = E \times (2r)^2$

これを解くと，

$\pi = E \times 4$

すなわち，

$$E = \dfrac{\pi}{4}$$

であることがわかる．言い換えると，

円の面積 ＝ 円積率 × 直径^2

である．

例えば「算法絹節」には次の問題がある．

問題 円径20間　歩数を問う（円の直径が20間のとき，その円の面積を求めよ）．

答　314.6歩

これは $20 \times 20 \times 0.7854 = 314.6$
から求められる．すなわち円積率は0.7854を用いている．

なお，次のような「開平円法」と呼ばれる方法も知られていた．円の面積からその直径を求めることである．

　　例　今，面積が711歩（寸歩）の円がある．開平円法を使って直径を求めよ．
　　　（「算法図解大全」より）

答　3尺

計算法　$711 \div (\text{円法}\,0.79) = 900$
　　　　900を開平法を用いて（すなわち平方根をとると）30寸，
　　　　すなわち30寸

もともと，円周率は円周の長さの直径に対する比率として定義される．半径でなく直径である．そのことから考えると，円の面積を求める際に，半径でなく直径を用いる方が自然ともいえ，円積率を用いた計算には統一感があるといえる．

● **球の体積**　現代の我々がいうところの球を和算では一般に「玉」という．読みは「ぎょく」と読むことが多い．

球の体積は玉積（ぎょくせき），球の表面積は玉皮（ぎょくひ・たまひ）といわれた．玉積は直径の3乗に定数を掛ける．その定数を玉法，玉率，求積率と呼んだ．当時は $\dfrac{9}{16} = 0.5625$ を使うことが多かった．

すなわち，球の体積の公式は，

　　(直径)^3 × 玉率 ＝ (直径)^3 × $\dfrac{9}{16}$　　…③

一方，現在の公式と比較すると，

　　$\dfrac{4}{3}\pi \times (\text{半径})^3 = (2 \times \text{半径})^3 \times \dfrac{\pi}{6}$

よって玉率は，

　　$\dfrac{\pi}{6} = 0.52359\cdots$

が正確な値といえる．

また，球の体積からその直径を求める方法「開立円法」があった．『塵劫記(じんこうき)』には次のような問題がある．

問題 体積62208尺^{3}の球の直径はどれくらいか．

塵劫記の開立円法

IV. 和算の円熟　　　133

　　答　4丈8尺

この問題は，

　　62208 =（直径）^{3} × 玉率

を解くことになり，3乗根を求める必要がある．ここで，

$$48 \times 48 \times 48 \times \frac{9}{16} = 62208$$

になることを確認してほしい．当時，③の式を用いていたことがわかる．

　当時から，球の体積を求める公式が知られていたのである．これは金属などが球形の場合の体積，さらにそこからその値段を知るのに用いられた．

● **球の表面積**　礒村吉徳の『算法闕疑抄』には球の表面積について記述がある．「まず，直径が10寸の球の体積を求める．体積は523.6坪になる．単位は寸坪である．体積に6を掛け，直径で割って求める．」これが正しいことを確認しよう．

　球の半径を r，直径を l，体積を V，表面積を S とすると，

$$V = \frac{4}{3}\pi r^3 = \frac{4}{3}\pi\left(\frac{l}{2}\right)^3 = \frac{4}{3}\pi \cdot \frac{l^3}{8} = \frac{1}{6}\pi l^3$$

$$S = 4\pi r^2 = 4\pi\left(\frac{l}{2}\right)^2 = 4\pi \cdot \frac{l^2}{4} = \pi l^2$$

　したがって，V に6を掛けて l で割ると S になることがわかる．さらに礒村は球の表面積を次のようにまったく別の方法で求めている．

　直径が1.00002尺の球の体積は0.5236314166283241888である．また，直径が1尺の球の体積は0.5236である．単位は尺坪ある．0.5236314166283241888 − 0.5236 = 0.0000314166283241888 となる．これは皮の体積になる．皮の厚さで割る．厚さは0.00001尺であるから，0.0000314166283241888÷0.00001 = 314.766283241888 となる．これは厚さ1糸の玉皮になる．

　次に，直径が9寸9998の球の体積を求める．0.5235685846283158112となる．これを直径が1尺の球の体積から引くと，0.0000314153716841888となり，厚さの1糸で割ると，314.153716841888となる．前の計算結果と平均すると（314.766283241888 + 314.153716841888）÷ 2 = 314.16000041888 となり，このようにして求める．

　現代の記号を用いて書くと，体積を $f(x)$，直径を x とし，非常に小さい h について，

$$\left\{\frac{f(x+h) - f(x)}{h} + \frac{f(x) - f(x-h)}{h}\right\} \div 2$$

によって，球の表面積を近似しているといえる．　　　　　　［小林徹也］

【**参考・引用文献**】

『塵劫記：現代訳版』和算研究所塵劫記委員会編，和算研究所，2000
『和算用語集』佐藤健一（代表），研究社，2005
『数学100の発見』数学セミナー編集部，日本評論社，1998

㉜ 和算の行列式

『新篇塵劫記』寛永18（1641）年の終わりに解答12問を付けずに問題を載せた．次に数学書を出版するとき，この『新篇塵劫記』の問題を解き自分も問題を出題した．例えば，磯村吉徳はその著書『算法闕疑抄』寛文元（1661）年に『新編塵劫記』の問題12問を解き，自らも問題100問を載せた．これを遺題承継と呼ぶ．この遺題承継によって問題は複雑化していった．問題を解くために未知数を2個以上必要とする問題が多く出題された．

これは連立方程式を解くことになる．一方の式が未知数について1次式であれば簡単に計算できるが，両式がともに2次式以上の場合は簡単にはできない．

関孝和が数学の研究を始めたころには困難な問題が出題されていた．関孝和はこれら高次方程式を解くために，方程式を表し計算する為の記号を整備することから始めた．これは点竄術・傍書法といわれている．次に連立方程式の未知数を減らすことを考えた．これを伏題と名付けている．伏題では，終結式を行列式で表すことを述べている．

関孝和は三部抄（『解見題之法』『解隠題之法』『解伏題之法』）に載せている．同時期に田中由真著『算学紛解』井関知辰著『算法発揮』元禄3（1690）年がある．

関孝和の『解伏題之法』を述べる前に，未知数が2個の連立2元1次連立方程式について復習しておく．和算では数式を縦書きで表すが，便宜上横書きで表す，

$$\begin{cases} x + 3y = 11 & \cdots(1) \\ -2x + y = -1 & \cdots(2) \end{cases}$$

の解を求めることは掃き出し法と呼ばれて古くから知られていた．

$$\begin{pmatrix} 1 & 3 & | & 11 \\ -2 & 1 & | & -1 \end{pmatrix}$$

$(2) + (1) \times 2$

$$\begin{pmatrix} 1 & 3 & | & 11 \\ 0 & 7 & | & 21 \end{pmatrix}$$

$(2) \div 7$

$$\begin{pmatrix} 1 & 3 & | & 11 \\ 0 & 1 & | & 3 \end{pmatrix}$$

$(1) - (2) \times 3$

$$\begin{pmatrix} 1 & 0 & 2 \\ 0 & 1 & 3 \end{pmatrix}$$

$x = 2, \ y = 3$

一般に

$$\begin{cases} a_1 x + b_1 y = c_1 & \cdots(1) \\ a_2 x + b_2 y = c_2 & \cdots(2) \end{cases}$$

x を消去する

(1) $\times a_2 -$ (2) $\times a_1$

$(a_2 b_1 - a_1 b_2) y = c_1 a_2 - c_2 a_1$

ここで y の係数 $a_2 b_1 - a_1 b_2$ を求める計算は維乗と呼ばれていた．これを行列式を用いて表すと，

$$\begin{vmatrix} a_2 & b_2 \\ a_1 & b_1 \end{vmatrix} = a_2 b_1 - a_1 b_2$$

となる．同様にして未知数が3個以上の場合も解いていた．

◉**『解伏題之法』における換式と終結式について**　関孝和は『解伏題之法』において，二つの高次方程式より未知数を消去する方法として，終結式を行列式で表した．そのために換式を用いている．この換式を用いて計算する方法を2次式・3次式について以下に概説する．

1．2次方程式の場合

$$\begin{cases} a_1 x^2 + b_1 x + c_1 = 0 & \cdots(1) \\ a_2 x^2 + b_2 x + c_2 = 0 & \cdots(2) \end{cases}$$

(1)，(2)式より x を消去して x を含まないの方程式をつくる．ここで，a_1, b_1, c_1, a_2, b_2, c_2 には x 以外の未知数を含んでいる．

(1)，(2)式より，換式を求める．

(1) $\times a_2 -$ (2) $\times a_1$

$(a_2 b_1 - a_1 b_2) x + (a_2 c_1 - a_1 c_2) = 0$ $\cdots(3)$

(1) $\times b_2 -$ (2) $\times b_1 +$ (3) $\times x$

$(a_2 c_1 - a_1 c_2) x + (b_2 c_1 - b_1 c_2) = 0$ $\cdots(4)$

上記(3)，(4)式が換式である．この2式より，維（斜）乗によって x を消去している．

$(a_2 b_1 - a_1 b_2)(b_2 c_1 - b_1 c_2) - (a_2 c_1 - a_1 c_2)^2 = 0$ $\cdots(5)$

(3)，(4)，(5) 式は，行列式を用いると，

$$\begin{vmatrix} a_2b_1 - a_1b_2 & a_2c_1 - a_1c_2 \\ a_2c_1 - a_1c_2 & b_2c_1 - b_1c_2 \end{vmatrix} = (a_2b_1 - a_1b_2)(b_2c_1 - b_1c_2) - (a_2c_1 - a_1c_2)^2$$

注意, この行列式は

$$\begin{vmatrix} A & B \\ B & C \end{vmatrix} = AC - B^2$$

である.

2. 3次方程式の場合

3次式の場合について換式を求める.

$$a_1x^3 + b_1x^2 + c_1x + d_1 = 0 \ \cdots(1)$$
$$a_2x^3 + b_2x^2 + c_2x + d_2 = 0 \ \cdots(2)$$
$$a_1 \times (2) - a_2 \times (1)$$
$$(a_1b_2 - a_2b_1)x^2 + (a_1c_2 - a_2c_1)x + (a_1d_2 - a_2d_1) = 0 \ \cdots(3)$$
$$(3) \times x + b_1 \times (2) - b_2 \times (1)$$
$$(a_1c_2 - a_2c_1)x^2 + \{(b_1c_2 - b_2c_1) + (a_1d_2 - a_2d - 1)\}x + (b_1d_2 - b_2d_1) = 0 \ \cdots(4)$$
$$(4) \times x + c_1 \times (2) - c_2 \times (1)$$
$$(a_1d_2 - a_2d_1)x^2 + (b_1d_2 - b_2d_1)x + (c_1d_2 - c_2d_1) = 0 \ \cdots(5)$$

上記 (3), (4), (5) 式が換式である.

$$a_1b_2 - a_2b_1 = p \quad a_1c_2 - a_2c_1 = q \quad a_1d_2 - a_2d_1 = r$$
$$b_1c_2 - c_1b_2 = u \quad b_1d_2 - b_2d_1 = s \quad c_1d_2 - c_2d_1 = t \ とする.$$

換式 (3), (4), (5) 式を書く

$$px^2 + qx + r = 0 \ \cdots(6)$$
$$qx^2 + (u+r)x + s = 0 \ \cdots(7)$$
$$rx^2 + sx + t = 0 \ \cdots(8)$$
$$\begin{vmatrix} p & q & r \\ q & u+r & s \\ r & s & t \end{vmatrix} = ptu + 2prt - ps^2 - q^2t + qrs - r^3 \ \cdots(9)$$

である.

　解伏題に載せられている結果である. この計算は(1), (2)式より終結式を求めている. (3), (5)2式より2次の場合と同様に計算すればxを消去することができ, このことは西脇利忠『算法天元録』元禄10(1697)年に二つの3次式より二つの2次式を導き, 二つの2次式より二つの1次式を導きxを消去することが載せられている. この方法ではp, q, r, s, t, uの4次式になる (a_1, b_1, c_1, d_1, a_2, b_2, c_2, d_2については8次式になる).

　ところが, 解伏題では(3), (4), (5)3式を用いてxを消去しており, この方法ではp, q, r, s, t, uの3次式になる (a_1, b_1, c_1, d_1, a_2, b_2, c_2, d_2につ

いては6次式になる).

$$\begin{vmatrix} a_1 & b_1 & c_1 & d_1 & 0 & 0 \\ 0 & a_1 & b_1 & c_1 & d_1 & 0 \\ 0 & 0 & a_1 & b_1 & c_1 & d_1 \\ a_2 & b_2 & c_2 & d_2 & 0 & 0 \\ 0 & a_2 & b_2 & c_2 & d_2 & 0 \\ 0 & 0 & a_2 & b_2 & c_2 & d_2 \end{vmatrix} = \begin{vmatrix} (a_1b_2 - a_2b_1) & (a_1c_2 - a_2c_1) & (a_1d_2 - a_2d_1) \\ (a_1c_2 - a_2c_1) & \{(b_1c_2 - b_2c_1) + (a_1d_2 - a_2d_1)\} & (b_1d_2 - b_2d_1) \\ (a_1d_2 - a_2d_1) & (b_1d_2 - b_2d_1) & (c_1d_2 - c_2d_1) \end{vmatrix}$$

4次以上についても同様にできる．この計算は(1)，(2)式より終結式を求めている．換式を用いる方法では行列式の次数が下がっていることが特徴である．このことは実際に問題を解くときには有効であった．

3. 『算法発揮』の小行列式

関孝和は『解伏題之法』に5次の行列式まで載せている．4次の場合までは正しいが5次の場合は正しくない．

井関知辰『算法発揮』には現代でいう，小行列式が述べられており，3次・4次の場合について載せられている．この方法を用いれば5次以上も求めることができるが，実際に問題に用いられるのは4次までがほとんどである．

和算家たちは公式のように結果を用いていた（先に述べた換式の係数を代入していた）．

ここでは結果だけ載せる．

$$\begin{vmatrix} a_1 & b_1 \\ a_2 & b_2 \end{vmatrix} = a_1b_2 - a_2b_1$$

$$\begin{vmatrix} a_1 & b_1 & c_1 \\ a_2 & b_2 & c_2 \\ a_3 & b_3 & c_3 \end{vmatrix} = a_1 \begin{vmatrix} b_2 & c_2 \\ b_3 & c_3 \end{vmatrix} - b_1 \begin{vmatrix} a_2 & c_2 \\ a_3 & c_3 \end{vmatrix} + c_1 \begin{vmatrix} a_2 & b_2 \\ a_3 & b_3 \end{vmatrix}$$

$$= a_1b_2c_3 + a_3b_1c_2 + a_2b_3c_1 - a_3b_2c_1 - a_1b_3c_2 - a_2b_1c_3$$

$$\begin{vmatrix} a_1 & b_1 & c_1 & d_1 \\ a_2 & b_2 & c_2 & d_2 \\ a_3 & b_3 & c_3 & d_3 \\ a_4 & b_4 & c_4 & d_4 \end{vmatrix}$$

$$= a_1 \begin{vmatrix} b_2 & c_2 & d_2 \\ b_3 & c_3 & d_3 \\ b_4 & c_4 & d_4 \end{vmatrix} - b_1 \begin{vmatrix} a_2 & c_2 & d_2 \\ a_3 & c_3 & d_3 \\ a_4 & c_4 & d_4 \end{vmatrix} + c_1 \begin{vmatrix} a_2 & b_2 & d_2 \\ a_3 & b_3 & d_3 \\ a_4 & b_4 & d_4 \end{vmatrix} - d_1 \begin{vmatrix} a_2 & b_2 & c_2 \\ a_3 & b_3 & c_3 \\ a_4 & b_4 & c_4 \end{vmatrix}$$

［藤井康生］

㉝ 建部賢弘と円周率計算

　円の直径に対する円周の長さの比である円周率はかなり昔から用いられてきた．円周率はギリシャ文字の π（パイ）を用いて表されるが，π は 3 よりも少し大きな値であり，これは円と内接する六角形の周の長さを考えてみると容易にわかる．円周率 π の値は約 3.14 として使用されるが，実際には小数点以下が無限に続く無限小数であり，小数以下の数字が循環もせずにランダムに表れる．そのため，昔から実にさまざまな方法を用いて正確な値を求めようとしてきた．

●**関孝和が円周率を求めた方法**　円周率を求める初歩的な方法としては，村松茂清が考えた円に内接する正多角形の辺の長さを求めるやり方がある．n が大きな値であればあるほど，直径 1 の円に内接する正 n 角形の周の長さが π に近い値となる．

　関孝和はこの後を受けて次のようにした．村松の方法から $BC = \sqrt{\dfrac{1}{2} - \dfrac{1}{2}\sqrt{1 - AC^2}}$ …(1)　が得られ

$L_{n+1} = \sqrt{2^{n+1}\left\{2^n - \sqrt{4^n - (L_n)^2}\right\}}$ …②も得られる．

① まずは $L = 2\sqrt{2} = 2.8284\cdots$ とする．

② $n = 2$ として，$\sqrt{2^3\left\{2^2 - \sqrt{4^2 - L^2}\right\}}$ を計算して新しい L とする．

③ $n = 3$ として，$\sqrt{2^4\left\{2^3 - \sqrt{4^3 - L^2}\right\}}$ を計算して新しい L とする．

④ $n = 4$ として，$\sqrt{2^5\left\{2^4 - \sqrt{4^4 - L^2}\right\}}$ を計算して新しい L とする．

⑤ n の値を大きくして次々と新しい値 L を求めていく．

　関孝和は，この作業を 15 回繰り返して正 13 万 1072 角形（正 2^{17} 角形）の周の長さ L_{17} を求め，円周率を第 9 位まで求めている．さらに関孝和は，円周率のより正確な値を求めるために増約術という術を発見し，それによって 18 桁まで正確な値を求めている（関孝和自身はどこまで正確なのかは確証が得られていなかったためか，『活要算法』にて「12 桁まで正しい」と述べている）．当時暦学では 12 桁正しいことを要求していた．

●**建部賢弘が円周率を求めた方法**　関孝和の弟子であった建部賢弘は，関孝和の行った方法を改良して，円周率のより正確な値を求めることに成功した．

Ⅳ. 和算の円熟

第一に，当時は平方根を求める(開平)は非常に労力を要するため L_n ではなく，$(L_n)^2$ に注目した．$(L_n)^2$ の値を正確に求め，最後に開平して円周率を求めればよいと考えたのである．式(2)の両辺を2乗し，$x_n = (L_n)^2$ とすれば

$$(L_{n+1})^2 = 2^{n+1}\left\{2^n - \sqrt{4^n - (L_n)^2}\right\}$$

$$x_{n+1} = 2^{n+1}\left\{2^n - \sqrt{4^n - x_n}\right\} \quad \cdots(3)$$

ならば，平方根が一つ少ないため計算がしやすくなる．

次に，関孝和の用いた増約術を繰り返すことによりさらに正確な値を求められることに気づいた．そればかりか，比の値に規則性があることを見つけ，より効率的な求め方を見つけた．

x_n の一つ前の値との差 $(x_n - x_{n-1})$，さらに差の値を一つ前の差の値で割った比を求めたのが次の表1である．左から順に，n の値，円周率の近似値 $(L_n = \sqrt{x_n})$，x_n の値，x_n の上下の数値の差 $(x_n - x_{n-1})$，差 $(x_n - x_{n-1})$ の上下の数値の比 $\left(\dfrac{x_n - x_{n-1}}{x_{n-1} - x_{n-2}}\right)$ となっている．一番上の行でいえば左から3列目の値の差 $9.3725\cdots - 8.0000\cdots = 1.3725830020$ が左から4列目にあり，4列目の上下の値の比 $\dfrac{1.3725\cdots}{0.3708\cdots} = 0.2701744346$ が5列目にある．

これを見ると左から5列目の比の値が $0.25 = \dfrac{1}{4}$ に近づいているのがわかるであろう．さらに x_n を関孝和の用いた増約術によって得られる値を x'_n，x'_n を増約術によって得られる値を x''_n としよう．これらの値を表1と同じ計算をして，それぞれの値と比だけをまとめたのが表2である．

真の値は $\pi^2 = 9.86960440108935861883\ 44909\cdots$ であるが，増約術を繰り返すことによって，真値に速く近づいているのがわかる．特に x''_n に至っては，$n = 3$ の時の値 (x''_3) ですでにもとの x_n の $n = 17$ の値 (x''_3) よりも真値に近い値になっている．

建部賢弘は，「増約術は繰り返し用いるとさらに速く真値に近づく」ということに気づいただけでなく，その比の値にも特徴があることを見つけている．比の値の列の下の行を見てみると，左から順に $0.25 = \dfrac{1}{4}$，$0.0625 = \dfrac{1}{16}$，$0.015625 = \dfrac{1}{64}$ となっている．つまり比の値は，$\dfrac{1}{4}$，$\dfrac{1}{4^2}\left(= \dfrac{1}{16}\right)$，$\dfrac{1}{4^3}\left(= \dfrac{1}{64}\right)$，$\cdots$ と推測できる．建部賢弘は，この比の値を用いて，繰り返し増約術を用いた．具体的には最初の増約術は $r = \dfrac{1}{4}$ として考えると

表 1

n	$L_n = \sqrt{x_n}$	x_n	$x_n - x_{n-1}$	$\dfrac{x_n - x_{n-1}}{x_{n-1} - x_{n-2}}$
2	2.8284271247	8.0000000000		
3	3.0614674589	9.3725830020	> 1.3725830020	> 0.2701744346
4	3.1214451522	9.7434198385	> 0.3708368365	> 0.2548738034
5	3.1365484905	9.8379364335	> 0.0945165949	> 0.2512081798
6	3.1403311569	9.8616797753	> 0.0237433417	> 0.2503014082
7	3.1412772509	9.8676227672	> 0.0059429918	> 0.2500753123
8	3.1415138011	9.8691089627	> 0.0014861955	> 0.2500188256
9	3.1415729403	9.8694805396	> 0.0003715768	> 0.2500047062
10	3.1415877252	9.8695734356	> 0.0000928959	> 0.2500011765
11	3.1415914215	9.8695966597	> 0.0000232241	> 0.2500002941
12	3.1415923455	9.8696024657	> 0.0000058060	> 0.2500000735
13	3.1415925765	9.8696039172	> 0.0000014515	> 0.2500000183
14	3.1415926343	9.8696042801	> 0.0000003628	> 0.2500000045
15	3.1415926487	9.8696043708	> 0.0000000907	> 0.2500000011
16	3.1415926523	9.8696043935	> 0.0000000226	> 0.2500000002
17	3.1415926532	9.8696043991	> 0.0000000056	

$$\frac{x_4 - x_3}{x_3 - x_2} = \frac{x_5 - x_4}{x_4 - x_3} = \frac{x_6 - x_5}{x_5 - x_4} = \frac{x_7 - x_6}{x_6 - x_5} = \cdots = r$$

$$x_4 - x_3 = r(x_3 - x_2), \quad x_5 - x_4 = r(x_4 - x_3), \quad x_6 - x_5 = r(x_5 - x_4), \quad x_7 - x_6 = r(x_6 - x_5),$$
$$\cdots$$

この式を繰り返し代入することによって

$$x_5 - x_4 = r(x_4 - x_3) = r\{r(x_3 - x_2)\} = r^2(x_3 - x_2)$$
$$x_6 - x_5 = r(x_5 - x_4) = r\{r^2(x_3 - x_2)\} = r^3(x_3 - x_2)$$
$$x_7 - x_6 = r(x_6 - x_5) = r\{r^3(x_3 - x_2)\} = r^4(x_3 - x_2)$$
$$\cdots$$

であるから，x_n の近づいていく値 $\left(x_2' = \lim_{n \to \infty} x_n\right)$ は

$$x_2' = x_2 + (x_3 - x_2) + (x_4 - x_3) + (x_5 - x_4) + (x_6 - x_5) + \cdots$$

$$= x_2 + (x_3 - x_2) + r^2(x_3 - x_2) + r^3(x_3 - x_2) + r^4(x_3 - x_2) + \cdots$$

$$= x_2 + (x_3 - x_2)(1 + r + r^2 + r^3 + r^4 + \cdots)$$

$$= x_2 + (x_3 - x_2)\frac{1}{1-r} = x_2 + \frac{x_3 - x_2}{1-r} = \frac{4x_3 - x_2}{4-1} \quad \cdots (4)$$

同様な変形により，

$$x_3' = x_3 + \frac{x_4 - x_3}{1-r} = \frac{4x_4 - x_3}{4-1}, \quad x_4' = x_4 + \frac{x_5 - x_4}{1-r} = \frac{4x_5 - x_4}{4-1}, \quad \cdots$$

さらに次の増約術は $r = \dfrac{1}{4^2}$ として

IV. 和算の円熟　　　　　141

表2

n	x_n	x_n の差の比	x'_n	x'_n の差の比	x''_n	x''_n の差の比
2	8.0000000	0.2701744	9.8807000	0.0595143	9.8696060	0.0152487
3	9.3725830	0.2548738	9.8702662	0.0617628	9.8696044	0.0155304
4	9.7434198	0.2512081	9.8696453	0.0623162	9.8696044	0.0156013
5	9.8379364	0.2503014	9.8696069	0.0624541	9.8696044	0.0156190
6	9.8616797	0.2500753	9.8696045	0.0624885	9.8696044	0.0156235
7	9.8676227	0.2500188	9.8696044	0.0624971	9.8696044	0.0156246
8	9.8691089	0.2500047	9.8696044	0.0624992	9.8696044	0.0156249
9	9.8694805	0.2500011	9.8696044	0.0624998	9.8696044	0.0156249
10	9.8695734	0.2500002	9.8696044	0.0624999	9.8696044	0.0156249
11	9.8695966	0.2500000	9.8696044	0.0624999	9.8696044	0.0156249
12	9.8696024	0.2500000	9.8696044	0.0624999	9.8696044	0.0156249
13	9.8696039	0.2500000	9.8696044	0.0624999	9.8696044	0.0156249
14	9.8696042	0.2500000	9.8696044	0.0624999	9.8696044	0.0156250
15	9.8696043	0.2500000	9.8696044	0.0625000	9.8696044	0.0156250
16	9.8696043	0.2500000	9.8696044	0.0625000	9.8696044	0.0156250
17	9.8696043	0.2500000	9.8696044	0.0625000	9.8696044	0.0156250

$$x''_2 = \frac{16x'_3 - x'_2}{16-1}, \quad x''_3 = \frac{16x'_4 - x'_3}{16-1}, \quad x''_4 = \frac{16x'_5 - x'_4}{16-1}, \cdots$$

以下同様にして，増約術を繰り返して用いた結果，建部賢弘は円周率を42桁まで求めることができた．建部賢弘の行ったこの方法を累遍増約術という．西洋では，累遍増約術と同じ方法は約200年後に発見され，リチャードソン補外と呼ばれている．このように歴史的に見ても和算の学問の高さがうかがえる．

◉ **無限等比数列の和の公式**　式(4)では，「無限等比数列の和の公式」と呼ばれる公式を使用している．現在は高校3年生の数学の授業で学ぶ公式であるが，ここでは簡単に説明をする．

まずは，$S = 1 + \dfrac{1}{2} + \dfrac{1}{4} + \dfrac{1}{8} + \dfrac{1}{16} + \cdots$ はいくつであろうか．両辺を $\dfrac{1}{2}$ 倍すると $\dfrac{1}{2}S = \dfrac{1}{2} + \dfrac{1}{4} + \dfrac{1}{8} + \dfrac{1}{16} + \dfrac{1}{32} + \cdots$ となるので，

$$S = 1 + \left(\frac{1}{2} + \frac{1}{4} + \frac{1}{8} + \frac{1}{16} + \cdots\right) = 1 + \frac{1}{2}S$$

よって，$\dfrac{1}{2}S = 1$．つまり $S = 2$ という風に求めることができる．

同様にして，$S = 1 + r + r^2 + r^3 + \cdots$ も両辺を r 倍すると $rS = r + r^2 + r^3 + r^4 + \cdots$ となるので，

$$S = 1 + (r + r^2 + r^3 + \cdots) = 1 + rS.$$

よって $(1-r)S = 1$．つまり，$r \neq 1$ のとき $S = \dfrac{1}{1-r}$ となるのである．

［新井田和人］

㉞ 綴　術

　直径が 1 の円周の長さ（＝円周率）は増約術，あるいはそれを繰り返し用いた累遍増約術によって，かなり正確な値を得ることができたが，弧背 s を矢 c や直径 d などを用いた式で表す方法には至らなかった．式で表すためには，矢 c として小さな値をとり，累遍増約術を用いて非常に正確な値を求めることが必要となる．建部賢弘はその値について考察することによって正確な式を導くことに成功した．ここでは，その導出方法（綴術）について説明する．

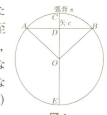
図 1

● **無限級数の数値的導出方法**　建部賢弘は矢 c の値が非常に小さい場合の $\left(\dfrac{s}{2}\right)^2$ の値を求めてみた．彼はどのような理由から，こんな発想をしたのかはわからないが，この発想によって正確な式を求めることとなる．なお，$\left(\dfrac{s}{2}\right)^2$ の値を半背冪と呼ぶ．

　直径 $d = 10$，矢 $c = \dfrac{1}{10^5} = 0.00001$ として，弧長を弦で近似する．矢の長さを用いて弧を 2 等分，4 等分…として $\left(\dfrac{s}{2}\right)^2$ を求め，これを累遍増約術によって加速すると，次の値を得る．この値を定半背冪と呼ぶ．

$$\left(\dfrac{s}{2}\right)^2 = 0.00010000033333351111122539690666672823 47769479 \quad \cdots (1)$$

$\left(\dfrac{s}{2}\right)^2$ の値は，ほぼ $cd = \dfrac{1}{10^4} = 0.0001$ に等しい値であるが，それ以下の数字が数桁ごとに規則的に並んでいることがわかる．規則的に並んでいる部分ごとに，複数の小数に分解してみると

　　　0.000100000333333511111225396906666728234 7769479…
= 0.0001 +
　　　0.000000000333333511111225396906666728234 7769479…
= 0.0001 +
　　　0.0000000003333333333333333333333333333333 33333…+
　　　0.0000000000000000177778920635733339490144 36145
= 0.0001 +
　　　0.0000000003333333333333333333333333333333 33333…+
　　　0.0000000000000000177777777777777777777777 77777…+

$$0.0000000000000000000000011428579555561712366658368\cdots$$

$$= \quad \frac{1}{10^4} + \frac{1}{3} \times \frac{1}{10^{10}} + \frac{8}{45} \times \frac{1}{10^{16}}$$

$$+ 0.1142857955556171236658368\cdots \times \frac{1}{10^{22}}$$

となっていることがわかる．$0.3333333\cdots = \dfrac{1}{3}$ はわかりやすいが，0.1777777

$= \dfrac{8}{45}$ は直感ではわかりにくいので零約術を用いて求めてみよう．

● **零約術**　$0.1777777\cdots$ の逆数を求めてみよう．$\dfrac{1}{0.17777\cdots} = 5.625$ なので，

$0.1777777 = \dfrac{1}{5.625} = \dfrac{1}{5 + 0.625}$ とできる．次に 0.625 の逆数を考えてみると，

$\dfrac{1}{0.625} = 1.6$ より $0.625 = \dfrac{1}{1.6} = \dfrac{10}{16} = \dfrac{5}{8}$ となるので，

$$0.1777777 = \frac{1}{5 + 0.625} = \frac{1}{5 + \dfrac{5}{8}} = \frac{8}{5 \times 8 + 5} = \frac{8}{45}$$

と分数にすることができる．

このようにして小数を分数の形に変形することができる．

さて，$0.1142857955556171236658368\cdots$ も分数で表してみよう．逆数を求め

ると $\dfrac{1}{0.114285\cdots} = 8.7499937777\cdots$ なので，

$$0.114285\cdots = \frac{1}{8.7499937777\cdots} = \frac{1}{8 + 0.7499937777\cdots}$$

$0.7499937777\cdots$ の逆数は，$\dfrac{1}{0.7499937777\cdots} = 1.333344395\cdots$ なので，

$$0.11428579555 = \frac{1}{8 + 0.7499937777\cdots} = \frac{1}{8 + \dfrac{1}{1 + 0.333344395\cdots}}$$

$0.333344395\cdots$ の逆数は，$\dfrac{1}{0.333344395} = 2.9999004469\cdots \fallingdotseq 3$ なので，3 とすると

$$0.11428579555\cdots = \frac{1}{8 + \dfrac{1}{1 + 0.333344395\cdots}}$$

$$\fallingdotseq \frac{1}{8 + \dfrac{1}{1 + \dfrac{1}{3}}} = \frac{1}{8 + \dfrac{3}{3 + 1}} = \frac{4}{4 \times 8 + 3} = \frac{4}{35}$$

となる．この計算をさらに続けると，

$$\left(\frac{s}{2}\right)^2 = \frac{1}{10^4} + \frac{1}{3} \times \frac{1}{10^{10}} + \frac{8}{45} \times \frac{1}{10^{16}} + \frac{4}{35} \times \frac{1}{10^{22}} + \frac{128}{1575} \times \frac{1}{10^{28}} + \frac{128}{2079} \times \frac{1}{10^{34}} + \cdots$$

という式が得られる．

　建部賢弘は，いずれには，この計算は終了して完全な式を得ることができると思ったのかもしれないが，実際には，(1)の式の右辺の値は分数では整数と整数の比では表すことのできない数（無理数という）のため，この計算は永遠に終わることはない．しかしながら，建部賢弘は，ここに現れる分数に着目して，その規則性を見出した．

$$\left(\frac{s}{2}\right)^2 = \frac{1}{10^4} + \frac{1}{3} \times \frac{1}{10^{10}} + \frac{8}{45} \times \frac{1}{10^{16}} + \frac{4}{35} \times \frac{1}{10^{22}} + \frac{128}{1575} \times \frac{1}{10^{28}} + \frac{128}{2079} \times \frac{1}{10^{34}} + \cdots$$

$$= \frac{1}{10^4}\left(1 + \frac{1}{3} \times \frac{1}{10^6} + \frac{8}{45} \times \frac{1}{10^{12}} + \frac{4}{35} \times \frac{1}{10^{18}} + \frac{128}{1575} \times \frac{1}{10^{24}} + \frac{128}{2079} \times \frac{1}{10^{28}} + \cdots\right.$$

$cd = \dfrac{1}{10^4}$，$\dfrac{c}{d} = \dfrac{1}{10^6}$ であるので，

$$\left(\frac{s}{2}\right)^2 = cd\left\{1 + \frac{1}{3}\left(\frac{c}{d}\right) + \frac{8}{45}\left(\frac{c}{d}\right)^2 + \frac{4}{35}\left(\frac{c}{d}\right)^3 + \frac{128}{1575}\left(\frac{c}{d}\right)^4 + \frac{128}{2079}\left(\frac{c}{d}\right)^5 + \cdots\right\} \cdots (2)$$

となる．定数の部分を c, d の文字式に置き換えているので，c, d がほかの値でも成り立つのかどうかの吟味は必要であるが，建部賢弘は，c をほかの値にした場合も求めていることから，ある程度は確信をもって変形したと思われる．

　さて，$\left(\dfrac{c}{d}\right)^n$ の前にある係数 1, $\dfrac{1}{3}$, $\dfrac{8}{45}$, $\dfrac{4}{35}$, $\dfrac{128}{1575}$, $\dfrac{128}{2079}$ について，前後の分数との比を考えると，

$$\frac{1}{3} \div 1 = \frac{1}{3}, \quad \frac{8}{45} \div \frac{1}{3} = \frac{8}{15}, \quad \frac{4}{35} \div \frac{8}{45} = \frac{9}{14},$$

$$\frac{128}{1575} \div \frac{4}{35} = \frac{32}{45}, \quad \frac{128}{2079} \div \frac{128}{1575} = \frac{25}{33}$$

これでは規則性が見えづらいので，奇数番目の分数の分子分母を 2 倍して分子が偶数になるようにすると，

$$\frac{2}{6}, \quad \frac{8}{15}, \quad \frac{18}{28}, \quad \frac{32}{45}, \quad \frac{50}{66}$$

は，$\dfrac{2n^2}{(2n+1)(n+1)}$ に $n = 1$, 2, $\cdots$ を代入すると得られるのである．

$$\frac{8}{45}=\frac{1}{3}\times\frac{8}{15}, \quad \frac{4}{35}=\frac{1}{3}\times\frac{8}{15}\times\frac{9}{14}, \quad \frac{128}{1575}=\frac{1}{3}\times\frac{8}{15}\times\frac{9}{14}\times\frac{32}{45},$$

$$\frac{128}{2079}=\frac{1}{3}\times\frac{8}{15}\times\frac{9}{14}\times\frac{32}{45}\times\frac{25}{33}$$

なので,

$$\left(\frac{s}{2}\right)^2=cd\left\{1+\frac{1}{3}\times\left(\frac{c}{d}\right)+\frac{1}{3}\times\frac{8}{15}\times\left(\frac{c}{d}\right)^2+\frac{1}{3}\times\frac{8}{15}\times\frac{9}{14}\times\left(\frac{c}{d}\right)^3\right.$$

$$\left.+\frac{1}{3}\times\frac{8}{15}\times\frac{9}{14}\times\frac{32}{45}\times\left(\frac{c}{d}\right)^4+\frac{1}{3}\times\frac{8}{15}\times\frac{9}{14}\times\frac{32}{45}\times\frac{25}{33}\times\left(\frac{c}{d}\right)^5+\cdots\right\}$$

という, 無限級数という形でいくらでも正確な値を求めることができる式を導く
ことができたのである.

さて, 先ほど述べた分数$\frac{1}{3}$, $\frac{8}{15}$, $\frac{9}{14}$, $\frac{32}{45}$, $\frac{25}{33}$, …は, 一般に

$\frac{2n^2}{(2n+1)(n+1)}$ を書けると述べたが, 建部賢弘は最初に規則を見つけたときは

偶数番目のときは $\dfrac{2n^2}{(2n+1)(n+1)}$, 奇数番目のときは $\dfrac{n^2}{(2n+1)(n+1)\div 2}$

という風に二つに分けて述べている. 本当は同じ式なので, 一つにまとめて記述
できるのであるが, 建部賢弘は最初は気づかなかったようである.

なお, 建部賢弘の『円理弧背術』では上記の式を

$$\left(\frac{s}{2}\right)^2=cd\left[1+\frac{2^2}{3\cdot 4}\left(\frac{c}{d}\right)+\frac{2^2\cdot 4^2}{3\cdot 4\cdot 5\cdot 6}\left(\frac{c}{d}\right)^2+\frac{2^2\cdot 4^2\cdot 6^2}{3\cdot 4\cdot 5\cdot 6\cdot 7\cdot 8}\left(\frac{c}{d}\right)^3\right.$$

$$\left.+\frac{2^2\cdot 4^2\cdot 6^2\cdot 8^2}{3\cdot 4\cdot 5\cdot 6\cdot 7\cdot 8\cdot 9\cdot 10}\left(\frac{c}{d}\right)^4+\cdots\right]$$

という形でも紹介している. 実際に,

$$\frac{2^2}{3\cdot 4}=\frac{1}{3}, \quad \frac{4^2}{5\cdot 6}=\frac{8}{15}, \quad \frac{6^2}{7\cdot 8}=\frac{9}{14}, \quad \frac{8^2}{9\cdot 10}=\frac{32}{45}, \quad \frac{10^2}{11\cdot 12}=\frac{25}{33}$$

となっていることからもこの二つの式が同じ式であることは確認できる. この式は,
次の項目でも出てくる $(\sin^{-1}x)^2$ のテイラー・マクローリン展開から得られる式で
あり, 現代数学的な論理性には欠けているものの, 先に建部賢弘が数値から類推
して正しい式を得ていたのは驚くべき洞察力の持ち主であったのであろう.

◉ **無限級数とは?** $y=1+x+x^2+x^3+x^4+x^5+\cdots$ のように, x^n の項を無限
に足したような形の x の多項式を無限級数と呼んでいる. [新井田和人]

㉟「径矢弦の術」と「径矢弧の術」

● 和算における「三平方の定理」について

数学には「三平方の定理」と呼ばれる公式がある.「ピタゴラスの定理」ともいわれる. 和算にも同様のものがあり,「勾股弦の法」などと呼ばれる. いずれも直角三角形の三辺の長さの関係式である.

和算では右図のように, 勾, 股, 弦と名付けると同時にそれぞれの長さとする. このとき,

$$弦^2 = 勾^2 + 股^2$$

の関係が必ず成り立つ.

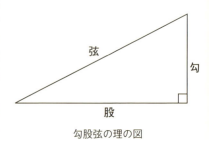

勾股弦の理の図

この関係が成り立つことは数千年前から知られているといわれる.

この弦, 勾, 股にあてはまる数は自然数とは限らない.

例えば $5 = 1 + 4$ より, 弦 $= \sqrt{5}$, 勾 $= 1$, 股 $= 2$ のときこの公式は成り立つ. 一方, 三つの数字が同時に自然数となるときがある.

例えば, $5^2 = 4^2 + 3^2$ $13^2 = 12^2 + 5^2$

このような数をピタゴラス数という. 5, 4, 3 という連続した数にこのような関係があることに不思議な感覚をおぼえる. 和算では特に何もいわずに3辺の長さが 5, 4, 3 の直角三角形を用いることがある. もちろん, 5, 4, 3 に限らず, ほかの数も用いられ, 測量や図形の探究に使われた.

また, 逆に, 直角をつくりたいとき, 5, 4, 3 の長さを使って三角形をつくると, 4 と 3 の長さに挟まれた角が直角となる. 直角を作図したいとき, そのような方法で直角をつくったともいわれる.

● 「径矢弦の術」および「径矢弧の術」について

(1) 今村知商の「径矢弦の術」

毛利重能の弟子に今村知商という和算家がいる. 今村は河内国(現大阪府東部)狛庄の生まれである. 毛利重能に師事し, 円における径, 弦, 矢, 弧の関係を考え, 後に円や弧に関する「円弦之術」にいたった.

全文漢文の『竪亥録』という和算書を 1639(寛永 16)年に 100 部だけ出版した.「竪亥」とは古代中国の伝説上の測量師の名から採られた. 詳しい例題などはほとんど省略したため, 数学の公式集ともいえる.

『竪亥録』のなかで特に価値がある部分の一つに, 円における弦・弧・直径・矢の関係式を示したことがあげられる.『竪亥録』の中の「円平式」という章の「径

「矢弦の術」を見てみよう.
右の図において,
　径（円の直径）の長さ $CC' = d$
　弧の長さ $\overset{\frown}{AB} = s$
　矢の長さ $CM = h$
　弦の長さ $AB = a$
とする．このとき
$$d = \frac{a^2}{4h} + h$$
であること，これが直径と矢と弦の長さの関係を示した「径矢弦の術」である．

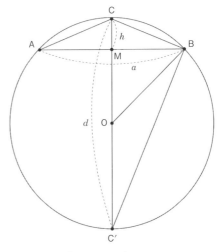

「径矢弦の術」の説明

これを証明してみよう．
図において，
　$\triangle BCC' \backsim \triangle MCB$
したがって $BC : MC = CC' : CB$
ゆえに，$BC^2 = MC \times CC' = dh$ …ⓐ
また，$\triangle MCB$ は直角三角形だから，三平方の定理より，
　$BC^2 = MC^2 + MB^2$
ⓐと図より
$$dh = h^2 + \left(\frac{a}{2}\right)^2 \quad \text{…ⓑ}$$
さらに $dh = h^2 + \frac{a^2}{4} \quad \text{…ⓒ}$
ゆえに $d = \frac{a^2}{4h} + h \quad \text{…ⓓ}$
が成り立つ．

(2)『見立算規矩分等集』にみる「径矢弦の法」

『見立算規矩分等集』は 1722 年に万尾時春が記した測量から始まる和算書である．そこには「径矢弦の法」の三つの使い方が記されているので見てみよう．

〈現代語訳〉
① 矢と弦がわかっ

見立算規矩分等集における「径矢弦の法」

ていて径を求めるには，弦の半分を 2 乗し，その答を矢で割り，その値に矢を足して径を求めることができる．

② 径と矢がわかっていて弦を求めるには径から矢を引いてその答に矢をかけて，開平した値を 2 倍にすると弦を求めることができる．

③ 径と弦がわかっていて矢を求めるには半径の 2 乗から半弦の 2 乗を引き，その答を開平した後，半径から引くと矢を求めることができる．

これらを数学的に表すと次のようになる．

① CM と AB があり EF を求める．

AB を半分にし，その値を 2 乗して CM で割り，CM を加える．

$$EF = \left(\frac{AB}{2}\right)^2 \div CM + CM$$

よって $EF = \dfrac{AB^2}{4CM} + CM$

となる．

すなわち $d = \dfrac{a^2}{4h} + h$ となりⓓ式に等しい．

② EF と CM があり AB を求める．

EF − CM の答に CM をかけて開平する．
それを 2 倍した数が AB となる．
よって，

$AB = 2\sqrt{(EF - CM)CM}$

となる．

これは $a = 2\sqrt{h(d-h)}$ と書くことができる．この式をⓓを変形して導こう．

ⓓより $d = \dfrac{a^2}{4h} + h$

よって

$\dfrac{a^2}{4h} = d - h$

両辺に $4h$ をかけて $a^2 = 4h(d-h)$
したがって

$a = 2\sqrt{h(d-h)}$

③ EF と AB があり CM を求めるには，
半径を AO として

OE の 2 乗から AM の 2 乗を引いた値を OE から引いた値が CM となる．よって

$CM = OE - \sqrt{OE^2 - AM^2}$

となる．

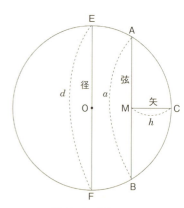

「径矢弦の法」の説明

これは $h = \dfrac{d}{2} - \sqrt{\left(\dfrac{d}{2}\right)^2 - \left(\dfrac{a}{2}\right)^2}$ と書くことができる．この式をⓑを変形することで導いてみよう．

ⓑより　$h^2 - dh + \left(\dfrac{a}{2}\right)^2 = 0$

h について2次方程式の解の公式を用いると

$$h = \frac{-(-d) \pm \sqrt{(-d)^2 - 4 \times 1 \times \left(\dfrac{a}{2}\right)^2}}{2}$$

$$= \frac{d \pm \sqrt{d^2 - a^2}}{2}$$

$$= \frac{d}{2} \pm \sqrt{\left(\frac{d}{2}\right)^2 - \left(\frac{a}{2}\right)^2} \quad \text{となる．}$$

径・矢・弦が三つの公式で示されるところが興味深い．またこのようにして，当時は公式が言葉で示されていたことがわかる．

(3)『竪亥録』にみる「径矢弧の術」について

弧（s）と矢（h）と弦（a）の関係式である「弧矢弦の術」を見てみよう．

$$s^2 = a^2 + 6h^2 \quad \cdots ⓔ$$

この式は円周率が $\sqrt{10}$ の場合のみ成り立つなど，正しい計算式ができる前につくられた近似式である．『竪亥録』には明記されてないが，これを用いて弧の長さを円の直径と矢から次のように求めていたと考えられる．ⓒより

$$dh = h^2 + \frac{a^2}{4}$$

よって　$4dh = 4h^2 + a^2$

さらに　$a^2 = 4dh - 4h^2$ $\cdots ⓕ$

ⓔにⓕを代入して

$$s^2 = (4dh - 4h^2) + 6h^2 = 4dh + 2h^2 = \left(d + \frac{h}{2}\right) \times 4h$$

したがって

$$s = \sqrt{\left(d + \frac{h}{2}\right) \times 4h}$$

これが「径矢弧の術」の関係式である．　　　　　　　　　　［小林徹也］

【参考・引用文献】
『和算の事典』佐藤健一，朝倉書店，2011

㊱「綴術算経」と世界初の $(\arcsin x)^2$ の冪級数展開

●「綴術算経」について

著者建部賢弘は寛文4（1664）年に生まれ，幼名は源右衛門といい，のち彦次郎と改め不休と号した．天文4（1739）年没．建部直恒の三男である．

直恒には四男あり，長男は賢之承応3（1654）年生まれ，享保8（1723）年没，次男は賢明寛文4（1654）年生まれ，正徳6（1716）年没．末子の賢充は賢明の養子となった．賢明に「六角佐々木山内流建部氏伝記」二巻正徳5（1715）年がある．

賢明，賢弘兄弟は延宝4（1676）年ともに関孝和に入門し数学を学んだ．建部賢弘は関の門弟の中で最も傑出した高弟となった．

賢弘は八代将軍吉宗の信任厚く，種々の算書，暦学の書を著述した．

「綴術算経」もこのときに著した書である．享保7（1722）年自序である．

「綴術算経」は賢弘が吉宗の命により献上した算書とのことで，現在内閣文庫に収蔵されている．

下平和夫氏によると，「内閣文庫ではこれを幕府の紅葉山文庫本としては取扱っていない．此の書の最初に浅草文庫なる朱印が押してあるのは昌平黌即ち幕府の学校の文庫が浅草に移ったときの印だそうである．然し昌平黌の文庫本ならば昌平坂なる黒印があるはずであるから恐らく紅葉山文庫より昌平黌へ貸し出されそのままうやむやとなり明治維新後は紅葉山文庫と昌平黌の文庫と両方が内閣文庫の前身，太政官文庫として一緒になり，もとの場所に収まったのであろうと想像される．本の表紙に金紙を細長く切ってはり，題字を書入れるのは献上本の形式である．又，或る人は此のように仮名がふってあるのは献上本としての格式権威がないというのであるが，これは吉宗に信任のあった賢弘の事であるから吉宗に直々仮名をふっておくように言われたのではあるまいか，そうとも考えなければ何から何まで仮名がふってある理由がわからない．」と注記されている．

「不休建部先生綴術」と題が付いている稿本がある．写本として広まっているものである．両者の項目を比較する．

「綴術算経」[（　）は筆者注]

法則四條

探乗除法第一（後者の第一，第二）　探立元法第二（方程式をつくる）

探約分法第三（互除法・後者にはない）　探招差法第四（階差を用いて和の公式を求める）

術理四條

探織工重互換術第五（仕事算）　探直堡求極積術第六（極値・後者にはない）

IV. 和算の円熟

探算脱術第七（ままこだて）　探求球面積術第八（球の表面積）
員数四條
探砕抹数第九（区分求積）　探開平方数第十（平方根の開き方）
探円数第十一（円周率の値）　探弧数第十二（級数展開公式）
自質説一條　附録　三斜差各一整中股数
「不休建部先生綴術」
第一　探因乗法則　第二　探帰除法則
第三　探重互換術理　第四　探開平方数
第五　探立元法則　第六　探薬種為方術（組合わせ・前者にはない）
第七　就探四角だ術探会累截招差法　第八　探求球面積術
第九　探算脱方　第十　探円数
第十一　探弧数　第十二　探砕抹術理
　自質説は表題がなく本文に続いている．附録　三斜差各一整中股数
「綴術算経」の方が明確に法則・術理・員数の三つの区分に分けられていることがわかる．このことや序文に載せられている日付が「綴術算経」には享保7（1722）年猛春，『不休建部先生綴術』には享保7（1722）年徐月と載せられている，猛春は1月，徐月を2月とすると，「綴術算経」が先に書かれたと考えられている．

◉ **探弧数　第十二**　ここで，建部賢弘は円の直径と矢によって，弧の長さの2乗を表す無限級数を導きだした，これは $(\arcsin \theta)^2$ を θ の冪級数に展開したものにほかならない，弧を s，矢を c，直径を d とする．次の弧背の2乗に関する公式を得た．

$$\left(\frac{s}{2}\right)^2 = cd + \frac{1}{3}c^2 + \frac{1}{3}\frac{8}{15}\frac{c^3}{d} + \frac{1}{3}\frac{8}{15}\frac{9}{14}\frac{c^4}{d^2} + \frac{1}{3}\frac{8}{15}\frac{9}{14}\frac{12}{45}\frac{c^5}{d^4} + \cdots$$

$$= cd\left\{1 + \frac{2^2}{3\cdot4}\frac{c}{d} + \frac{2^2\cdot4^2}{3\cdot4\cdot5\cdot6}\left(\frac{c}{d}\right)^2 + \frac{2^2\cdot4^2\cdot6^2}{3\cdot4\cdot5\cdot6\cdot7\cdot8}\left(\frac{c}{d}\right)^3\cdots\right\}$$

これは，現代から見れば

$$s = d\theta$$

$$c = \frac{d}{2}(1-\cos\theta) = d\sin^2\frac{\theta}{2}$$

$$\sin^2\frac{\theta}{2} = \frac{c}{d}, \quad \frac{\theta}{2} = \arcsin\sqrt{\frac{c}{d}}$$

$$\left(\frac{s}{2}\right)^2 = d^2\left(\arcsin\sqrt{\frac{c}{d}}\right)^2 = \left(d\arcsin\sqrt{\frac{c}{d}}\right)^2 = d^2\sum_{n=1}^{\infty}\frac{2^{2(n-1)}\{(n-1)!\}^2}{n(2n-1)!}\left(\frac{c}{d}\right)^n$$

上記の公式を得るため，建部賢弘は直径 $d = 1$ 尺，矢 1 忽 ($c = 10^{-5}$ 寸) の弧背を求め，弧の長さの半分の 2 乗を求める．弧の長さの求め方については，次項で述べる累遍増約術を用いた．

$$定半背冪 = \left(\frac{s}{2}\right)^2$$

$= 0.0001000003333335111112253969066667282347769479595875$ 強

$$汎半背冪 = cd = 0.0001$$

$$一定差 = 定半背冪 - 汎半背冪 = \left(\frac{s}{2}\right)^2 - cd$$

$= 0.0000000003333335111112253969066667282347769479595875$ 強

$$一汎差 = 汎背冪 \times \frac{1}{3}\frac{c}{d} = \frac{1}{3}c^2$$

$= 0.0000000003333333333333333333333333333333333333333333$

$$二定差 = 一定差 - 一汎差 = \left(\frac{s}{2}\right)^2 - cd - \frac{1}{3}c^2$$

$= 0.0000000000000000177777892063573333394901443614626 2542$ 強

$$二汎差 = \frac{8}{45} \times 10^{-16} = 一汎差 \times \frac{8}{15} \times \frac{c}{d}$$

$= 0.0000000000000000177777777777777777777777777777777777$ 強

$$三定差 = 二定差 - 二汎差$$

$= 0.0000000000000000000000114285795555617123665836848 4764$ 強

$$三汎差 = 二汎差 \times \frac{9}{14}\frac{c}{d}$$

$= 0.0000000000000000000000114285714285714285714285714 2857$ 強

$$四定差 = 三定差 - 三汎差$$

$= 0.0000000000000000000000000000081269902837951551134 1907$ 強

$$四汎差 = 三汎差 \times \frac{32}{45}\frac{c}{d}$$

$= 0.0000000000000000000000000000081269841269841269841 2698$ 強

$$五定差 = 四定差 - 四汎差$$

$= 0.0000000000000000000000000000000000006156811028129 29209$ 弱

$$五汎差 = 四汎差 \times \frac{25}{33}\frac{c}{d}$$

$= 0.0000000000000000000000000000000000006156806156806 15681$ 弱

$$六定差 = 五定差 - 五汎差$$

$= 0.0000000000000000000000000000000000000000004871323 13528$ 弱

$$\text{六汎差} = \text{五汎差} \times \frac{72}{91}\frac{c}{d}$$
$$= 0.000000000000000000000000000000000000487131915703 \text{ 強}$$

● **累遍増約術**　前節で用いた矢が 1 忽 ($c = 10^{-5}$ 寸) の定半冪を求めるために弧を二等分して二斜 a_1 をつくり，さらに二等分して四斜 a_2 をつくる．同様に八斜 a_3，十六斜 a_4 の和の半分の冪 s_4，三十二斜の a_5，六十四斜 s_6 までを計算し，

$$\left(\frac{s_0}{2}\right)^2 = \left(\frac{a}{2}\right)^2, \quad \left(\frac{s_1}{2}\right)^2 = a_1^2, \quad \left(\frac{s_2}{2}\right)^2 = (2a_2)^2, \quad \left(\frac{s_3}{2}\right)^2 = (2^2 a_3)^2,$$
$$\left(\frac{s_4}{2}\right)^2 = (2^3 a_4)^2, \quad \left(\frac{s_5}{2}\right)^2 = (2^4 a_5)^2, \quad \left(\frac{s_6}{2}\right)^2 = (2^5 a_6)^2$$

を求めて，累遍増約術を用いて計算した．

注意　ここで $\left(\frac{s_0}{2}\right)^2 = \left(\frac{a}{2}\right)^2 = c - c^2$ は矢 c に対する $\left(\frac{\text{弦}}{2}\right)^2$ である．

$$\left(\frac{s_1}{2}\right)^2 = (a_1)^2 = c^2 + \left(\frac{a}{2}\right)^2 = c,$$
$$\left(\frac{s_2}{2}\right)^2 = (2a_2)^2 = 2\left(1 - \sqrt{1 - a_1^2}\right)$$

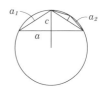

と計算していくが省略する．

次に階差をつくる．

$$b_1 = \left(\frac{s_2}{2}\right)^2 + \frac{1}{3}\left\{\left(\frac{s_2}{2}\right)^2 - \left(\frac{s_1}{2}\right)^2\right\}, \quad b_2 = \left(\frac{s_3}{2}\right)^2 + \frac{1}{3}\left\{\left(\frac{s_3}{2}\right)^2 - \left(\frac{s_2}{2}\right)^2\right\},$$
$$b_3 = \left(\frac{s_4}{2}\right)^2 + \frac{1}{3}\left\{\left(\frac{s_4}{2}\right)^2 - \left(\frac{s_3}{2}\right)^2\right\}, \quad b_4 = \left(\frac{s_5}{2}\right)^2 + \frac{1}{3}\left\{\left(\frac{s_5}{2}\right)^2 - \left(\frac{s_4}{2}\right)^2\right\},$$
$$b_5 = \left(\frac{s_6}{2}\right)^2 + \frac{1}{3}\left\{\left(\frac{s_6}{2}\right)^2 - \left(\frac{s_5}{2}\right)^2\right\}$$

もう一度階差をつくる．

$$c_1 = b_2 + \frac{1}{15}(b_2 - b_1), \quad c_2 = b_3 + \frac{1}{15}(b_3 - b_2),$$
$$c_3 = b_4 + \frac{1}{15}(b_4 - b_3), \quad c_4 = b_5 + \frac{1}{15}(b_5 - b_4)$$

これを繰り返す．

$$d_1 = c_2 + \frac{1}{63}(c_2 - c_1), \quad d_2 = c_3 + \frac{1}{63}(c_3 - c_2), \quad d_3 = c_4 + \frac{1}{63}(c_4 - c_3)$$

$$e_1 = d_2 + \frac{1}{4^4 - 1}(d_2 - d_1), \quad e_2 = d_3 + \frac{1}{4^4 - 1}(d_3 - c_2)$$

$$f_1 = e_2 + \frac{1}{4^5 - 1}(e_2 - e_1)$$

ここで f_1 が求めるものである.

●「綴術算経」以前の弧背術と「宅間流円理」

1. 沈括の公式

夢渓筆談に載せられている「会円術」である.

弧背を s, 矢を c, 弦を a, 直径を d とする.

$$s = a + \frac{2c^2}{d}$$

半円のとき $\left(c = \dfrac{d}{2}\right)$ を考えると $\pi = 3$ としていたことになる.

授時暦ではこの沈括の公式を用いて, 弧背より矢を求めている.

2. 『竪亥録』弧矢弦の術

$$s^2 = a^2 + 6c^2$$

この公式で矢が半径のときは円周率を $\pi = 10$ とすることになる. c^2 の係数は弧法と呼ばれていた.

和算家の弧背術は沈括の公式を精密化しようとして研究したものと考えられる.

3. 「宅間流円理」

大坂では宅間流が発展していった. その第三代鎌田俊清に「宅間流円理」がある. これは享保 7 (1722) 年の自序がある.

「宅間流円理」では招差法を用いて次の(1), (2), (3)の級数展開の式を求めている. c を矢, d を直径, a を弦とする.

直径を 1 寸とし, 矢を $c_1 = 0.05$, $c_2 = 0.1$, $c_3 = 0.15$, $c_4 = 0.2$, $c_5 = 0.25$, $c_6 = 0.3$ としたときの弧の値

$s_1 = 0.4510268118$, $s_2 = 0.64350110879$, $s_3 = 0.795398827$,

$s_4 = 0.927295218$, $s_5 = 1.04719755119$, $s_6 = 1.15927948073$

を求める.

$(c_1, s_1) \cdots (c_6, s_6)$ によって

$$s = 2\sqrt{cd}\left\{1 + A_1\left(\frac{c}{d}\right) + A_2\left(\frac{c}{d}\right)^2 + A_3\left(\frac{c}{d}\right)^3 + \cdots + A_6\left(\frac{c}{d}\right)^6\right\}$$

と置き, 招差法によって, A_1, A_2, $\cdots$, A_6 を求めている. 計算は省くが次の結果を得た.

$$s = \sqrt{cd}\left\{1 + \frac{1}{3!}\left(\frac{c}{d}\right) + \frac{3^2}{5!}\left(\frac{c}{d}\right)^2 + \frac{3^2 \cdot 5^2}{7!}\left(\frac{c}{d}\right)^3 + \cdots\right\} \quad \cdots(1)$$

これは $\arcsin x$ の展開である.

$$s = 2d\arcsin\sqrt{\frac{c}{d}} = \sqrt{cd}\sum_{n=0}^{\infty}\frac{(2n-1)!!}{(2n)!!(2n+1)}\left(\frac{c}{d}\right)^n$$

次に, 矢を $c_1 = 0.05$, $c_2 = 0.1$, $c_3 = 0.15$, $c_4 = 0.2$, $c_5 = 0.25$, $c_6 = 0.3$ としたときの弦の値 a_1, $\cdots$, a_6 を求める.

$(c_1,\ a_1) \cdots (c_6,\ a_6)$ によって

先と同様にして, 招差法によって次の結果を得た.

$$a = s\left\{1 - \frac{1}{2\cdot 3}\left(\frac{s}{d}\right)^2 + \frac{1}{2\cdot 3\cdot 4\cdot 5}\left(\frac{s}{d}\right)^4 - \frac{1}{2\cdot 3\cdot 4\cdot 5\cdot 6\cdot 7}\left(\frac{s}{d}\right)^6 + \cdots\right\} \quad \cdots(2)$$

これは, $\sin x$ の展開である.

$$s = d\theta, \quad a = d\sin\frac{s}{d}, \quad x = \frac{s}{d}, \quad \sin x = \sum_{n=0}^{\infty}(-1)^n\frac{1}{(2n+1)!}x^{2n+1}$$

次に, 後に松永良弼が『方円算経』で内元率と呼んだ展開式である.

$$s = a\left\{1 + \frac{2}{3}\left(\frac{c}{d}\right) + \frac{2\cdot 4}{3\cdot 5}\left(\frac{c}{d}\right)^2 + \frac{2\cdot 4\cdot 6}{3\cdot 5\cdot 7}\left(\frac{c}{d}\right)^2 + \cdots\right\} \quad \cdots(3)$$

これは逆三角関数を用いて考えると,

$$a = d\sin\theta = 2d\sin\frac{\theta}{2}\cos\frac{\theta}{2} = 2d\sin\frac{\theta}{2}\sqrt{1 - \sin^2\frac{\theta}{2}}$$

と変形できるので,

$$x = \sqrt{\frac{c}{d}} \text{ とすると, } \frac{\arcsin x}{\sqrt{1-x^2}} = \frac{1}{2}\{(\arcsin x)^2\}' = \sum_{n=0}^{\infty}\frac{(2n)!!}{(2n+1)!!}x^{2n+1} \text{ を用いて,}$$

$$\arcsin x = \sqrt{1-x^2}\,x\sum_{n=0}^{\infty}\frac{(2n)!!}{(2n+1)!!}x^{2n}$$

を考えたものになる.

　三角関数や逆三角関数の級数展開が完成するのは, 松永良弼著『方円算経』元文 4 (1739) 年である. しかし『方円算経』は各種の展開式を載せているだけで解説はない. 載せられている展開式を導くことは後世の和算家に取っても困難なことであった.　　　　　　　　　　　　　　　　　　　　　　　[藤井康生]

㊲ 天文暦算と『暦算全書』

　中国暦の「宣明暦」（太陰太陽暦）は我が国では貞観4（862）年から貞享元（1685）年までの823年間継続して使用されてきた.

　吉田光由は天正4（1576）年から享保15（1730）年までの「宣明暦」の要点を抜粋した『古暦便覧』を著し，安藤有益は寛文3（1663）年に『長慶宣明暦算法』を著している. しかし，「宣明暦」は中国と日本の経度の差から長く使われるとかなりの狂いが生じ改暦の機運が高まった. そこで，寛文11（1671）年に渋川春海が4代将軍家綱に天文暦法を説き，翌年の寛文12（1672）年に『改正授時暦経』を著した. この暦は授時暦の定数を若干改変し，日本と中国の経度の差を補正したものであるが現行の宣明暦よりはかなり正確であったことから貞享2（1685）年に渋川春海の和暦が採用された. この改暦を「貞享の改暦」（太陰太陽暦）という.

●**関孝和の天文・暦学に対する研究**　関孝和は甲府宰相綱重に勘定吟味役として仕え，その子綱豊（徳川家宣）には西の丸御納戸組頭に任じられた. 関はお役目繁多にもかかわらず以下のような天文・暦学に関する研究を行っている.

(1) 八法略訣（1680年）:「律，度，量，衡，規，矩，縄，準」の8字の簡単な説明.

(2)『授時発明』（1680年）: 天文大成管窺輯要（順治9（1652）年黄鼎纂定）80巻のうちの第3巻の「論黄赤道差，論黄赤内外差，論白道与黄赤道差」の3条の数項目を図解したもの. 最終葉に延宝8（1680）年9月に現れた彗星のことが記されている.

(3) 授時暦経立成之法（1681年）: 元朝の国暦であった「授時暦の理論に従って日月，五惑星の視運動も平均運動より外れ，すなわち天上の視運動の進み，遅れを計算する方法を説明したもの.

(4) 授時暦経立成:関孝和輯著を近藤遠里が校正した. 内容は第1巻「太陽立成」，第2巻「太陰立成」，第3巻「半昼夜分」，第4巻「五星立成」である.

(5) 関訂書:『天文大成管窺輯要』順治9（1652）年黄鼎纂定80巻のうちの15条に関孝和が返り点・送り仮名・訂正を書き加えたもの.

(6)『四余算法』（1695年）: 太陽・月・水星・金星・火星・木星・土星の七つの星を七曜といい，これらの位置を示す暦が七曜暦という. 七曜暦には「紫炁，月孛，羅睺，計都」という想像上の四つの星を「四余」といい，それらの天球上の場所を示す二十八宿によって，その移動を位置と日で示すことを計算した解説とその結果を示したもの.

(7) 宿曜算法:二十八宿の宿曜禽を年・月・日などに配布する方法を述べたもの.

(8) 天文数学雑著:暦数関係を著したもので，「慈鍼之測験」や「日景実測」が

述べられている.

建部は天文暦学に必要な正確な円周率の公式を発見し,享保7 (1722) 年に『綴術算経』に収録してを将軍吉宗に献上した. 内容は図において,

$$\left(\frac{s}{2}\right)^2 = cd\left\{1 + \frac{2^2}{3\cdot 4}\left(\frac{c}{d}\right) + \frac{2^2\cdot 4^2}{3\cdot 4\cdot 5\cdot 6}\left(\frac{c}{d}\right)^2 + \frac{2^2\cdot 4^2\cdot 6^2}{3\cdot 4\cdot 5\cdot 6\cdot 7\cdot 8}\left(\frac{c}{d}\right)^3 \right.$$
$$\left. + \frac{2^2\cdot 4^2\cdot 6^2\cdot 8^2}{3\cdot 4\cdot 5\cdot 6\cdot 7\cdot 8\cdot 9}\left(\frac{c}{d}\right)^4 + \cdots\right\}$$

より

$$\pi^2 = 9\left(1 + \frac{1^2}{3\cdot 4} + \frac{1^2\cdot 2^2}{3\cdot 4\cdot 5\cdot 6} + \frac{1^2\cdot 2^2\cdot 3^2}{3\cdot 4\cdot 5\cdot 6\cdot 7\cdot 8} + \frac{1^2\cdot 2^2\cdot 3^2\cdot 4^2}{3\cdot 4\cdot 5\cdot 6\cdot 7\cdot 8\cdot 9\cdot 10} + \cdots\right)$$

とした. これが我が国最初の円周率を表す公式である.

天文学者の間重富は享和元 (1801) 年に『算法弧矢索隠』で

$$s = a\left\{1 + \frac{2}{3}\left(\frac{c}{d}\right) + \frac{2\cdot 4}{3\cdot 5}\left(\frac{c}{d}\right)^2 + \frac{2\cdot 4\cdot 6}{3\cdot 5\cdot 7}\left(\frac{c}{d}\right)^3 + \frac{2\cdot 4\cdot 6\cdot 8}{3\cdot 5\cdot 7\cdot 9}\left(\frac{c}{d}\right)^4 + \cdots\right\}$$

の公式の証明をしている. 直径を d, 弦の長さを a, 円弧を s, 矢を c とする.

間は数学を麻田剛立に, 天文学を高橋至時に学んでいる.

● **建部賢弘著「算暦雑考」** 建部賢弘は直径10寸の円周を360等分して, その一つを一限 (1°) と称した. そして, 一限 (1°), 二限 (2°), 三限 (3°), …に対する円弧の半分を半背と名付け, さらに, その円弧の弦の半分を半弦と称した. この弦と弧の中点を結ぶ線分を矢という. そして, それぞれの値を求め, 九十限 (90°) までの「正弦表」を完成させた. これは日本人で初めてなしえたことである.

表中の「乙」は「1」を表している. また, この表は半径5寸の表であるから半径を1寸にするためには0.2を掛ける必要がある. すなわち, 1度の正弦 (sine) は「(一限の半背)×0.2 = 0.087262032187×0.2 = 0.0174524064374」となる. この値は12桁まで正しく求められている.

また, 建部は中国の天文暦学を参考にしているため, 全周を365.25としている. そのため, 普通の度数に直すための換算表を載せている. この表は1日を100等分して1分とし, 1分をさらに100等分して1秒としている. これは建部がイタリア人宣教師のマテオリッチが伝えた徐光啓の『測量法義』や游子六の『天経或問』を参考にしたことに起因していると思われる.

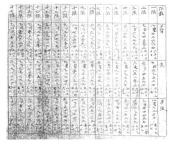

建部賢弘の「算暦雑考」より抜粋

● **日本に輸入された『暦算全書』** 徳川幕府は4代家綱から7代家継にかけての時代は幕藩体制を安定させるために「文治政治」，いわゆる「文化や教育に重点を置いた政治」を行った．そのような中で，1633年に鎖国令が出され，日本人の海外渡航と海外居住の日本人の帰国をいっさい禁止し，中国船の来航も長崎に限った．また，1939年にはポルトガル船の来航を禁止し，1641年に平戸のオランダ商館を長崎の出島に移した．こうした政策の中で，幕府は長崎のオランダ商館長から提出される「オランダ風説書」

建部賢弘の「算暦雑考」より抜粋

によって，世界の動きについておおよその知識は得ていた．また朝鮮とは対馬の宗氏を通じて，琉球とは島津氏を通して貿易をしていた．

建部賢弘は元禄14（1701）年に綱豊（徳川家宣）に仕え，師の関孝和とは元禄14年から宝永3（1706）年まで一緒に仕えていた．そして，享保元（1717）年に8代将軍吉宗に仕えた．吉宗は渋川春海の貞享暦の日食・月食に狂いが生じたため享保元（1716）年に改暦を主唱し，建部賢弘に研究を命じた．すると，建部賢弘は門弟で京都の銀座役人で天文暦学者の中根元圭を推挙した．中根元圭は将軍吉宗に天文暦学を講じ「優れた西洋天文学を導入すべき」と進言した．それにより，吉宗は西洋天文学のみならず，キリスト教に関係ない科学技術書ならばその漢訳書の輸入を許可するという禁書令の緩和を行った．そこで中根元圭は享保11（1727）年に中国から輸入された『歴算全書』に返り点と送り仮名を付けて享保15（1731）年に将軍吉宗に献上した．そして，この書によってヨーロッパの「三角法」が我が国へ伝わった．

● **梅文鼎の『暦算全書』** 梅文鼎（1633-1721）は安徽宣城（現在の宣州市）で生まれ，数学・天文学などを学び，宣教師がもたらしたヨーロッパの数学・天文学と中国の数学とを結びつけ，創造的な研究を行った．研究内容の大部分は彼の死後2年目に兼濟堂が数学者・天文学者の楊作枚に原稿の補訂・編集を依頼し，翌年の1723年に『梅氏暦算全書』として出版した．内容は以下のとおりである．

```
兼濟堂纂刻梅勿菴先生暦算全書總目        歳周地度合攷一巻
    法原                              冬至攷一巻
        平三角形挙要五巻 即 三角法挙要   諸方日軌高度表一巻
        勾股闡微四巻                   五星紀要一巻
        弧三角形挙要五巻                火星本法一巻
        環中黍尺六巻                   七政細草補註一巻
```

Ⅳ. 和算の円熟

塹堵測量二巻	二銘補註一巻
方円冪積一巻	暦学駢枝四巻
幾何補編五巻	平立定三差解一巻
解割円之根一巻	暦学答問一巻
法数	算学
割円八線の法一巻續出	古算演略一巻
暦学	筆算五巻
暦学疑問三巻	籌算七巻
暦学疑問補二巻	度算釋列二巻
交會管見一巻	方程論六巻
交食蒙求三巻 日食 月食	少廣拾遺一巻
揆日候星紀要一巻	跋

　目録の「平三角形挙要五巻 即 三角法挙要」「弧三角形挙要五巻」「環中黍尺六巻」は平面および球面三角法を述べており，安島直円は『弧三角解』と題し，「環中黍尺」の公式を解説している．また，坂部広胖は自著『算法点竄指南録』『暦算全書』には三角法に欠かせない「正弦」「余弦」「正切」「余切」「正割」「余割」「正矢（半径－余弦）」「余矢（半径－正弦）」の八種類の角度ごとの数値を表にまとめた「割円八線表」や「対数」は収録されていない．享保6（1721）年頃に輸入されたと思われる『数理精蘊』には「割円八線表」や「対数表」および「対数比例」が収録されている．

　『暦算全書』や『数理精蘊』の輸入により「三角法（含む八線表）」や「対数」が和算に浸透した．特に天文暦術や測量術にはかなり利用されている．

[川瀬正臣]

【参考文献】

- ・『関孝和全集』平山諦・下平和夫・広瀬秀雄編著，大阪教育図書，1974
- ・『明治前 日本數學史 第五巻』新訂版 日本学士院編，野間科学医学研究資料館，1979
- ・『和算ノ研究 雑論Ⅱ』加藤平左エ門，日本学術振興会，1954 丸善
- ・『中国の数学通史』李迪著，大竹茂雄・陸人瑞訳 森北出版，2002
- ・『建部賢弘の「算暦雑考」』佐藤健一，研成社，1995
- ・『学術を中心とした和算史上の人々』平山諦，ちくま学芸文庫，2008
- ・『和算の歴史』平山諦，ちくま学芸文庫，2007
- ・『宣城梅定九先生著 暦算全書』相郷魏念庭輯，雍正元（1723）年，東北大学デジタルコレクション
- ・『国学基本叢書 数理精蘊』清聖祖敕編，商務印書館，中華民国25（1936）年，野口泰助氏蔵

㊳ 算学者と『数理精蘊』

● **中国に伝えられた三角法** イエズス会宣教師でイタリア人のジャック・ロー（1593-1638：羅雅谷）は1624年から中国で布教活動に入り，1631年に徐光啓と『測量全義』10巻を著し「三角関数表」を「割円八線表」として紹介した．この時代の三角法は「比の値」ではなく，「円の半径を単位にとったときの線分の長さ」で定義し，「sine を正弦」「tangent を切線」「secant を割線」と称した．

ベルギーのイエズス会士フェルビースト（1623-1688：南懐仁）は1664年に中国に赴き，康熙帝に天文儀器や数学儀器の使用法および幾何学・静力学・天文学などの教科書を編集し，解釈を与えた．

愛新覚羅・玄燁（康熙帝：1654-1722）は8歳で清朝の第4代皇帝に即位し，61年間の在位中は年号を康熙（1661-1722）と称した．中国の歴史上，科学技術を重視し，科学研究を支持した数少ない皇帝である．しかも単に科学研究を熱心に支持しただけでなく，自ら先頭に立って科学を学びマスターしたきわめて稀な帝王であった．

また，1685年にフランス教会は中国に対し，自然科学に精通していたタシャール（1651-1712）やフォンタネ（1643-1710：洪若翰）たちを派遣した．康熙帝はブーヴェー（1656-1730：白晋），ジェルビヨン（1654-1707：張誠）たちを宮廷に滞在させ，西洋数学・測量・天文・砲術などの講義を受けた．

そして，1709年に康熙帝は陳厚耀と梅穀成（1681-1763：西洋の暦算を編集した『暦算全書』の著者，梅文鼎（1633-1721）の孫）に「算法書」を編集するよう命じた．この「算法書」は『数理精蘊』と呼ばれ，上編が五巻，下編が四十巻，数表が八巻の計五十三巻である．上編は「数理本原」「河図」「洛書」「周髀経解」（巻一），「幾何原本」一より十二（巻二・三・四）および「算法原本」（巻五）を含んでいて，全書の基本理論に属する．

下編は算術・代数・幾何・三角法およびいくつかの数学器具を含んでいて，よくまとめられた初等数学の百科全書といえる．

● **『数理精蘊』の三角法** 『数理精蘊』の「下編巻十六面部六 割圜八線」には甲丙を全径（直径），己戊を半径，弧乙丁は正角に対する正弧，弧甲己は余角に対する余弧とあり，

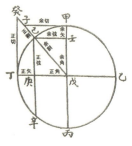

正弦＝己庚，余弦＝己壬，正切＝丁癸

正割＝戊癸，余割＝戊子，余切＝甲子

正矢＝庚丁＝半径－余弦，余矢＝壬甲＝半径－正弦

としている．なお，十干の読みは甲(きのえ)・乙(きのと)・丙(ひのえ)・丁(ひのと)・戊(つちのえ)・己(つちのと)・庚(かのえ)・辛(かのと)・壬(みずのえ)・癸(みずのと)である．

『数理精蘊』が我が国に渡来した正確な年代は不明であるが，『暦算全書』が雍正元 (1723) 年に刊行されて長崎に渡来したのは享保 11 (1726) 年であるから本書も同年かあるいは数年後の 1730 年頃に渡来したものであろうと推測される．当時の和算家はこの書から「三角法」と「対数」を学んでいる．

● **『数理精蘊』の三角法**　『数理精蘊』下遍巻十六面部六には「八線相求」とある．また，巻十七面部七には「三角辺線角度相求」が収録されている．

「八線相求」の第 1 問

設如四十八度之正弦七万四千三百一十四．小余四八二五四七七・余弦六万六千九百一十三．小余〇六〇六三五八・求正矢正切正割各幾何

（※原文は縦書き）

〈大意〉　（半径が 10 万のとき）　$100000 \sin 48° = 74314.4825477$
$100000 \cos 48° = 66913.0606358$

である．このとき，正矢（乙丙），正切（乙己），正割（戊己）はそれぞれいくらになるか．

〈解〉　半径 $= r = 100000$，角度 $= \theta = 48°$

∴ $正矢 = r - r\cos\theta = r(1-\cos\theta) = 33086.939362$

$正切 = r\tan\theta = r \times \dfrac{r\sin\theta}{r\cos\theta} = r \times \dfrac{\sin\theta}{\cos\theta} = 111061.251483$

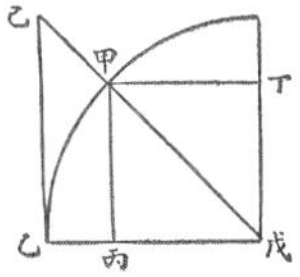

$正割 = r\csc\theta = r \times \dfrac{r}{r\cos\theta} = r \times \dfrac{1}{\cos\theta} = 149447.6549866$

「三角辺線角度相求」の第 1 問は

設如甲乙丙直角三角形乙角為直角九十度知丙角五十七度丙乙辺五丈求甲乙辺幾何

〈大意〉　図のように直角三角形甲乙丙がある．乙角は直角で 90 度．丙角は 57 度，辺丙乙が 5 丈のとき，甲乙辺はいくらか．

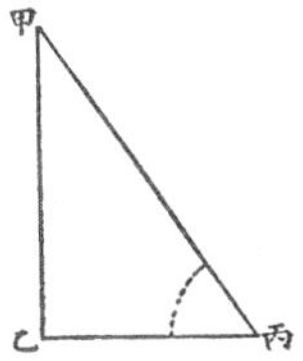

〈解〉　$\tan\theta = \dfrac{\sin\theta}{\cos\theta} = \dfrac{\sin\theta}{\sin(90°-\theta)}$ を用いる

$\begin{cases} r = 100000 \\ r \times 丙角正弦 = r\sin 57° = 54464 \\ r \times 甲角正弦 = r\sin 33° = 83867 \end{cases}$ のとき，

$\dfrac{r \times 辺甲乙}{r \times 辺乙丙} = \dfrac{x}{5} = \tan 57° = \dfrac{\sin 57°}{\sin(90°-57°)}$

$$\therefore \quad x = \frac{5\sin 57°}{\sin 33°} \doteqdot 7.6993 = 7\,丈\,6\,尺\,9\,寸\,9\,分\,3\,釐$$

正切の求め方を次のようにすれば，正弦の数表があれば正切や余弦の数表は必要としない．

$$\tan\theta = \frac{\sin\theta}{\cos\theta} = \frac{\sin\theta}{\sin(90°-\theta)}$$

●**『数理精蘊』の対数**　東北大学の『御製数理精蘊』下編巻三十八末八「対数比例」は以下のように収録されている．

対数比例は西土の「若往訥白爾」(ネイピア)が作った．借数は真数を以て対列の表となる．故に対数表と名付ける．また「恩利格巴里知斯」(ヘンリーブ・リッグス) が増修してものが数十年後に中国に入った．其の法は「乗法を加法」に「除法を減法」に，「自乗は倍加え」る．故に「開平方は折半」し，「開立は三で割る」．…

で始まり，内容は，$a^p = M \Leftrightarrow p = \log_a M$　M を真数，p を借数（仮数：a を底とする M の対数）を前提とし

[積の対数]　　$\log_a MN = \log_a M + \log_a N$

[商の対数]　　$\log_a \dfrac{M}{N} = \log_a M - \log_a N$

[累乗の対数]　$\log_a M^r = r\log_a M$

$$M = \sqrt{N} \;\Rightarrow\; \log_a M = \log_a N^{\frac{1}{2}} = \frac{1}{2}\log_a N$$

$$M = \sqrt[3]{N} \;\Rightarrow\; \log_a M = \log_a N^{\frac{1}{3}} = \frac{1}{3}\log_a N$$

$$\log_a \sqrt{AB} = \frac{1}{2}(\log_a A + \log_a B)$$

[その他]　　$\log_a 1 = 0,\ \log_a a = 1$

など対数の基本が記されている（ただし，$a > 0,\ a \neq 1,\ M > 0,\ N > 0$ とする）．

0，10，100，1000，10000，10000，…の仮数（対数）は以下のようになる．

$\log_{10} 1 = 0,\ \log_{10} 10 = 1,\ \log_{10} 100 = 2,\ \log_{10} 1000 = 3,$

$\log_{10} 10000 = 4,\ \log_{10} 100000 = 5,\ \log_{10} 1000000 = 6,$

$\log_{10} 10000000 = 7,\ \log_{10} 100000000 = 8$

IV. 和算の円熟

このことより，対数の値が一つ増えると，位は1桁上がる．…など，対数の基本が説明されている．

◉ **和算家と対数** 安島直円は天明4 (1784) 年に「真仮数表」を著している．この書には「対数」，「真数」，「仮数」の語が記載されているところから『数理精蘊』を参考に研究したと思われる．他に対数の値を「配数」と称している．

「真仮数表」の内容は $\log(xy) = \log x + \log y$，$\log 10 = 1$ なる二つの性質より出発して，逆対数表ともいえる表を作成し，これより普通の対数表をつくり出す方法を考案した（同内容は遺稿『不朽算法』寛政11 (1799) 年下巻にも収録されている）．

安島は $\log_{10} x = 2.56$ となる x の値を求めるときは，$\log_{10} x = 2 + 0.5 + 0.06$ とし，表を用いて以下のようにして求めている．

$2 = \log_{10} 100$, $0.5 = \log_{10} 3.1622776601684$,
$0.06 = \log_{10} 1.1481536214996$
∴ $2.56 = \log_{10} 100 + \log_{10} 3.1622776601684 + \log_{10} 1.1481536214996$
∴ $2.56 = \log_{10} 100 \times 3.1622776601684 \times 1.1481536214996$
∴ $x = 362.7805477011 \cdots$ （正しくは $363.0780547701\,01\cdots$）

［注］ x の値の誤りは写本からくる誤写の可能性がある．

会田安明 (1747-1817) は「対数表起源」を著し，「2を底とする1から100までの対数表で，後にこれらを2を底とする10の対数で割ることによって10を底とする普通の対数表に変化し得る」ことを述べている．この書には年紀がなくいつ著したものかは不明である．

$$\log_2 M \times \frac{1}{\log_2 10} = \frac{\log_{10} M}{\log_{10} 2} \times \frac{1}{\frac{\log_{10} 10}{\log_{10} 2}} = \frac{\log_{10} M}{\log_{10} 2} \times \frac{\log_{10} 2}{\log_{10} 10} = \log_{10} M$$

［川瀬正臣］

[参考文献]
- 『国学基本叢書 数理精蘊』清聖祖勅編，商務印書館発行，中華民国25(1936)年，野口泰助氏蔵
- 『中国の数学通史』李迪著，大竹茂雄・陸人瑞訳，森北出版，2002
- 『数理精蘊』康熙帝勅撰，東北大学デジタルコレクション
- 『宣城梅定九先生著 暦算全書』相郷魏念庭輯，雍正元(1723)年，東北大学デジタルコレクション
- 「真仮数表」安島直円，天明4(1784)年，野口泰助氏蔵
- 「不朽算法」下巻，寛政11(1799)年，東北大学デジタルコレクション
- 『和算の研究 雑論II』加藤平左エ門，日本学術振興会刊，1954 丸善
- 『学術を中心とした和算史上の人々』平山諦，ちくま学芸文庫，2008
- 『和算の歴史』平山諦，ちくま学芸文庫，2007

㊴ 西洋数学と和算の融合

　安政4（1857）年9月に柳川春三が著した『洋算用法』と福田理軒が2月に著した『西算速知』はともに我が国最初の西洋数学書である．『洋算用法』はオランダの数学をもとに，一方，福田は中国経由の西洋数学をもとにしている．両者とも長崎の出島を通して資料を入手したものと思われる．

●『洋算用法』について　『洋算用法』の「総説」には「洋算」と「和算」の関係やオランダ式四則計算について以下のように記している．

　西洋の算術は我が点竄の法と大同小異なり．元来点竄の法は算術の技を極て容易く暁解しむる．為に設けし簡便の良方なれども奮来十露盤をのみ用ひ馴たる故に却て是を不便なりと思ひと普く用る事を知らず．或は徒らに算術者の口秘として伝播を吝むに至る．豈是此法を創めし人の本意ならんや．洋算も亦復此の如し．世人和蘭の数符を諳ぜざるが故に甚学び難き事と思ふべけれど実は十露盤を用るよりは最容易くして記臆難儀ある事なし．仮令一字を識らざるの児童．九九の数を弁ぜざる婦女たり共、一月の間を費さずして加減乗除三率比例の通法を諳熟せん事難きにあらず．且天地測量の学は固より論を俟たず．其他百般の学術皆算法に関係なき者はあらず．故に孔門の六芸にも数を是に列せり．然るに読書輩多くは算術を知らず．唯是を知らざるのみならず．妄に擯斥て商売の賤技とし却て是を講究するを恥づ．故に青衿偶経済の策を口に上すと雖も時務に通ずる事能はず．深く嘆ずるに堪たり．吾自ら駑劣を顧みず．此編を著して世に公にせんとす．赤此弊を一洗せんと欲するの微意なり．看管冀くは吾言の不遜を咎むる事勿れ．洋算を学ばんと欲せず．先づ西洋の数符を諳記し次に算家日用の名目を会得し而后加減乗除の術に及ぶべし．今次を逐て開列する事左の如し．

次いで、「数字の符号」には

　数符．蘭名「セイフルレッテル」と云．是に羅旬（※ラテン）と和蘭の二体あり．羅旬の者は切要ならざる故に初学先づ和蘭の符を諳ずべし．此符欧邏巴．米利堅．万国共に通用するなり．其他諸の記号を名けて「カラクテル」とも「テーケン」ともいふ．其算術に属する者を摘て後に付す．

10以上の数については

　十より以上の数は此九個の字を連合並記し空位には零の標を書く．恰も我が算術者の十を一〇と記し、廿を二〇と記し、百を一〇〇、千を一〇〇〇とするに同じ譬ば……の如し．

と数字の書き方を記している．

　四則演算の記号は「算家常用の記号は大略左の如し」と称し

具体的な乗法の計算法は斜算のほかに次のように行っている.

〈例〉　$26 \times 85 = 2210$

この計算は $26 \times 85 = (2 \times 10 + 6)(8 \times 10 + 5)$

$$= 6(5 + 8 \times 10) + 2 \times 10(5 + 8 \times 10)$$
$$= 30 + 48 \times 10 + 10 \times 10 + 16 \times 100$$
$$= 30 + 480 + 100 + 1600$$
$$= 2210$$

$$
\begin{array}{r}
26 \\
85 \\
\hline
30 \\
48 \\
10 \\
16 \\
\hline
2210
\end{array}
$$

である.

除法については，$15 \div 3$ を求める場合，読者が理解しやすいように和算の表記 3|15 と洋算の表記 3 / 15 / 5 を並記し，答を5としている．洋算の表記をそのまま数式で表すと $3 \div 15 = 5$ となり，除数と被除数が入れ替わる．柳河春三は除法については「除数と被除数が入れ替わった」状態で表記している．

また $16 \div 3$ を $16 \div 3 = 5\dfrac{1}{3}$ および 5,333 と余りを分数と小数の2通りを記している.

●**『西算速知』について**　安政4（1857）年に刊行された『西算速知』は「理軒福田先生口授　東都 花井喜十郎健吉編輯，浪華 曽根又右衛門榮道筆記」とあり，目次は

巻上 加入　　　　下巻 除法

　　　減去　　　　　　用籌の辨

九々製術諺解　　　乗除雑法
九々之表

となっている.

序文には以下のように記されている.

夫物わ天行左旋の理に原因み左より
始め右より終る文字を書するにも左
方のへんよりはじめ其象を右に作り
終る又我十露盤を扱ふにも左方を首
位とし右方を尾数とす西洋筆算も此理に外ならず其数の首位を左に書記し
漸々に右へ認め記すなり又縦に認る数も上を首位とし下を尾位とすること
尋常の物を認るに異ならずすべて加減乗除ともに其位階の文字を記さず其
位数わ縦横の行級に求也譬ば銀百目を記すにも一と書し拾匁も一と書し一匁
も一書し一分も一と出し金拾匁も百匁皆一と書して三両わ三と書し米五十石
わ五と記し七石は七と書し九斗は九と記す書法においてわ位数なけれども其
行級を計へて其位数を知るなりよく此法を会得せば加減のさんより金銭米穀
の諸相場田畑の歩積検地貢納の算町見分見の術をもたとひ筆紙に乏しき遠村
孤嶋に在ても直に地上に記して其用を弁するなり

しかし安政4年9月に刊行された『洋算用法』がオランダ語を取り入れているところから急遽,『西算速知』にオランダ語を取り入れた『洋算速知』(理軒福田先生閲, 笠松縣 福田 半 惟義 補正, 他三名)が安政4年2月刊として出版された. この書の「数学記号」の項目では「西人数術ヲ記スルニ署識ヲ用ユ之ヲ「セイヘルテーケント云左ノコトシ」と記し, 加・減・乗・除・開平・開立・等・不等・度・分・秒についてオランダ語の読みと簡単な説明などが付記されている.

◉『洋算早学』と『洋算発蒙』について　明治5 (1872) 年に学制が発布され, 算数の筆算入門書として回春楼主人編 (吉田庸徳)『洋算早学』(明治5年3月) は文部省 (現文部科学省) 公布の「小学教則」に『筆算訓蒙』(塚本明毅撰) とともに教科書として指示されている.

仮令は日数十二週三日五時三十分を変す

〈題意〉　12週3日5時30分は何分になるか.

十二週三日五時三十分を $12^w3^d05^h30^m$ と表記している. w は week (週), d は day (日), h は hour (時間), m は minute (分) の頭文字である.

また,

```
         12  w
       ×  7
         84
       +  3
         87  d
       × 24
       2088
       +  5
       2093
       × 60
     125580
       + 30
     125610  m
```

Ⅳ. 和算の円熟

> 英吉利製尺一「ヤルド」は四「フートル」なり一「フートル」は九「インチ」なり今十二「ヤルド」三「フートル」八「インチ」を悉く「インチ」にして何程か
> 　　答四百六十七「インチ」

> 英吉利海上里は約我十六町五十八間三尺六寸に当たる之を悉く寸にして何程か
> 　　答曰六万六千百十六

などが収録されている（「英吉利」とはイギリスのことである）．

明治6年に刊行された『洋算発蒙』（八野民次郎・石坂清長編輯）には「一元方程式」について

> 一元方程式とは方程式中に於いて未だ知らざる数一種なるものにして，又此の一元方程式に於いて，未だ知らざる数方乗単一なるものを名づけて一元一次方程式とし，未だ知らざる数の冪数なるものを二次とし，未だ知らざる数三方なるものを三次とす．以上は又相同じ今二次方程式迠（まで）は尋常（じんじょう）点竄術（てんざんじゅつ）を以て是れを算す．以上は高等点竄術に属す．
> 　(1) $x+p=0$　(2) $x^2+pa+q=0$　(3) $x^3+px^2+qx+R=0$ …
> 方程式に於いて其の形(1)の如きものは都(すべて)一次方程式なり．是を法に従いて解(と)く時は一般の形中(1)と成し得べし．(2)の如きものは都て二次方程式にして一般の形中となるものなり．

など方程式について述べられている．

● **『洋算発微』について**　明治5年に川北朝鄰は『洋算発微』（代数学不定方程式諺解）を著した．この書は和算で取り扱っていた不定方程式を洋算で解いたもので，「代数学不定方程式諺解上下巻」とし，未知数にアルファベットを使用している．

> 今甲乙の二数あり，其和は三箇にして甲乙数各幾何
> 　答曰　甲二箇　乙一箇
> 　　　　甲一箇　乙二箇

甲数$=x$　乙数$=y$
　(1) $x+y=3$
　此適当を視るに未知の二数あり．y或いはxを贍意に数を命ず．若し有数より多く命する時は一数負を得る．故に命数は有数以下を限りとす．

(2) $y=1$ ⎫
(3) $y=2$ ⎭ と仮定む． $x=3$ ── $y=2$
　　　　　　　　　　　　 $x=3$ ── $y=1$

右の如く y 乃乙を一と定むる時は x 一乃甲二となる．相合せて三となる．y を二と定むる時は x 一となる．亦和して三となる題意に合す．因て答数とす．下巻は虫食い算を扱っている．

```
米 □□□ 三斗七升 □□□ 此代金百
   □□□ 両と銀拾三匁八分
但  米相場金壱両に壱斗三升
    銀両替六拾匁
答曰 代金百九十五両と銀十三匁八分
    米高二十五石三斗七升九合九勺
```

〈大意〉　米が□3斗7升□ある．この代金は金百□両と銀拾3匁8分であった．この時の米の代金と米高はそれぞれいくらになるか．
　　　　但し，米相場は金1両につき1斗3升，金1両は銀60匁とする．
〈答〉　　代金：195両と銀13匁8分　米高：25石3斗7升9合9勺

川北朝鄰は百両以下代金＝x，百両以下米＝y として以下のように解いている．

〈解〉(1)　端銀 米 $= \dfrac{13.8 \times 13}{60} = 2.99$　故に $0.99 =$ 升下虫食

(2)　百両の米 $= 13 \times 100 = 1300$　(3)　$37 - 2 = 43x - y$

(4)　$13x = y + 35$　(5)　$x = \dfrac{y+35}{13} = 2 + \dfrac{y+9}{13}$　(6)　$\dfrac{y+9}{18} = Z$

(7)　$x = 2 + z$　(8)　$y + 9 = 13x$　(9)　$y = 13z - 9$

故に　$x = 2 + z,\ y = 18z - 9,\ z = 93$ と仮定む
　　　$x = 95$　　$y = 1200$
　　代金 $= 100 + x^{金} + 13.8^{銀}$　則ち　$195^{金} 13.8^{銀}$
　　米高 $= 1300 + y + 37 + 0.99$　則ち　2537.99

この問題は藤田貞資の『精要算法』天明元（1781）年の問題であるが米の単価を10倍している．また第3問は坂部広胖の『算法点竄指南録』文化7（1810）年の問題で織物の単価と代銀を10倍している．川北朝鄰はこのようにして和算と洋算の融合をはかっている．

●**洋算の算額**　香川県三豊市託間町の名部戸天満宮には天保15（1844）年9月に佐保山本立他が奉納した紙製算額「オランダ筆算籌算之二術」（託間町立民族資料館蔵）がある．この算額は賀茂神社の

IV. 和算の円熟

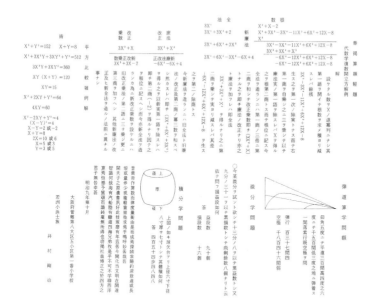

算額と同じものである.

　日本で微分・積分学が理解されるようになったのは明治維新前後である．明治9年，大阪府豊中市服部天神社に奉納された算額は「微分・積分」の問題である．

　奉納したのは大阪府管轄第八大区五小区第一番小学校，若州小浜士族，井村剛治で，内容は(1)代数学複数開立方解例，(2)平方比較雑例解，(3)弾道算学問題，(4)微分学問題，(5)積分学問題の5題である．

　この算額は昭和42(1967)年に調査されたが，拓本でようやく文字が判読できるような状態であり，現在は見ることができない．

　この算額から，明治9年頃には教員を中心にヨーロッパの代数学や微積分学が浸透してきたことがうかがえる．
　　　　　　　　　　　　　　　　　　　　　　　　　　　　　　［川瀬正臣］

［参考文献］
- 『精要算法』藤田貞資，天明元(1781)年，野口泰助氏蔵
- 『洋算用法』柳河春三閲，安政4(1857)年，野口泰助氏蔵
- 『西算速知』福田理軒，安政4(1857)年，野口泰助氏蔵
- 『筆算訓蒙』塚本明毅撰，明治2(1869)年，野口泰助氏蔵
- 『洋算発微 代数学不定方程式諺解』川北朝鄰，明治5(1872)年，野口泰助氏蔵
- 『洋算早学』回春楼主人編（吉田庸徳），明治5(1872)年，野口泰助氏蔵
- 『洋算発蒙』八野民次郎・石坂清長編輯，明治6(1873)年，野口泰助氏蔵
- 『近畿の算額』近畿数学史学会編著，大阪教育図書，1992

❹ 和算と三角法，対数

● 三角法について
1. 八線表
　我が国で最初に三角関数表をつくったのは建部賢弘の「算暦雑考」の「正弦」および「正矢」表である（❸「天文暦算と『暦算全書』」参照）．
　「量地表件六位 八線表」は群馬の和算家剣持要七章行成紀の自筆本で原半五郎に弘化2（1845）年に与えたものである．八線表全図は『数理精蘊』と同じものである．

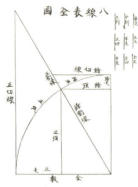

　この八線表は「正弦」「余弦」「正切」「余接」の数表で，0°〜90°までの値が記されている．角度は「六十分法」で表記されている．また，

$$\sin(90°-\theta)=\cos\theta,\ \cos(90°-\theta)=\sin\theta,\ \cot(90°-\theta)=\tan\theta$$

の公式を用いて，例えば，

$$\cos 33°30' = \cos 33.5° = \sin(90°-33.5°) = \sin 56.5° = 0.83389$$
$$\tan 56°30' = \tan 56.5° = \cot(90°-56.5°) = \cot 33.5° = 1.51084$$

のように求めるようになっている．

2. 三角法が記された「算法許状」
　肥後藩天文方で和田寧の門人である池部長十郎が文政5（1822）年4月に犬童斉七に授与した「算法許状」が現存している．現存している「算法許状」のなかで唯一「三角法」が記されており，当時の和算家がどのようにして「三角法」を学んでいたかを知る上でたいへん貴重な資料である．この許状には「三角法の解法の仕方」75題が列記されており，公式集ともいうべきものである．
　内容は
　　① 直角三角形に関する問題　24題
　　　　正弦に関にするもの8題，余弦に関するもの5題，正接に関するもの6題
　　　　余弦・正弦にするもの2題，正弦・正接にするもの3題
　　② 一般三角形に関する問題 51題
　　　　正弦定理に関するもの37題，正接定理に関するもの14題
の75題である．

IV. 和算の円熟

正接定理は「二辺とその挟角を知り，他の一角を求める」場合に用いられているが，「余弦定理」や「三辺が既知数のときに角度を求める」場合の公式は取り扱われていない．一般的に「余弦定理」を用いて解く問題は「正弦定理」と「正接定理」で求めている．

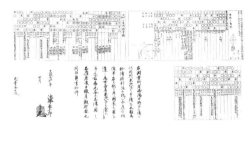

術文において，正弦定理で「辺の長さを求める」場合に「左角正弦 右辺／上角正弦 下辺」という表記がなされているが，これは $\dfrac{b}{\sin B} = \dfrac{a}{\sin A}$ のことであり，正弦定理より「角度を求める」場合は「左辺 右角正弦／下辺 上角正弦」のように逆数で表記されている．

また，「平正斜三角術指掌図」において，右辺が「○に多」，下辺が「○に少」と記されているが，これは「右辺＞下辺」のことである．

末文に記されている「崎陽中野」とは，江戸時代中期の蘭学者で阿蘭陀通詞の志筑忠雄（1760-1806）である．志筑忠雄は20年の歳月を費やして享和2（1802）年に『暦象新書』三巻を著した．この書の原本は当時『奇児全書』と呼ばれていたオックスフォード大学の物理学教授ジョン・キール（1671-1721）が著したラテン語の教科書『天文学・物理学入門』で，ニュートンの万有引力説を紹介している．

また「末次」とは志筑忠雄の高弟で長崎生まれの末次忠助（1765-1838）である．末次は師，志筑の西洋天文学・物理学研究の学統を継承している．文政2（1819）年秋に許状を発行した肥後藩士池部長十郎の子，啓太が入門し，末次は志筑の『暦象新書』を池部啓太に授け，「放物線運動」の理論や「弾道学」の基本を伝授し，池部啓太の「砲術理論」の基礎を築いた．

池部啓太は我が国最初の「空気抗力測定」による「射擲表」を著している．天保13（1842）年に師匠の高島秋帆の下獄事件に連座して5年間幽閉される．弘化3（1846）年に許されて，帰郷した後も砲術家としての名声は高かった．

「三角法」が記載されている許状の内容からして，おそらく志筑忠雄は入門して間もない者にテキストとして使用したものが末次に伝えられ，さらに池部啓太へと伝えられたものを池部啓太の父，池部長十郎が「許状に認めた」ものと思われる．

池部長十郎は名を「春幸」といい，肥後藩校の時習館の天文暦学・算学・測量術の師範で，家は代々肥後藩の天文暦算測量を司る家柄である．しかし，この許状は誤記・脱字が多いことから，池部長十郎は「三角法」について，あまり精通していなかったように見受けられる．

◉ 対数について

1. 会田安明の対数

会田安明編「対数表起源」(1800 年頃) には「2 を基底とする対数表を作り, これを $\log_2 10$ で割って 10 を基底とする 1 ～ 100 までの常用対数表を作成している. 『数理精蘊』が享保 6 (1721) 年に輸入されたと推測されることから会田が常用対数表を完成させるまでに 70 ～ 80 年程が経過している.

$$\log_{10} 10 = 1, \quad \log_2 10 = 3.32192$$

より

$$\frac{1}{\log_2 10} = \frac{1}{\dfrac{\log_{10} 10}{\log_{10} 2}} = \frac{\log_{10} 2}{\log_{10} 10}$$

$$= \log_{10} 2 = 0.30103$$

2. 『量地小成』の対数

内田五観の門人で紀藩藩士の惠川景之が安政 2 (1855) 年に著した『量地小成』には測量に使われる対数計算について述べている.

＜正三角法＞ (直角三角形)

右に列する所の比例式, 何れも②③相加え内①を減じ④を得る. 又①④相加え内②を減じ, ③を得る. 互に斜に相加減するなり.

<pre>
  ④ ＝ ③ ＋ ② － ①
一比例：甲丙辺＝乙丙辺＋半径－甲角正弦
  ③ ＝ ① ＋ ④ － ②
  乙丙辺＝甲角正弦＋甲丙辺－半径
</pre>

[注]　$甲丙 = \dfrac{乙丙}{\sin 甲角}$ 両辺の対数をとると,

$$\log_{10} 甲丙 = \log_{10} 乙丙 - \log_{10} \sin 甲角$$

三角比の値から対数をとると負の値になる. そこで半径を加えて正の値に直している. すなわち,

$$\log_{10} 甲丙 = \log_{10} 乙丙 - (\log_{10} \sin 甲角 + 半径 - 半径)$$

$$\therefore \quad \log_{10} 甲丙 = \log_{10} 乙丙 - [\log_{10} \sin 甲角 + 半径] + 半径$$

[ ] 内を「甲角正弦」と称し, 「甲丙辺＝乙丙辺＋半径－甲角正弦」と表記して公式化し, 表にして覚えやすくしている. また, [ ] 内の数値は「四線対数十分表」となっている.

二比例：甲丙辺＝甲乙辺＋半径－甲角余弦
　　　　甲乙辺＝甲角余弦＋甲丙辺－半径

三比例：甲乙辺＝乙丙辺＋半径－甲角正切
　　　　乙丙辺＝甲角正切＋甲乙辺－半径

四比例：乙丙辺＝甲乙辺＋半径－甲角余切
　　　　甲乙辺＝甲角余切＋乙丙辺－半径

<斜三角法>（一般三角形）

第一格：両角一辺（2角挟辺）から他の一辺を求める法

　第一比例：甲丙辺＝乙丙辺＋乙角正弦－甲角正弦
　　　　　　乙丙辺＝甲角正弦＋甲丙辺－乙角正弦
　第二比例：甲乙辺＝甲丙辺＋丙角正弦－乙角正弦
　　　　　　甲丙辺＝乙角正弦＋甲乙辺－丙角正弦
　第三比例：甲乙辺＝乙丙辺＋丙角正弦－甲角正弦
　　　　　　乙丙辺＝甲角正弦＋甲乙辺－丙角正弦

第二格：両辺一角（2辺挟角）から他の一辺を求める法
　比例：半較角正切＝半外角正切＋両辺差－両辺和
　　　　半外角正切＝両辺和＋半較角正切－両辺差

180°の内，某角度（両辺挟む所の角度）を減じ余り折半して半外角とす．法の如く加減し，四線対数表を撿して半較角を得る．余は用例条下に参考すべし．

<四線対数十分表>

この数表は三角比の値から対数をとると負の値になる．そこで半径10を加えて正の値に直している．

$\log_{10} \tan 30° 0' +$ 半径
$= \log_{10} 0.577350 + 10$
$= -0.238561 + 10$
$= 9.761439$

$\log_{10} \sin 60° 0' +$ 半径
$= \log_{10} 0.866025 + 10 = -0.062469 + 10 = 9.937531$

［注］$\sin 60° 0' = \sin 59° 60'$ より正弦59度60分の値を読み取る

<中比例>

$\log_{10} \sin 12° 27'$ の値を求めるときは

$\log_{10} \sin 12° 20' = 9.329599$，$\log_{10} \sin 12° 30' = 9.335337$ より

$\log_{10} \sin 12° 27' = \log_{10} \sin 12° 20'$
$\qquad + (\log_{10} \sin 12° 30' - \log_{10} \sin 12° 20') \times \dfrac{7}{10}$
$\qquad = 9.333616$

［川瀬正臣］

[参考文献]
- 『量地表件六位 八線表』剣持要七章行成紀，野口泰助氏蔵
- 『算法許状』文政5(1822)年，池部長十郎授与，野口泰助氏蔵
- 『対数表起源』会田算左衛門安明編，野口泰助氏蔵
- 『会田算左衛門安明編 対数表起源』野口泰助氏蔵
- 『量地小成』安政2(1855)年，野口泰助氏蔵
- 『算法対数表』小出脩喜先生編，福田理軒先生校，野口泰助氏蔵

㊶ 極 数 術

　極数術は最大値・最小値（極値）を求める方法である．

　初めに，会田安明編「極数術起源」より，基本的な場合に和算家がどのように考えていたかを見ていく．

　次に有馬頼徸著『拾璣算法』明和 6（1769）年第四巻極数の第一問をもとに和算家がどのように計算をしていたかを解説する．

　最後に四辺が与えられたとき面積が最大になるのは，円に内接する場合になることを和算家も知っていた．拾璣算法第四巻極数の第 3 問に載せられている．

◉ 会田安明編「極数術起源」より　今長方形がある．長平の和，正方形のときは 2 辺の和が 1 尺と与えられたとき，面積を最大にしたい．正方形の 1 辺か長，平の長さを求めよ．

　和算では長方形は長と平（平＜長）は異なり，正方形と区別しているので，上のようになる．

　答は　正方形の 1 辺（方面）5 寸　面積の最大値 25 寸

長	平	直積
8 寸	2 寸	16 寸
7 寸	3 寸	21 寸
6 寸	4 寸	24 寸
5 寸	5 寸	25 寸

　〈注〉　長さの単位と面積の単位はともに寸を用いる．

　長と平の差が小さくなっていくとき，面積は多くなっていき，長と平が等しくなるとき，面積は最大になる．

　長と平が等しいときは，長方形が正方形になるときである．

　これを計算する．未知数を長 x とする．和を $a = 10$，面積を S とする．

　平 $= a - x$

　$S = $ 長 $\times$ 平 $= x(a - x)$　…(1)

(1) 式は 2 次関数なので，次のように頂点を求める変形をすれば，

$$S = -x^2 + ax = -\left(x - \frac{a}{2}\right)^2 + \frac{a^2}{4}$$

$x = \dfrac{a}{2} = 5$ のとき，すなわち正方形のとき，そのとき面積の最大値は

$S = \dfrac{a^2}{4} = 25$ となる．

IV. 和算の円熟   175

　和算家は同様の計算もしているが，現代でいう所の微分を用いている，微分を用いるときは(1)式を

$$-S + ax - x^2 = 0 \quad \cdots(2)$$

として，x で微分する.

$$a - 2x = 0 \quad \cdots(3)$$

(3)式より，$x = \dfrac{a}{2}$

(1)式より，$S' = a - 2x = 0$

とせず，(2)式を微分していることについては，次の問いの解説中に述べる.

● 『拾璣算法』第四巻極数の第一問

> **問題**　今直方体が有る．只云＝長(長－平)＝32，又云＝平＋高＝7とするとき，体積を最大にする，長，平，高を得る術を問う．

　答　長8寸，平4寸，高3寸
　術　長を未知数とする．（ここで術は，未知数と置いた長を得る方程式）
　　　$(長^2 + 只)^2 + 2\,又 \times 長^3 = 4\,長^4$
　解説　長の長さを x，平の長さを y，高さの長さを z，直方体の体積を V，只云うを $a = 32$，又云うを $b = 7$ とする.

$$x(x - y) = a, \quad より \quad xy = x^2 - a$$
$$y + z = b, \quad より \quad z = b - y$$

よって体積は

$$V = xyz, \quad xV = (x^2 - a)(xb - x^2 + a)$$
$$-a^2 - (ab + V)x + 2ax^2 + bx^3 - x^4 = 0 \quad \cdots(1)$$

微分することによって

$$-(ab + V) + 4ax + 3bx^2 - 4x^3 = 0 \quad \cdots(2)$$

　次に(1)(2)式より V を消去する，

$$(2) \times x - (1)$$
$$a^2 + 2ax^2 + 2bx^3 - 3x^4 = 0$$
$$(x^2 + a)^2 + 2bx^3 = 4x^4 \quad \cdots(3)$$

となり，術文の結果と一致する.

　上記の方法では(1)式を，陰関数と考えている.

$$f(x, V) = -a^2 - (ab + V)x + 2ax^2 + bx^3 - x^4 = 0$$

と考えれば

$$\frac{dV}{dx} = 0$$

より，偏微分して偏導関数を求める.

$$\frac{\partial}{\partial x} f(x, V) = -(ab + V) + 4ax + 3bx^2 - 4x^3 = 0$$

これが(2)式である．ここで，V を消去して x の値を求めている．

(3)式に $a = 32$，$b = 7$ を代入して x を求める．

$$3x^4 - 14x^3 - 64x^2 - 1024 = 0$$
$$(x - 8)(3x^3 + 10x^2 + 16x + 128) = 0$$
$$x = 8, \quad y = \frac{8^2 - 32}{8} = 4, \quad z = 7 - 4 = 3$$

以上で答が求められた．

また，現代数学では体積を表すのに分数関数を用いて

$$V = -\frac{a^2}{x} - ab + 2ax + bx^2 - x^3$$
$$V' = \frac{a^2}{x^2} + 2a + 2bx - 3x^2 = 0$$
$$a^2 + 2ax^2 + 2bx^3 - 3x^4 = 0$$

とすることが多いが，和算家は分数関数や無理関数は用いず本問題で見られるように，陰関数で表示することが用いられた．

●「拾璣算法」第四巻極数の第五問

問題　今直方体があり，只云う長平の差が 2 寸，又云う対角線の平方が 194 寸のとき，上下，前後，左右 6 個の面の面積を最大にする

答　長 9 寸，平 5 寸，高 8 寸

術　只 $= 2$，又 $= 194$，高 $= \sqrt{\dfrac{2 \text{又} - \text{只}^2}{6}}$

解説

長 $=$ 只 $+$ 平

又 $=$ 長 $^2 +$ 平 $^2 +$ 高 ^{2}　…(1)

面積の $\dfrac{1}{2}$ を，$S =$ 長 $\times$ 平 $+$ 長 $\times$ 高 $+$ 平 $\times$ 高

$=$ (只 $+$ 平)平 $+$ (只 $+$ 平)高 $+$ 平 $\times$ 高，…(2) とする．

$(S -$ 只 $\times$ 平 $-$ 平 $^2)^2 = (2$ 平 $+$ 只$)^2($又 $-$ 長 $^2 -$ 平 $^2)$

$(S -$ 只 $\times$ 平 $-$ 平 $^2)^2 = (2$ 平 $+$ 只$)^2($又 $-$ 只 $^2 - 2$ 只 $\times$ 平 $- 2$ 平 $^2)$

$f($平, $S) = (S^2 +$ 只 $^4 -$ 只 $^2 \times$ 又$) + (-2S$ 只 $- 4$ 只 $\times$ 又 $+ 6$ 只 $^3)$平

$\qquad + (-2S - 4$ 又 $+ 15$ 只 $^2)$平 $^2 + 18$ 只 $\times$ 平 $^3 + 9$ 平 $^4 = 0$　…(3)

$\dfrac{\partial}{\partial \text{平}} f($平, $S) = (-2S$ 只 $- 4$ 只 $\times$ 又 $+ 6$ 只 $^3) + 2(-2S - 4$ 又 $+ 15$ 只 $^2)$平

$\qquad\qquad\qquad + 54$ 只 $\times$ 平 $^2 + 36$ 平 $^3 = 0$　…(4)

$(只 + 2平)\{-S - 2又 + 3(只^2 + 3只 \times 平 + 3平^3)\} = 0$

$S = 3(只^2 + 3只 \times 平 + 3平^2) - 2又$ …(5)

(2)式, (5)式より

$8平^2 + 2(4只 - 高)平 + (3只^2 - 只 \times 高 - 2又) = 0$ …(6)

(1)式に長を代入する,

$2平^2 + 2只 \times 平 + (只^2 + 高^2 - 又) = 0$ …(7)

(6)式, (7)式より平を消去する. これには換式（❸❷「和算の行列式」参照）を用いればよいが計算は面倒である.

$18高^4 - 9(又 - 只^2)高^2 + (2又 - 只^2)^2 = 0$

$\{6高^2 - (2又 - 只^2)\}\{3高^2 - (2又 - 只^2)\} = 0$

$高^2 = \dfrac{2又 - 只^2}{6}$

これで術が求められた.

ここで, 只 = 2, 又 = 194 を代入する.

$高 = \sqrt{\dfrac{2 \times 194 - 4}{6}} = 8$

$長^2 + 平^2 = 194 - 64 = 130$

$長 - 平 = 2$, $2平^2 + 4平 - 126 = 0$, $(平 - 7)(平 + 9) = 0$

平 = 7, 長 = 9 よって答えと一致する.

このとき, $2S = 2(9 \times 7 + 9 \times 8 + 8 \times 7) = 382$ となる.

注意

$高 = \sqrt{\dfrac{2又 - 只^2}{3}} = 8\sqrt{2}$

とすると,

$長 = 4\sqrt{2} + 1$, $平 = 4\sqrt{2} - 1$, となる. $S = 159$

●「拾璣算法」第四巻極数の第三問

問題　今四斜（不等辺四辺形）がある．只云う東78寸，西51寸，南65寸，北20寸とするとき，面積の最大値を求めよ．

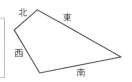

答

$S = \dfrac{\sqrt{(-東+西+南+北)(東-西+南+北)(東+西-南+北)(東+西+南-北)}}{4}$

$= 2436$ 寸

これは円に内接する時である.

［藤井康生］

㊷ 整数術

ここでは整数術を説明するのにあたり，ピタゴラス数から始め，ピタゴラス数を用いることによって，三斜（不等辺三角形）の3辺と面積を整数とするものをつくる．

次に1次不定方程式に触れる．

● **ピタゴラス数**　三平方の定理の公式：
$$a^2 + b^2 = c^2$$
をみたす (a, b, c) をピタゴラス数という．直角三角形では a：勾，b：股，c：弦とよぶ．ピタゴラス数は

$a = 2m \times n$, $b = m^2 - n^2$, $c = m^2 + n^2$, m, n は正の整数，m, n は互いに素で，$m - n$ は奇数で表される．

また，c がピタゴラス数であれば12で割って1余るか，5余る．

例

$(a, b, c) = (3, 4, 5)$, $(m, n) = (2, 1)$
$(5, 12, 13)$, $(3, 2)$
$(8, 15, 17)$, $(4, 1)$

c が合成数のときは次のように $2^{(個数)-1}$ 通りに表される．

$65 = 5 \times 13$
$16^2 + 63^2 = 65^2$ $(8, 1)$
$33^2 + 56^2 = 65^2$ $(7, 4)$
$1105 = 5 \times 13 \times 17$
$264^2 + 1073^2 = 1105^2$ $(33, 4)$
$576^2 + 943^2 = 1105^2$ $(32, 9)$
$744^2 + 817^2 = 1105^2$ $(31, 12)$
$47^2 + 1104^2 = 1105^2$ $(24, 23)$

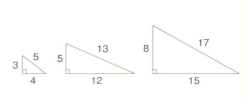

松永良弼は斜辺1000以下の直角算経三辺が整数であるもの158個を求めた．藤田貞資は『精要算法』下巻に載せている．

鈴木-増淵公式

$A^2 + B^2 = C^2$ の整数解は

$A = 4m(m + n - 1) - (2n - 1)$
$B = 2n(2m + n - 1)$
$C = A + 2n^2$

である．m, n は自然数

前者は m, n に条件があるが，鈴木—増淵公式にはないことが特徴である．

$m=1$ とおけば,$A=2n+1$,3,5,7,9,11,13,15,…
$m=2$ とおけば,$A=3(2n+3)$,15,21,27,33,39,…
$m=3$ とおけば,$A=5(2n+5)$,35,45,55,65,75,…
$m=4$ とおけば,$A=7(2n+7)$,63,77,91,105119,…

これで A はすべての奇数と,その奇数倍の奇数となるので,あらゆる形の奇数であることがわかる.B は偶数である.この A を用いて C の計算ができる.

$m=1$, $n=1$, 2, 3, 4,
$m=2$, $n=1$, 2, 3, 4,

このようにすればあらゆる形の奇数に対するピタゴラス数を求めることができる.よって鈴木―増淵公式を用いれば限られた範囲内のピタゴラス数をもれなく拾い集めることができる,先の古典公式と鈴木―増淵公式は同じであるが,古典公式では m,n が大きくなると広範囲に散在するため漏れがないか否かを決めることが困難になる,

◉**三角形の3辺及び面積を整数とするもの** 3辺と面積が整数になる不等辺三角形は,長辺 100 以下の場合について,藤田貞資(定資)著『精要算法』下巻,天明元(1781)年では 116 個を載せている.現在では 134 個が知られている.

例えば,二つの直角三角形 (3, 4, 5) …(1),(5, 12, 13) …(2) があったとすると

(1)×3±(2) より (4, 13, 15),(13, 14, 15) がつくられる.

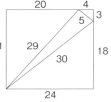

(1)×4±(2) より (13, 20, 21),(11, 13, 20) がつくられる.

次に長方形より直角三角形を除く.

(1),(1)×3,(20, 21, 29) より (5, 29, 30) がつくられる.

このようにして三角形の三辺と面積が整数になる数の組を得る.

この三辺と面積が整数になる組は,接する円の問題(デカルトの円定理,六斜術)に応用されていた.

有馬頼徸著『拾璣算法』明和6(1769)年第四巻整数より今図のように三斜(不等辺三角形)内に三斜線を引き,各辺が整数になるようにする(六斜術は大中小三斜と,甲乙丙三斜合計六斜の間の関係のこと).

大円の直径を大,中円の直径を中,小円の直径を小,内円の直径を内とする.大斜,中斜,小斜と大,中,小との関係は,

$$大斜=\frac{大+中}{2},\quad 中斜=\frac{大+小}{2},\quad 小斜=\frac{中+小}{2}$$

$$甲斜=\frac{大+内}{2},\quad 乙斜=\frac{小+内}{2},\quad 丙斜=\frac{中+内}{2}$$

大斜＋中斜＋小斜＝大＋中＋小
大＝大斜＋中斜－小斜
中＝大斜－中斜＋小斜
小＝－大斜＋中斜＋小斜

デカルトの円定理により

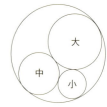

$$内 = \frac{大 \times 中 \times 小}{大 \times 中 + 大 \times 小 + 中 \times 小 + 2\sqrt{大 \times 中 \times 小(大+中+小)}}$$

$$\sqrt{大 \times 中 \times 小(大+中+小)} =$$
$$\sqrt{(大斜+中斜+小斜)(大斜+中斜-小斜)(大斜-中斜+小斜)(-大斜+中斜+小斜)}$$
＝ 4 (大斜，中斜，小斜を 3 辺とする三角形の面積)

大斜＝15，中斜＝14，小斜＝13，とする．

大＝大斜＋中斜－小斜＝16
中＝大斜－中斜＋小斜＝14
小＝－大斜＋中斜＋小斜＝12
$\sqrt{大 \times 中 \times 小(大+中+小)} = 336$

$内 = \dfrac{336}{157}$，$甲 = \dfrac{1424}{157}$，$乙 = \dfrac{1267}{157}$，$丙 = \dfrac{1110}{157}$

大斜＝2355，中斜＝2198，小斜＝2041，甲斜＝1424，乙斜＝1267，丙斜＝1110

● **百五減算** 『塵劫記(じんこうき)』に載せられている，次の問題である．

> ある数を 7 で割ると 2 余る．5 で割ると 1 余る，3 で割ると 2 余る．元の数を求めよ．
>
> $(2 \times 15 + 1 \times 21 + 2 \times 70) \bmod 105 = 191 \bmod 105 = 86$
>
> 15 は 5，3 で割り切れ 7 で割ると 1 余る数，21 は 7，3 割り切れ 5 で割ると 1 余る数
>
> 70 は 5，7 割り切れ 3 で割ると 1 余る数
>
> 105 は，7，5，3 の最小公倍数

　この問題は中国の古代の数学書『孫子算経(そんしさんけい)』に載せられていて孫子の定理と呼ばれている．

　この問題は，太陰太陽暦の暦元（11 月 1 日が冬至でその日の干支が甲子となるなど，暦の基準となる所）を求める所から起こった．関孝和や建部賢弘(たけべかたひろ)など多くの和算家が翦管術(せんかんじゅつ)と呼んで研究していた，また池田昌意(いけだまさおき)は著書『数学乗除往来(すうがくじょうじょおうらい)』延宝 2（1674）年の遺題 49 問に暦の積年（暦元からの年数）を求める問題を載せている，そしてその遺題に答えた，建部賢弘は著書『研幾算法(けんきさんぽう)』天和 3（1683）年の 49 問に宣明暦の積年を求める問題の解法と計算を載せている．

Ⅳ. 和算の円熟　　　181

◉一次不定方程式

1. $ax = by$

有馬頼徸著『拾璣算法』明和 6（1769）年三巻分果より次の問題を見ていく．約数を求める問題である．

> 　桃と李と杏の 3 種類の果物がある．その個数の和はわからない．桃と李の個数の和は杏の個数に等しい．また桃と李の費用と杏の費用は等しい．桃は 31 個で 3 文，李は 2 個で 5 文，杏は 7 個で 13 文とするとき，桃，李，杏の個数と費用を求めよ．

桃，李，杏の個数を $31x$, $2y$, $7z$ とする．
桃，李，杏の費用を $3x$, $5y$, $13z$ とする．
$$\begin{cases} 31x + 2y = 7z \\ 3x + 5y = 13z \end{cases}$$
z を消去して
$$13(31x + 2y) = 7(3x + 5y)$$
$$382x = 9y$$
t を正の整数として
$$x = 9t, \ y = 382t, \ z = 14t$$
$$x = 9, \ y = 382, \ z = 14$$
桃の個数 $31 \times 9 = 279$ 個，費用 $3 \times 9 = 27$ 文
李の個数 $2 \times 382 = 764$ 個，費用 $5 \times 382 = 1910$ 文
杏の個数 $7 \times 149 = 1043$ 個，費用 $13 \times 149 = 1937$ 文

2. $ax - by = 1$

「剰一術」といわれる．

> 『算法点竄指南録』番外剰一歉一より
> 左 19 個をもって累加して得る数，右 27 個をもって累減して，余り 1 個，左の総数いかほどと問う．
> 　答え　左総数 190

これは
$$19x - 27y = 1$$
の左総数 $19x$ を求める問題である．

$27 \div 19 = 1 \cdots 8$, （左段数，右段数）$= (1, \ 1)$　$19 \times 1 - 27 \times 1 = -8$
$19 \div 8 = 1 \cdots 3$, $2 \times 1 + 1 = 3$, 2×1, $(3, \ 2)$, $19 \times 3 - 27 \times 2 = 3$
$8 \div 3 = 2 \cdots 2$, $2 \times 3 + 1 = 7$, $2 \times 2 + 1 = 5$, $(7, \ 5)$, $19 \times 7 - 27 \times 5 = -2$
$3 \div 2 = 1 \cdots 1$, $1 \times 7 + 3 = 10$, $1 \times 5 + 2 = 7$, $(10, \ 7)$, $19 \times 10 - 27 \times 7 = 1$
左総数 $= 19 \times 10 = 190$

［藤井康生］

❹ 変数術

変数術は，順列や組合せに関する分野である．

有馬頼徸著『拾璣算法』明和6（1769）年巻之二に変数13問が載せられている．その中で特徴のある問題は次の5問である，第1問は「九連環」に関するもの，第2問は「篳篥」重複順列に関するもの．第5問は「オイラー関数」に関するもの，第10問は「七字5連名」重複順列・同じものを含む順列に関するもの「第13問は「断連術」一般に「源氏香」と呼ばれるものである．これらをもとに変数術を紹介する．

◉ **九連環**　「九連環」は，「チャイニーズリング」と呼ばれる．

財布の留め金に用いられたという．『蘭学事始』の中には，平賀源内らがカピタン（オランダ商館長）に会ったとき，知恵の輪付の金袋を出され，ほかの者らは皆てこずるが，源内は解いてみせたという話が載っている．「この口試みに明け給ふべし，あけたる人に参らすべしといへり．その口は智恵の輪にしたるものなり．座客次第に傳へさまざま工夫すれども，誰も開き兼ねたり．遂に末座の源内に至れり．源内これを手に取り暫く考え居しが，たちまち口を開き出せり．」（『蘭学事始』より）このときの袋に付いていた知恵の輪は九連環であろうと思われる．

和算家の会田安明は，数え年で9歳の時九連環を解いたと自伝「自在物談」に書き残している．

また長崎で唄われた「九連環」の歌が「かんかん踊り」となり広く流行した．江戸ではあまりの流行と風紀上から文政5（1822）年に禁止令がだされている．

・リングのはずし方

リングに順に c_1，c_2，c_3，…と記号を付ける．一番端の c_1，二番目の c_2 の輪ははずせるが c_3 の輪からは簡単にいかない c_n の輪は c_{n-2} までの輪がはずれており，c_{n-1} のみはまっているときにはずすことができる．

はずす最小手数は，輪の数が奇数のとき，$\dfrac{2^{n+1}-1}{3}$

輪の数が偶数のとき，$\dfrac{2^{n+1}-2}{3}$

二進法の数と見ることで解説されている．

$p_1=1$，$p_2=2$，$p_{n+2}=p_{n+1}+2p_n+1$

この漸化式より p_n を求める．

初めに $q_n=p_{n+1}-p_n$ とおく

$q_{n+2}=q_{n+1}+2q_n$　$q_1=p_2-p_1=1$，$q_2=p_3-p_2=3$

$q_{n+2}+q_{n+1}=2(q_{n+1}+q_n)=2^n(q_2+q_1)+1=4\times2^n$　…(1)

九連環の図

$$q_{n+2} - 2q_{n+1} = -(q_{n+1} - 2q_n) = (-1)^n(q_2 - 2q_1) = -1 \times (-1)^n \quad \ldots(2)$$

(1)式 − (2)式

$$3q_{n+1} = 4 \times 2^n - (-1)^n$$

$$q_n = \frac{2^{n+1} - (-1)^{n-1}}{3}$$

$$p_n = \sum_{i=1}^{n-1} q_i + p_1 = \frac{1}{3}\left\{4(2^{n-1} - 1) - \frac{1 - (-1)^{n-1}}{2}\right\} + 1$$

n が奇数

$$p_n = \frac{2^{n+1} - 1}{3}$$

n が偶数

$$p_n = \frac{2^{n+1} - 2}{3}$$

● 源氏香

> 香5種類を各5包み，計25包み用意する．この25包みから5包みをとって一つを焚き，香を聞く．これを5回繰り返す．5包み全部がことなれば ||||| と図示し，全部同じであれば 冊 とする．この5本の縦線を組み合わせてできる図は52通りあり，源氏物語54巻のうち桐壺と夢浮橋の2巻を除く52巻の名前が付けられている．香図が678570のとき香は何種類か．

答　11種類

載せられている術文では

　香が1種類のときは　$p_1 = 1$
　香が2種類のときは　$p_2 = p_1 + 1 = 2$
　香が3種類のときは　$p_3 = p_2 + 2p_1 + 1 = 5$
　香が4種類のときは　$p_4 = p_3 + 3p_2 + 3p_1$
　　　　　　　　　　　　　　　$+ 1 = 15$
　香が5種類のときは　$p_5 = p_4 + 4p_3 + 6p_2$
　　　　　　　　　　　　　　　$+ 4p_1 + 1 = 52$

一般に

$$p_n = p_{n-1} + {}_{n-1}c_1 p_{n-1} + {}_{n-1}c_2 p_{n-2} + \cdots$$
$$+ {}_{n-1}c_{n-1} P_1 + 1$$

となる．

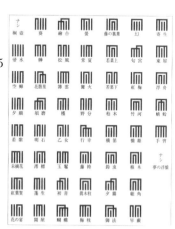

別解として

　1種類のとき　aaaaa 1
　2種類のとき　aaaab 5　aaabb 10

3 種類のとき　aaabc 10　aabbc 15
4 種類のとき　aabcd 10
5 種類のとき　abcde 1
以上合計 52

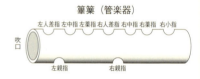

● 篳篥（ひちりき）

竹の管に表に七つ，裏に二つ，合計九つの孔がある（上図）．各起，伏の 2 調の音を出す．全部で何通りの音が出せるか．

答　512 通り

重複順列　$2^9 = 512$

● 素数とオイラー関数

360 を分母とする分数がある．分子を 1 から 359 まで変化させるとき，既約分数は何個あるか．

答　96

$360 = 2^3 \times 3^2 \times 5$　　$30 = 2 \times 3 \times 5$

360 までの 2 の倍数の個数　$\dfrac{360}{2} = 180$

360 までの 3 の倍数の個数　$\dfrac{360}{3} = 120$

360 までの 5 の倍数の個数　$\dfrac{360}{5} = 72$

360 までの 6 の倍数の個数　$\dfrac{360}{2 \times 3} = 60$

360 までの 10 の倍数の個数　$\dfrac{360}{2 \times 5} = 36$

360 までの 15 の倍数の個数　$\dfrac{360}{3 \times 5} = 24$

360 までの 30 の倍数の個数　$\dfrac{360}{2 \times 3 \times 5} = 12$

$$360 - \dfrac{360}{2} - \dfrac{360}{3} - \dfrac{360}{5} + \dfrac{360}{2 \times 3} + \dfrac{360}{2 \times 5} + \dfrac{359}{3 \times 5} - \dfrac{359}{2 \times 3 \times 5} = 96$$

N の互いに異なる素因数を pqr とする．

$$N - \sum \dfrac{N}{p} + \sum \dfrac{N}{pq} - \sum \dfrac{N}{pqr}$$

ここで　$\sum \dfrac{N}{p} = \dfrac{N}{p} + \dfrac{N}{q} + \dfrac{N}{r}$

以下同様

$$\sum \frac{N}{pq} = \frac{N}{pq} + \frac{N}{pr} + \frac{N}{qr} \qquad \sum \frac{N}{par} = \frac{N}{par}$$

これはオイラー関数 $\phi(N)$ と同じである.
(自然数 N に対して $1 \leq m \leq N$ となる自然数 m で, n と互いに素なものの個数)

$$\phi(N) = N\left(1 - \frac{1}{p}\right)\left(1 - \frac{1}{q}\right)\left(1 - \frac{1}{r}\right)$$

◉ 重複順列・同じものを含む順列になる問題

> 七文字を用いて五連名をなすものはいく通りあるか. 二字五連名, 三字五連名, 四字五連名, 五字五連名, すべてを加える.

答　16800 個

二字五連名

1, 2, 3, 4, 5, 6, 7, より二文字を選ぶ $_7c_2 = 21$

$1, 1, 1, 1, 2, \dfrac{5!}{4!1!} = 5 \quad 1, 1, 1, 2, 2, \dfrac{5!}{3!2!} = 10 \quad 1, 1, 2, 2, 2, \dfrac{5!}{3!2!} = 10$

$1, 2, 2, 2, 2, \dfrac{5!}{1!4!} = 5 \quad p_{5,2} = 5 + 10 + 10 + 5 = 30$

三字五連名

1, 2, 3, 4, 5, 6, 7, より三文字を選ぶ $_7c_3 = 35$

$1, 1, 1, 2, 3 \ \dfrac{5!}{3!1!1!} = 20 \quad 1, 1, 2, 2, 3 \ \dfrac{5!}{2!2!1!} = 30 \quad 1, 1, 2, 3, 3 \ \dfrac{5!}{2!1!2!} = 30$

$1, 2, 2, 2, 3 \ \dfrac{5!}{1!3!1!} = 20 \quad 1, 2, 2, 3, 3 \ \dfrac{5!}{1!2!2!} = 30 \quad 1, 2, 3, 3, 3 \ \dfrac{5!}{1!1!3!} = 20$

$p_{5,3} = 20 + 30 + 30 + 20 + 30 + 20 = 150$

四字五連名

1, 2, 3, 4, 5, 6, 7, より四文字を選ぶ $_7c_4 = 35$

$1, 1, 2, 3, 4 \ \dfrac{5!}{2!1!1!1!} = 60 \quad 1, 2, 2, 3, 4 \ \dfrac{5!}{2!1!1!1!} = 60 \quad 1, 2, 3, 3, 4 \ \dfrac{5!}{2!1!1!1!} = 60$

$1, 2, 3, 4, 4 \ \dfrac{5!}{2!1!1!1!} = 60 \quad p_{5,4} = 60 + 60 + 60 + 60 = 240$

五字五連名

1, 2, 3, 4, 5, 6, 7, より五文字を選ぶ $_7c_5 = 21$

1, 2, 3, 4, 5 $5! = 120 \quad p_{5,5} = 120$

$p_{5,2} \times {}_7c_2 + p_{5,3} \times {}_7c_3 + p_{5,4} \times {}_7c_4 + p_{5,5} \times {}_7c_5$

$= 630 + 5250 + 8400 + 2520 = 16800 = 7^5 - 7$

［藤井康生］

㊹ 廉術・逐索

廉術・逐索は帰納的な考え方によって解法を考える方法である．松永良弼は廉術と呼び「算法全経（廉術）」から始まる．『算法全経（廉術）』には問題と結果が載せられているだけであるが，これに解説を加え発展させたのは有馬頼徸である．有馬頼徸は逐索と呼び「逐索奇法」の中で詳しく述べている．また有馬頼徸は著書『拾璣算法』明和6（1769）年の第三巻逐索に「算法全経（廉術）」に載せられている問題の中から5問を載せている．安島直円は廉術と呼び研究した，そして，「四円傍斜之解他傍斜術」に発展させた．また「廉術変換」をはじめ「円内容累円術」など，接する円の個数を増やしていくとき，2次方程式の解と係数の関係を利用し漸化式を導くことによって問題を解く方法を研究した．このあとの和算家に好まれた問題である．以後幕末にかけて複雑な問題が考えられた．会田安明は貫通術と呼んでいた．安島直円以後は廉術と呼ばれることが多かったようである．

次に有馬頼徸著『拾璣算法』明和6（1769）年第三巻逐索の第四問と第二問それに第一問，を概説する．

◉ **交商について，逐索第四問**　交商とは方程式が正の解と負の解をもつときをいう言葉であったが，後に複数の解（変商）をもつときに用いられ，求める解以外の他の解の意味を考えることが行われた．特に二次方程式のときは現在でいう解と係数の関係を用いて計算を進めている．

大小2円が接するとき共通接線の長さと2円の直径の関係

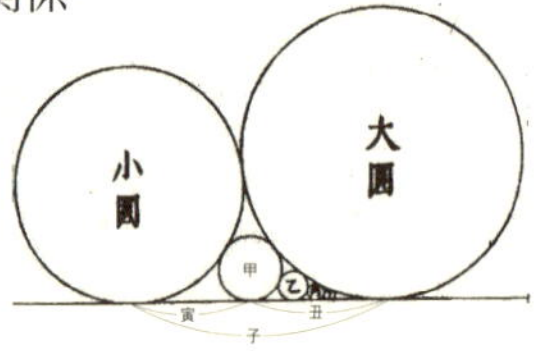

$$\left(\frac{\text{大}}{2}+\frac{\text{小}}{2}\right)^2=\text{子}^2+\left(\frac{\text{大}}{2}-\frac{\text{小}}{2}\right)^2$$

$$\text{子}=\sqrt{\text{大}\times\text{小}}$$

大小2円の隙き間で，大小2円と共通接線に接する甲円の直径を求める

2円の場合より，

$$\text{子}=\sqrt{\text{大}\times\text{小}},\ \text{丑}=\sqrt{\text{大}\times\text{甲}},\ \text{寅}=\sqrt{\text{小}\times\text{甲}}$$

$$\text{子}=\text{丑}+\text{寅},\ \text{甲}=\left(\frac{\sqrt{\text{大}\times\text{小}}}{\sqrt{\text{大}}+\sqrt{\text{小}}}\right)^2$$

上記の甲を得る式の根号をはずし，甲を未知数とする二次方程式を得る．

$$(\text{大}-\text{小})^2\,\text{甲}^2-2(\text{大}+\text{小})\text{大}\times\text{小}\times\text{甲}+\text{大}^2\times\text{小}^2=0$$

解の公式によって甲を求める.

$$甲=\frac{大×小}{(\sqrt{大}+\sqrt{小})^2}, \quad この解以外に, \quad 甲'=\frac{大×小}{(\sqrt{大}-\sqrt{小})^2}$$

ここで甲'が交商である. この甲'の表す円は甲円と同じく大小円と大小円の共通接線に接する条件をみたす. 甲円は小円の外側で接する.

次に大甲の隙間に乙円を容れる.

上式において, 小を甲に, 甲を乙に換える.

$$(大-甲)^2乙^2-2(大+甲)大×甲×乙+大^2×甲^2=0$$

乙円を未知数とする2次方程式を得る,

$$乙=\frac{大×甲}{(\sqrt{大}+\sqrt{甲})^2}=\frac{大×小}{(\sqrt{大}+2\sqrt{小})^2}$$

$$天=\sqrt{\frac{大}{小}}とおき \quad \sqrt{甲}=\frac{\sqrt{大}}{1+天}, \quad \sqrt{乙}=\frac{\sqrt{大}}{2+天}$$

一般に第 n 番目の円の直径を a_n とすると,

$$-\sqrt{大}+(n+天)\sqrt{a_n}=0, \quad a_n=\left(\frac{\sqrt{大}}{n+天}\right)^2 \quad となる.$$

乙円と小円は交商であることを利用して漸化式を求める.

$$乙=\frac{大×甲}{(\sqrt{大}+\sqrt{甲})^2}=\frac{大×甲}{大+甲+2\sqrt{大×甲}}$$

$$小=\frac{大×甲}{(\sqrt{大}-\sqrt{甲})^2}=\frac{大×甲}{大+甲-2\sqrt{大×甲}}$$

ここで, 小率 $=\dfrac{大}{小}$, 甲率 $=\dfrac{大}{甲}$, 乙率 $=\dfrac{大}{乙}$, と定める.

$$\frac{1}{乙}=\frac{大+甲+2\sqrt{大×甲}}{大×甲} \quad \cdots(1) \quad \frac{1}{小}=\frac{大+甲-2\sqrt{大×甲}}{大×甲} \quad \cdots(2)$$

$(1)×大+(2)×大$

$$\frac{大}{乙}=2\frac{大}{甲}+2-\frac{大}{小}$$

乙率 $=2$ 甲率 $+2-$ 小率

同様に, 丙率 $=2$ 乙率 $+2-$ 甲率

一般に, $\dfrac{大}{a_n}=a_n$ 率, $\dfrac{大}{a_{n+1}}=a_{n+1}$ 率, $\dfrac{大}{a_{n+2}}=a_{n+2}$

とおくと, a_{n+2} 率 $=2a_{n+1}$ 率 $+2-a_n$ 率

●**逐索第二問**　平円内に図のように累円を容れたものがある．大円の直径，甲円の直径，乙円の直径径が与えられたとき，丙円の直径，丁円の直径，……を求める．大円の直径を大，甲円の直径を甲，乙円の直径を乙，……とする．会田安明（あいだやす）『算法天生法指南（さんぽうてんしょうほうしなん）』文化7（1810）年より

$$(大 - 丙)^2 甲^2 \times 乙^2 - 2 大 \times 甲 \times 乙 \times 丙(大 - 丙)(甲 + 乙)$$
$$+ 4 大 \times 丙 \times 甲^2 \times 乙^2 + 大^2 \times 丙^2 (甲 - 乙)^2 = 0$$

上式を丙についての2次方程式と考える．

$$大^2 \times 甲^2 \times 乙^2 - 2 大 \times 甲 \times 乙 \{大(甲 + 乙) - 甲 \times 乙\}丙$$
$$+ \{(大 \times 甲 + 大 \times 乙 + 甲 \times 乙)^2 - 4 大^2 \times 甲 \times 乙\}丙^2 = 0$$

2次方程式の解の公式によって解く．

$$ax^2 + bx + c = 0 \quad (a \neq 0) \quad x = \frac{-2c}{b \pm \sqrt{b^2 - 4ac}}$$

解の分子 $= 大^2 \times 甲^2 \times 乙^2$

解の分母 $= 大 \times 甲 \times 乙\{大(甲 + 乙) - 甲 \times 乙\} - 大 \times 甲$
$$\times 乙\sqrt{4 大 \times 甲 \times 乙\{大 - (甲 + 乙)\}}$$

$$丙 = \frac{大 \times 甲 \times 乙}{\{大(甲 + 乙) - 甲 \times 乙\} - \sqrt{4 大 \times 甲 \times 乙\{大 - (甲 + 乙)\}}}$$

上式において，乙を丙に，丙を丁に換え，丁についての2次方程式を得る．

$$大^2 \times 甲^2 \times 丙^2 - 2 大 \times 甲 \times 丙\{大(甲 + 丙) - 甲 \times 丙\}丁$$
$$+ [\{大(甲 + 丙) + 甲 \times 丙\}^2 - 4 大^2 \times 甲 \times 丙]丁^2 = 0$$

この2次方程式の一つの解が丁である．他の解は乙である．

$$\frac{1}{丁} = \frac{\{大(甲 + 丙) - 甲 \times 丙\} - \sqrt{\dfrac{D}{4}}}{大 \times 甲 \times 丙}$$

$$\frac{1}{乙} = \frac{\{大(甲 + 丙) - 甲 \times 丙\} + \sqrt{\dfrac{D}{4}}}{大 \times 甲 \times 丙}$$

$$\frac{大}{丁} = 2\frac{大 \times 甲 + 大 \times 丙}{甲 \times 丙} - 2 - \frac{大}{乙} = 2\frac{大}{丙} + 2\frac{大}{甲} - 2 - \frac{大}{乙}$$

$$\frac{大}{甲} = 甲率 \quad \frac{大}{乙} = 乙率 \quad \frac{大}{丙} = 丙率 \quad 2(甲率 - 1) = 増率$$

とおくと，

2丙率 + 2増率 - 乙率 = 丁率

以下同様に求めることができる．

2 丁率 $+$ 増率 $-$ 丙率 $=$ 戊率

2 戊率 $+$ 増率 $-$ 丁率 $=$ 己率

●**逐索第一問** 今正多角形がある．面（一辺）a，二面斜（2 辺にわたる対角線）a_2 の長さが与えられたとき，各面斜（対角線）a_n，各矢 c_n の長さを求める．

二面斜が与えられていないとき，角中径 r（外接円の半径）を用いて

$$a_2 = \sqrt{4a^2 - \frac{a^4}{r^2}} \qquad a_{n+2} = \frac{a_2}{a}a_{n+1} - a_n$$

矢に関しては角数を偶数と奇数のときに分け，偶数のとき

$$c_2 = \sqrt{a^2 - \frac{a_2^2}{4}} = \frac{a^2}{2R} \qquad c_4 = \left(\frac{a_2}{a}\right)^2 c_2$$

$$c_6 = \left(\frac{a_4}{a_2}\right)c_4 + c_2 \qquad c_{2(m+2)} = \left(\frac{a_4}{a_2}\right)c_{2(m+1)} - c_{2m} + 2c_2$$

奇数のとき

$$c_3 = \left(\frac{a_2}{a}\right)c_2 \qquad c_{2m+3} = \left(\frac{a_2}{a}\right)c_{2m+2} - c_{2m+1}$$

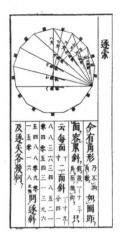

となっている．しかしどのようにしてこれらの式を導き出したかは載せられていない．そこで，これらの式について説明する．

図より $\triangle \mathrm{ABC} \backsim \triangle \mathrm{BDC}$ であるから

$$2R : \sqrt{4R^2 - a^2} = a : \frac{a_2}{a}$$

$$a_2 = \sqrt{4a^2 - \frac{a^4}{R^2}}$$

$$c_2 = \sqrt{a^2 - \frac{a_2^2}{4}} = \frac{a^2}{2R}$$

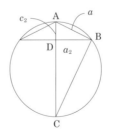
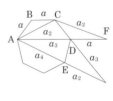

$\triangle \mathrm{ABC} \backsim \triangle \mathrm{ACF}$

$\quad a : a_2 = a_2 : a_3 + a$

以下同様に考えると

$\quad a : a_2 = a_{n+1} : a_{n+2} + a_n$

より

$$a_{n+2} = \left(\frac{a_2}{a}\right)a_{n+1} - a_n$$

このほか逐索の問題は漸化式を導くことによって解く問題である．安島直円以後の和算家に好まれ，和算書や算額に多く見られる． ［藤井康生］

㊺ 『拾璣算法』と点竄術，円理諸公式

● **有馬頼徸について**　『拾璣算法』の著者有馬頼徸は久留米藩の第七代藩主である．有馬頼徸は正徳4（1714）年に久留米城内に生まれ天明3（1783）年70歳で即世する．久留米市梅方林寺に葬られている．

著書は多く，約37の著作がある．その中で出版されたものは，豊田文景の名で出版された『拾璣算法』明和6（1769）年だけである．

『拾璣算法』は点（點）竄術を始め，当時の和算全般にわたる最高水準の問題が体系的にまとめられている．

『拾璣算法』の内訳は

1巻	点竄9問	自約5問	増約5問	翦管4問
2巻	計子7問	交商8問	綴術5問	変数13問　容術9問
3巻	分果5問	趨趁5問	球題5問	逐策5問　変式4問
4巻	作式4問	極数9問	整数12問	
5巻	堆積8問	招差10問	求積18問　補遺弧背密法3問	

以上本文150問と補遺3問である．

補遺の弧背密法は円弧に関する問題で

1. 円の直径と矢が与えられたとき，背（弧の長さ）を求める問題

（$s = 2d \arcsin \sqrt{\dfrac{c}{d}}$ の級数展開）

2. 円の直径と背が与えられたとき，矢を求める問題

（$c = \dfrac{d}{2}\left(1 - \cos \dfrac{s}{d}\right)$ の級数展開）

3. 円の直径と背が与えられたとき，弦を求める問題

（$a = d \sin \dfrac{s}{d}$ の級数展開）

の3問である．

拾璣算法には書肆の異なる版がある．その中で初版と考えられているものの末尾には「拾璣算法後編嗣出」と載せられている．この「拾璣算法後編」はついに出版されることはなかった．有馬頼徸の著書を見ると拾璣算法後編は『方圓奇巧』明和3（1766）年を中心にまとめたものであることが予想される．この『方圓奇巧』は松永良弼（生年は不明，没年は延享元〈1744〉年）の『方圓算経』元文4（1739）年をもとにしたものである．序文中にも「葆直齋良弼氏松永称安右衛門者所著方圓算経全備五巻而闥之其原路深奥可謂妙術故眼其高妙秘蔵簾中尚矣今也取其例以更施術文分技巧而成冊子名曰方圓奇功」とある．

IV. 和算の円熟

● **点竄術**　豊臣秀吉の朝鮮出兵によりもち帰られた書物の中に，元の数学書，朱世傑著『算学啓蒙』(1299年) があった．この本は中国ではすでになくなっていたが，朝鮮では出版されていた．

この本の「方程正負門」「開方釋鎖門」に何を未知数に使うかを宣言し，方程式をつくる問題を載せている，例えば「立天元一為弦」(天元の一を立て弦となす) は弦を未知数として方程式をつくることを宣言している．天元術といわれ，『算学啓蒙』は日本で出版され，多くの和算家に読まれた．関孝和の弟子である建部賢弘も注釈書『算学啓蒙諺解大成』元禄3 (1690) 年を出版している．

天元術では数係数の方程式のみを取扱っていたために，2次以上の連立方程式を取扱うことができなかった．

文字係数を取扱えるように発展させたものが「点竄術」である．「傍書法」ともいわれ関孝和が始めた．これによって高次連立方程式を取扱えるようになった (❸❷「和算の行列式」参照).

① |甲|乙　$a+b$　　　④ |甲乙　$a\times b$　　　⑧ |甲　a^3
　　　　　　　　　　　　　　　　　　　　　　　　 |再

② |甲　$a+b$　　　⑤ 乙|甲　$a\div b$
　 |乙

③ |甲　$a-b$　　　⑥ ∃||甲　$23a$　　　⑨ |甲　$\sqrt{a}$
　 |乙　　　　　　　　　　　　　　　　　　　　 |商

　　　　　　　　　⑦ |甲　a^2
　　　　　　　　　　 |巾

● **点竄術の例**　会田安明著『算法天生法指南』文化7 (1810) 年巻之一第二十四問をもとに点竄術の解説をする．

> 今図のように，直線上に大小2円が載っている．
> 只云う大円径 (直径) を4寸，小円径を1寸するとき，天が幾らかを問う．

答え曰く天2寸
矩曰く (解答のこと，演段ともいう)

$$\text{天巾} = \frac{\text{大小和巾}}{4} - \frac{\text{大小差巾}}{4}$$

これは $\dfrac{(\text{大}+\text{小})^2}{4} - \dfrac{(\text{大}-\text{小})^2}{4}$ のこと，

和算には括弧がなかった．

$$\text{天}^2 = \frac{\text{大}^2}{4} + \frac{2\text{大}\times\text{小}}{4} + \frac{\text{小}^2}{4} - \frac{\text{大}^2}{4} + \frac{2\text{大}\times\text{小}}{4} - \frac{\text{小}^2}{4}$$
$$= \text{大}\times\text{小}$$

$$\text{天} = \sqrt{\text{大} \times \text{小}}$$

術曰く（答えを得るための式を文章で述べたもの．文字に与えられた数値を代入すると答えが求められる．）

大小径を相乗し，平方に開き天を得て問いに合う．

大円，小円の直径を懸け合わせて（大×小），平方に開いて（$\sqrt{\text{大} \times \text{小}}$），天を得る．

● 拾璣算法の円理諸公式

1. 拾璣算法補遺 1

今弧がある．円の直径を d，矢を c とするとき，背 s を求める．

$$\text{原数} = \sqrt{4dc}$$

$$\text{一差} = \text{原数} \times \frac{c}{d} \times \frac{\text{一差乗率}}{\text{一差除率}} \qquad \text{二差} = \text{一差} \times \frac{c}{d} \times \frac{\text{二差乗率}}{\text{二差除率}}$$

$$\text{三差} = \text{原数} \times \frac{c}{d} \times \frac{\text{三差乗率}}{\text{三差除率}} \qquad \text{四差} = \text{原数} \times \frac{c}{d} \times \frac{\text{四差乗率}}{\text{四差除率}}$$

$$\text{五差} = \text{原数} \times \frac{c}{d} \times \frac{\text{五差乗率}}{\text{五差除率}}$$

六差以上も同様にする．

$$\text{背} = \text{原数} + \text{一差} + \text{二差} + \text{三差} + \text{四差} + \text{五差} + \cdots$$

	一差	二差	三差	四差	五差	六差	七差	八差	九差	十差
乗率	1	9	25	49	81	121	169	225	289	361
除率	6	20	42	72	110	156	210	272	342	420

$$s = \text{原数} + \text{原数} \times \frac{c}{d}\frac{1}{2\cdot3} + \text{一差} \times \frac{c}{d}\frac{3^2}{4\cdot5} + \text{二差} \times \frac{c}{d}\frac{5^2}{6\cdot7} + \text{三差} \times \frac{c}{d}\frac{7^2}{8\cdot9}$$

$$+ \text{四差} \times \frac{c}{d}\frac{9^2}{10\cdot11} + \cdots$$

$$s = \sqrt{4cd}\left\{1 + \frac{1}{3!}\left(\frac{c}{d}\right) + \frac{3^2}{5!}\left(\frac{c}{d}\right)^2 + \frac{3^2\cdot5^2}{7!}\left(\frac{c}{d}\right)^3 + \frac{3^2\cdot5^2\cdot7^2}{9!}\left(\frac{c}{d}\right)^4 \right.$$

$$\left. + \frac{3^2\cdot5^2\cdot7^2\cdot9^2}{11!}\left(\frac{c}{d}\right)^5 \cdots \right\}$$

現代数学では $\arcsin x$ の展開である．

$$s = d\theta, \ c = \frac{d}{2}(1 - \cos\theta) = d\sin^2\frac{\theta}{2} \quad \sin\frac{\theta}{2} = \sqrt{\frac{c}{d}}$$

$$\frac{\theta}{2} = \arcsin\sqrt{\frac{c}{d}}, \ s = d \times 2\arcsin\sqrt{\frac{c}{d}}$$

ここで，$\arcsin x$ の展開は，

$$\arcsin x = x + \frac{1}{3!}x^3 + \frac{3^2}{5!}x^5 + \frac{5^2}{7!}x^7 + \cdots = \sum_{n=0}^{\infty} \frac{(2n-1)!!}{(2n)!!(2n+1)}x^{2n+1}$$

であるので，

$$s = 2\sqrt{cd}\left\{1 + \frac{1}{3!}\left(\frac{c}{d}\right) + \frac{3^2}{5!}\left(\frac{c}{d}\right)^2 + \frac{3^2 \cdot 5^2}{7!}\left(\frac{c}{d}\right)^3 + \cdots\right\}$$

$$s = 2d\arcsin\sqrt{\frac{c}{d}} = \sum_{n=0}^{\infty} \frac{(2n-1)!!}{(2n)!!(2n+1)}\left(\frac{c}{d}\right)^n$$

である．

2. 拾璣算法補遺 2

今弧がある．円の直径を d，背を s とするとき，矢 c を求める．（補遺 2，3 は概説する．）

$$c = \frac{s^2}{4d}\left\{1 - \frac{2}{4!}\left(\frac{s^2}{d^2}\right) + \frac{2}{6!}\left(\frac{s^2}{d^2}\right)^2 - \frac{2}{8!}\left(\frac{s^2}{d^2}\right)^3 + \cdots\right\}$$

現代数学では $1 - \cos x$ の展開である．

$$s = d\theta \ , \ c = \frac{d}{2}(1 - \cos\theta) = \frac{d}{2}\left(1 - \cos\frac{s}{d}\right)$$

ここで，$1 - \cos x$ の展開は

$$1 - \cos x = \sum_{n=1}^{\infty}(-1)^n\frac{1}{(2n)!}x^{2n} \quad \text{であるので，}$$

$$c = \frac{d}{2}\left(1 - \cos\frac{s}{d}\right) = \frac{s^2}{4d}\sum_{n=1}^{\infty}(-1)^{n-1}\frac{2}{(2n)!}\left(\frac{s^2}{d^2}\right)^{n-1} \quad \text{である．}$$

3. 『拾璣算法』補遺 3

今弧がある．円の直径を d，背を s とするとき，弦 a を求める．

$$a = s\left\{1 - \frac{1}{3!}\left(\frac{s}{d}\right)^2 + \frac{1}{5!}\left(\frac{s}{d}\right)^4 - \frac{1}{7!}\left(\frac{s}{d}\right)^6 + \cdots\right\}$$

現代数学では $\sin x$ の展開である．

$$s = d\theta, \ a = d\sin\theta = d\sin\frac{s}{d}$$

ここで $\sin x$ の展開は，

$$\sin x = \sum_{n=0}^{\infty}(-1)^n\frac{1}{(2n+1)!}x^{2n+1} \quad \text{であるので，}$$

$$a = d\sin\frac{s}{d} = s\sum_{n=0}^{\infty}(-1)^n\frac{1}{(2n+1)!}\left(\frac{s}{d}\right)^{2n} \quad \text{である．} \qquad \text{［藤井康生］}$$

㊻ 算額奉納 (さんがくほうのう)

　神社・仏閣への絵馬の奉納は奈良時代からあり，当時は祈願や感謝等のために，神社・仏閣に馬を奉納することがあった．当時，馬は非常に貴重で高価で，豪族等一部の人にしかできないことだった．それで，人々は馬の代わりに，馬や生活そのほかのことを彩色した絵を板に書いてお願いした．これが絵馬である．江戸時代になると大型の絵馬も奉納され，祈願の内容も多様化し，算額も奉納されるようになった．

●**算額**　江戸時代になり社会は落ち着きを見せ，各地に城下町が形成されるようになった．町とその周辺部が分離すると，農村で数的な処理を行う豪農民が生まれた．その時代を地方和算期（1781-1876）年と呼称する人もいる．

　城下町と連絡したり，租税の計算をするために，「読み・書き・ソロバン」が必要になり，農村でも寺子屋などで教育が行われるようになった．しかし，和算のレベルになると三都（江戸，大坂，京都）のような大都市でのみ学習が可能だった．それゆえ和算学習は主に勘定方のような武士層に可能であった．地方和算期では，江戸で数学を学び帰郷後和算を広く教授した．和算が広まる中で，算額奉納が開始した．そして，数学の問題を板に記載して神社・仏閣に奉納したのである．特殊な算額としては，算術を学んだ人の名前を羅列したもの，和算を学ぶ情景を描いたもの，花鳥風月（かちょうふうげつ）の絵の間に数学の問題を記載したもの，暦を記載したものなどがある．算額奉納は難問の公開を競うだけでなく，数学的な論争の場となるなど，和算発達の大きな力になった．

　現在，記録上では福島県白河市の堺明神に明暦3（1657）年に奉納された算額が最古である．算額奉納の広がりは和算の普及と等しくしている．全国にそしてあらゆる階層の人々に伝播した．自然科学に乏しい江戸時代であったが，世界に類のない算額という知的文化があった．その内容は，和算書の素晴らしい問題の引用や独自に工夫された問題である．初期は基本的な問題が多いが，時代の経過とともに難化した．

　江戸時代の後期には多くの和算家が算額を掲げた．板の性質上，火災その他で消失し，現存する算額が少ないことは惜しまる．

　各地域で一部が国や自治体の「文化財指定」を受け保護されつつある．記録により，復元された算額もある．さらに，ユネスコの「世界の記憶」（世界記憶遺産）にも指定されてほしい．

●**算額の形と大きさ**　現存している最古の算額は天和3（1653）年に栃木県佐野市の「星宮神社」（ほしのみやじんじゃ）に奉納された算額で，その大きさは（180 cm × 90 cm）である．次に古い貞享（じょうきょう）3（1686）年奉納の京都北野天満宮の算額は（190 cm ×

IV. 和算の円熟 195

95 cm），元禄 4（1691）年に奉納された京都八坂神社の算額は（123.5 cm×93 cm）である．横 1 間，縦半間で畳 1 枚の大きさが標準であったようだ．一般的に絵馬も算額もサイズの規定はない．形は長方形が一般的だが，縦長や屋根型（五角形）もある．

現存最大の算額は，明治 10（1877）年に奉納された福島県田村市安倍文殊堂の算額（620 cm×140 cm）である．次は文政 6（1823）年に山形県出羽三山神社の算額（450 cm×150 cm）で当時は 2 面が掲げられた．最小の算額は安永 8（1779）年に奉納された岡崎市の六所神社の算額（50 cm×25 cm）である．

算額の材質は板で，材質（檜や杉）は決まっていない．墨で書かれて漢字で記載されている．図がきれいに彩色されていることが多い．安政元（1854）年に三重県上野市菅原天神に奉納された算額は欅に彫った後，金粉を塗り枠には銅板を張った豪華なものである．自然災害や第 2 次世界大戦の空襲などで多くの算額が失われたことは惜しまれる．

● **奉納の経過**　現在ではあまり見られないが算額の解説書は，解義書と呼ばれる．これには，指導者，奉納者そして問題と答，解答が書かれている．

岩手県一関市の舞川観福寺の場合を紹介する．

　『舞草神社奉納　三十題全』磐水　千葉六郎先生閲

　関流　十傳　小野寺甚七定家門人　30 名

1 番から 30 番までの問題，解答が書かれている．算額にはこの中から，問題，答そして術文が記載されている．この算額には内容が異なる 2 冊の解義書があり，書き直された最後の解義書により算額を作成したことがうかがえる．算額のように奉納者が多い場合は，最後の問題は額尾として一番の実力者，最初の問題は額頭として 2 番目の実力者が奉納した．

● **算額の内容**　算額に書かれた和算の問題は，基本的なものから高度なものまで幅広く，特に幕末期以降の問題は西洋数学の影響もあったのか難問が多い．大半の算額は，和算家が門人を指導して各人一題ずつを奉納させている．和算書を勉強して，素晴らしい問題と感激し，他にも伝えたいとの思いからか，そのまま写して奉納したり，同じ問題が子額・孫額と奉額されていることもある．数学絵馬なので彩色された図形の問題が多い．

● **算額の記述形式**　算額の記述は，和算書と同じである．スペースが限られているが序文が記載された算額もある．傍書法により日本的な漢文と図で書かれている．

① 一関市の舞川観福寺の場合は，

　　「奉納　磐水　千葉六郎先生閲　　関流　十傳　小野寺甚七定家門人」

② 問題は「今有如図……問得術如何」と問われ，問題の上部に図が書かれている．

③ 答は「答日」具体的な数値が書かれている．「左の如」と術文にゆだねら

れている場合もある.

④　「術曰」は解答のまとめが書かれている. 答の数値が導ける直前の式の場合が多い. 出題者名と奉納年期が最後に記載している.

●**算額奉納の理由**　一つには, 算学の実力が得られたことその他を神に祈願して奉納した. 岩手県盛岡市の太神宮算額（非現存）の序文の一部を抜粋する.

「夫数は広大也, まことに人をして智をふかふかし, 才をあらわす法有といえども問題変化にして答術も又無量なり. 故に神力を得て此道を猶習学せんことを同士人をかたらひ, 当社に祈願して広前に奉るものなり.」

その外, 神社仏閣の建立祝, 最上流の記念として一門が奉納した山形市湯殿山神社の算額などがある.

●**算額での論争**　関流への入門を希望した会田安明に対し, 関流の藤田貞資（ふじたさだすけ）が会田の愛宕山に掲げた算額の誤りを訂正するよう提案したところ, 論争が生じた. 会田は最上流（さいじょうりゅう）を起こし, それぞれの指摘に反論する形で, 藤田が没するまで続いた. 激しいやりとりの過程には感情的な面も感じられが, 両者の和算力向上の糧にもなったことも確かである.

●**算額と教育**　記載者として少年や女性がいた. 京都市長岡京市の長岡天満宮は 12 歳, 岩手県一関市の観音寺は 13 歳, 愛好者の名前を記載した算額の一つ岐阜県大垣市の明星輪寺には女性の名が見られる.

●**算額と西洋数学**　幾何の問題の解答に有効なデカルトの定理は和算家も同様の方法で解答している. 計算が複雑だが, 高校生なら理解できる. イギリスのノーベル化学賞を受賞したフレデリック・ソデーは 1936 年に雑誌『Nature』で「六球連鎖の定理」を発表した. これはそれより約 100 年前の文政 5（1822）年に神奈川県寒川町の寒川神社に算額として奉納されている.

大円の中に中心が異なる中円があり, その間の幅が一定でない円環（ドーナッツ）ができる. この間に連結する半径の異なる小円の鎖があるとき, これを「シュタイナー円鎖」といい, スイスの数学者シュタイナーが研究したが, 和算家もまた研究しており, 千葉県旭市の龍福寺にこの問題が記載されている. イタリアの数学者マルハッチは, 三角形内に互いに外接する最大の 3 個の円を作図することを調べたが, 和算家は 3 個の円の半径を求めた. 岐阜県大垣市明星輪寺の算額に記載されている. そのほかにも有名な定理が含まれる算額がある.

●**算額の記録**　刊行された算額集は 13 冊に及び. 一部を記載する.

① 藤田嘉言（ふじたかげん）『神壁算法』（しんぺきさんぽう）寛政元（1789）年
② 石黒信由（いしぐろのぶよし）『算学鈎致』（さんがくこうち）文政 2（1819）年
③ 白石長忠（しらいしながただ）『社盟算譜』（しゃめいさんぷ）文政 10（1827）年
④ 内田五観（うちだいつみ）『古今算鑑』（ここんさんかん）天保 3（1830）年

刊行されなかった算額集も多い.

●**算額の数**　現存算額は 900 枚を超えている. 福島県や岩手県では 100 面を超

えている．年代的には幕末期から明治にかけて多く，大正年代にも奉納されていた．今後も新たな発見が期待される．しかしまた，東日本大震災での大津波による流失その他の理由で失われたものもある．貴重な文化財として公的な機関などでの保存が急務である．

● 算額見学の仕方

現存算額は神社や仏閣そして個人宅や公的機関に掲額されている．大半は奉納者により掲額されたままの状態であるが，博物館などに保管されている場合もある．通常神社や仏閣の観音堂は閉じられている場合が多い．あらかじめ管理者に目的や人数そして日時等を連絡して承諾を得る必要がある．宮城県鹽竈神社の場合，算額は5面のうち2面が常時見学可能であるが3面は保管されており，通常は見学できない．また，算額は劣化が進んでおり，文化遺産としての保護が求められる．岩手県遠野市の鞍迫観音堂の算額は，昭和55年頃から長年の調査を経て，平成29年2月10日に岩手県文化財保護審議会が指定答申し，4月7日に岩手県指定有形文化財（歴史資料）になった．市町村による文化財指定の算額もあるが，統一した指定での保護が求められる． ［菅原　通］

【参考文献】
『和算の事典』佐藤健一監修，朝倉書店，2009
『算額道場』佐藤健一編，研成社，2002
『だから楽しい江戸の数学』小寺裕，研成社，2007

宮城県鹽竈神社算額（鹽竈神社博物館所蔵）

❹ 『精要算法』

● 藤田貞資について

西応寺（新宿区須賀町）には「雄山藤田先生墓」という墓がある．雄山藤田先生とは和算家藤田貞資のことである．

藤田貞資は享保 19（1734）年現在の埼玉県深谷市に生まれた．定資，定賢ともいう．宝暦 6（1756）年，貞資は 23 歳で大和新庄藩永井家三代目藩主信濃守直国の家臣藤田定之の養子となった．翌年，藤田は四谷右京町に住む山路主住に入門．1762 年 28 歳のときに山路主住の作暦手伝となり，明和 3（1766）年関流免許（印可状）を授かった．その翌年，眼病のため天文方手伝を退いた．

この頃，藤田家とは養子縁組解消．関流の和算家で久留米藩主の有馬頼徸に召し抱えられ二十人扶持となり，有馬から和算上の援助を受けた．そして天明元（1781）年に著されたのが『精要算法』である．

●『精要算法』について

1．『精要算法』の凡例

『精要算法』の凡例にはその主義が書かれている．有名な言葉に

「今の算数に用の用あり．無用の用あり．無用の無用あり．」

がある．「用の用」とは実用的で有益なもの，「無用の用」とは実用的でないが有益なもの，「無用の無用」とは何の益にもならないものを指す．詳しくは次のようにいっている．

> 今の算数に用の用あり．無用の用あり．無用の無用あり．用の用は貿易，貸貸，斗斛，丈尺，城郭，天官，時日その他人事に益あるもの総て是なり．故に此書上中二巻は人の尤も卑しと思える貿易，貸貸の類，日用の急なる，諸算書に見へざるわが発明せるの術此に載す．関家の禁秘尽くこの術中に見す．

ここでは「用の用」について書いている．経済，商業，ものの長さ，広さ，城の普請，政治，時間などの人に役に立つものを上巻中巻に書いた，といっている．

> 無用の用は，題術および異形の適等，無極の術の類これなり．これ人事の急にあらずと雖ども，講習すれば有用のたすけとなる．ゆえに，この書下巻は題術の初学に便なるもの，その術文の煩を去り，簡に帰してこれを載す．その間，異形の適等無極の術を与す．また，太極の算数の本源なるや，上中下巻の術中に具す．

ここでは，「無用の用」について書いている．人のすることに直接は関係ないけれども，学んでおくと役に立つものを下巻に書いたとしている．

> 無用の無用は近時の算書を見るに，題中に点線相混じり，平立相入る．これ数に迷って，理に闇く，実を棄て，虚に走り，貿易貸貸の類において，算に達したるものの首を疾しむるものあるを知らずして，甚だ卑しきことに思い，

己れの奇功をあらはし，人に誇らんと欲するの具にして，実に世の長物なり．
故にかくの如きは一もこれを載せず．

ここでは「無用の無用」について書いている．点線や平方立方をやたらと使い，理論がわかっておらず，人に自慢しようとしていて，役に立たないものだとし，このようなものは掲載していないという．

この書はよい問題のみを集め「無用の無用」をなくしたいとした．藤田が奇異よりも門人（生徒）のためを考え，教材として面白い問題を与えよう工夫したことが感じられ，優れた教育者としての片鱗が垣間見え，このことは後に見る「一題一六品術」でもわかる．一方，それらは当時の和算に対する警鐘であった．その頃の和算は，算額奉納，遺題継承，遊歴算家，寺子屋の影響で広く普及していたが，生活には役に立たないもの，珍しさだけを追ったものなどが目立ってきた．それらに対し警鐘を鳴らし，批判したのである．それが理解されたのか，この書を多くの和算家たちが買い求めたといわれる．

2. 『精要算法』の問題

『精要算法』の問題を見ていこう．

> 問　図のごとく，直角三角形内に大中小の円が内接している．中円の直径 4635 寸，小円の直径が 2060 寸のとき大円の径はいくらか．

答　大円の径 7031 寸 000 有奇

術　中径に小径を掛けて平方に開きこれを天とする．天を 2 倍して中径と小径を加えてこれを地とする．1.5 より斜率を引き余りに地を掛けてこれを人とする．人に 2 天を加え人を掛けてこれを平方に開き，人と天を加えると大径に合う．

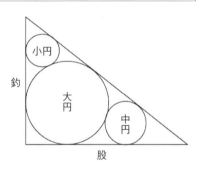

術を現代の数学を用いて表すと次のようになる．なお，ここで斜率は $\sqrt{2}$ である．

$$天 = \sqrt{中径 \times 小径} = \sqrt{4635 \times 2060} = 3090$$

$$地 = 2 \times 天 + 中径 + 小径 = 12875$$

$$人 = (1.5 - \sqrt{2}) \times 地 = 1104.50$$

$$\sqrt{(人 + 2 \times 天) \times 人} = \sqrt{(7284.500389) \times 1104.500389} = 2836.50$$

$$大径 = \sqrt{(人 + 2 \times 天) \times 人} + 人 + 天 = 7031.00 \ \text{寸}$$

問 図のごとく，三角形内に全円及び大中小円が内接している．大円の直径が9寸，中円の直径が4寸，小円の直径が1寸のとき，全円の直径はいくらか．

答 全円 11 寸

術 中径を置き小径を掛けて，これを開平し，寄位とする．中径と小径を併せて寄位2倍して加え，之に大径を掛けて開平したものに寄位を加えると全円径に合う

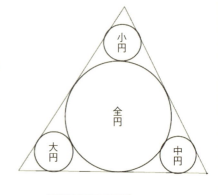

術を現代の数学を用いて表すと

寄位 $= \sqrt{中径 \times 小径} = \sqrt{4 \times 1} = 2$

全径 $= \sqrt{(2 \times 2 + 中径 + 小径)大径} + 寄位 = \sqrt{(2 \times 2 + 4 + 1)9} + 2 = 11$

●「一題一六品術」について

1.「一題一六品術」とは

ここで，藤田の「一題一六品術」について触れておこう．藤田は和算の教育にさまざまな工夫をした人として知られる．その工夫の一つが「別解」である．ここでいう別解とは，同じ問題から同じ答を導くのに別の道筋のことであり，「別の解法」ともいえる．藤田は「一題一六品術」において1問を16通りの方法で解いている．ここにその問題と解き方を3つあげるので，残り13通りを考えてはどうだろうか．もしかしたら，もっとあるかもしれない．

2. 問題と解法

問 図のように，等しい3つの円が順に接し，一辺の長さ1の正方形に内接し，中心が対角線上にある．円の直径を求めなさい．

解1 「第1術」

求める円の直径を仮に1とおくと， $OA = 1$

したがって， $AB = \sqrt{2}$

この両端に直径を半分ずつ加えると， $DC = \sqrt{2} + 1$

となるが，これは正方形の一辺に等しい．ゆえに，求める円の直径は

$$\frac{1}{\sqrt{2}+1} = \sqrt{2} - 1$$

解2 「第3術」

ここで， $\triangle CYA \equiv \triangle FAM$

よって， $YA = AM$

したがって，YF = CM
ゆえに 2YF = 2CM = a
だから a = 2YF
両辺に x を加えて
  $x + a = x + 2$YF
この右辺は正方形の対角線だから $x + a = \sqrt{2}a$
よって $x = \sqrt{2}a - a$
$a = 1$ より $x = \sqrt{2} - 1$

解3 「第4術」

正方形の一辺の長さを a，求める円の直径を x とする．
△OBA において，
  AB = $a - x$，
  OA = OB = x
となる．三平方の定理より
  $(a-x)^2 = x^2 + x^2$
これを解くと x を a で表すことができる．
この方程式は
  $x^2 + 2ax - a^2 = 0$
これを解いて
  $x = -a \pm \sqrt{2}a$
を得る．x は正だから
  $x = -a + \sqrt{2}a$
ここで正方形の一辺の長さは1だから円の直径は
  $-1 + \sqrt{2}$
このような方程式を解くことは「天元術」と呼ばれた．

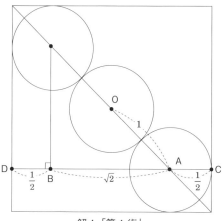

解1「第1術」

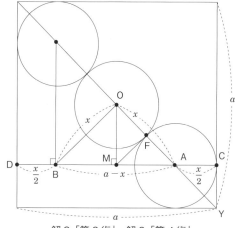

解2「第3術」，解3「第4術」

[小林徹也]

【参考・引用文献】

『和算の歴史：その本質と発展』平山諦，ちくま学芸文庫，2007
『学術を中心とした和算史上の人々』平山諦，ちくま学芸文庫，2008
「新宿よもやま話―新宿区内の和算家たち(9)」新宿法人会
「和算講座第35回」米光丁，「現代数学教育に取り入れたい和算家の解法」米光丁

V．和算の発展

㊽ 和田寧の豁術

　和田寧は日下門下の最優秀の門弟であった，というより安島直円以降最大の数学者であった．それにもかかわらず生活は苦しく，易や手習いも教えていた．
　和田寧から豁術（積分表）を学んだものは，同門の内田五観，白石長忠，ほか多くいたが弟子といえるものは，小出兼政，細井寧雄，遠藤利貞である．
　和田寧の業績は，定積分の計算方法の改良である．長さや面積，体積を求める問題について，古くから区分求積の考え方で計算をしていた．例えば円弧の関する問題では，求める円弧を等分していた，それを直径や矢を等分するようにした．これは安島直円に見られ，安島直円は重積分に対応する考えに達した．しかしそれは無限級数を2回用いるわかり難いものであった．
　和田寧は無限級数を1回用いることで計算できるようにした．そのために級数を研究し，その結果を用いて定積分の数表を作って，計算をした．
　それによって，貫通体など現代の積分を用いても複雑な計算になる問題を計算できるようになった．
　和田寧の「豁術初問」は，二等辺三角形（圭），台形（梯），角錐（方錐）に和田寧の方法を適用して説明したものである．

● 「豁術初問」 現代の数学と対応して考えやすいように，極限や積分の記号を用いた．

1. 変形

圭形（二等辺三角形） 圭形を闊(底辺)に平行な直線でn個に切る．nは大きい数，n個に切ることからnを切数という（平行線という語が用いられていることは興味深い）．nが大きな数とすると，各截積は直線のように考えることができる．
　これを平行に移動すれば，直角三角形を得る．これを正偏圭形（一辺が底辺に垂直になる三角形）と呼んでいる．カヴァリエリの原理に相当する．

　注意　nを大きくしても截断された1片には厚みがあるため，階段のようになり，直角三角形にはならない．nを限りなく大きくしていくと厚みは限りなく0に近づく，その極限として，直線となりそのときは直角三角形となる．

　一般の三角形に対しては，中勾の足が底辺（闊）外にあるとき，外偏圭形
中勾の足が底辺（闊）内にあるとき，内偏圭形という．

$$圭積 = \frac{中勾 \times 闊}{2}$$

　和 = 2斜（2辺の和）
直角になるように頂点を平行移動してできる正偏圭の面積．

$$正偏圭積 = \frac{中勾 \times 闊}{2}$$

和 = 中勾 + 斜 (2 辺の和)

正偏圭の 2 辺の和は圭の 2 辺和より大きいが面積は変わらない (圭形のとき和は最小となる).

梯形（等脚台形） 同様に梯形を大小頭に平行な直線で切る．1 辺が垂直（高さ）になる．台形（半梯）を得る．正偏梯形と呼ぶ,

$$梯積 = \frac{長(大+小)}{2}$$

和 = 2 斜

$$正偏梯積 = \frac{長(大+小)}{2}$$

和 = 長 + 斜

圭形と同様に, 梯形と正偏梯形の 2 辺の和の長さは変わるが, 面積は変わらない.

2. 尖平順逆貫法

圭, 三斜（不等辺三角形）, 勾股（直角三角形）などは, 一方が尖て一方が平である．これを尖平という,

これらを考えるためには, 前節で考えたように, 鈎股（直角三角形）を考えればよい．順貫法は尖より数える．

$$初 = \frac{1}{n}$$

$$平子 = \frac{平}{n}$$

$$距子 = \frac{距}{n}$$

$$某平 = \frac{i\,平}{n}$$

$$圭積 = \lim_{n \to \infty} \sum_{i=1}^{n} \frac{i\,平}{n} \frac{距}{n} = \int_0^1 平 \times 距\, x\, dx = \frac{平 \times 距}{2}$$

逆貫法は底辺より数える.

$$平子 = \frac{平}{n}$$

$$距子 = \frac{距}{n}$$

$$某平 = 平 - \frac{i\,平}{n}$$

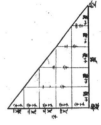

$$圭積 = \lim_{n \to \infty} \sum_{i=1}^{n} \left(平 - \frac{i\,平}{n} \right) \frac{距}{n} = \int_0^1 平 \times 距\,(1-x)\, dx = \frac{平 \times 距}{2}$$

3. 両頭順逆貫法

梯形は一方が大頭で一方が小頭である．これを両頭という．
前節で考えたように，半梯を考えればよい．
順貫法は大頭より数える．

$$初 = \frac{1}{n}$$

$$距子 = \frac{距}{n}$$

$$差子 = \frac{大頭-小頭}{n}$$

$$某差 = \frac{i(大頭-小頭)}{n}$$

$$某頭 = 大頭 - \frac{i(大頭-小頭)}{n}$$

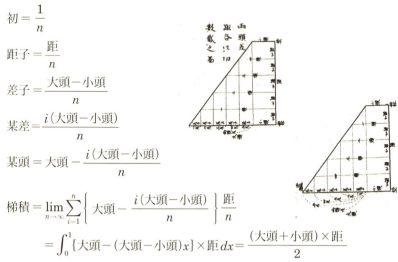

$$梯積 = \lim_{n\to\infty}\sum_{i=1}^{n}\left\{大頭 - \frac{i(大頭-小頭)}{n}\right\}\frac{距}{n}$$

$$= \int_0^1\{大頭-(大頭-小頭)x\}\times 距\, dx = \frac{(大頭+小頭)\times 距}{2}$$

逆貫法は小頭より数える．

$$初 = \frac{1}{n}$$

$$距子 = \frac{距}{n}$$

$$差子 = \frac{大頭-小頭}{n}$$

$$某差 = \frac{i(大頭-小頭)}{n}$$

$$某頭 = 小頭 + \frac{i(大頭-小頭)}{n}$$

$$梯積 = \lim_{n\to\infty}\sum_{i=1}^{n}\left\{小頭 - \frac{i(大頭-小頭)}{n}\right\}\frac{距}{n}$$

$$= \int_0^1\{小頭-(大頭-小頭)x\}\times 距\, dx = \frac{(大頭+小頭)\times 距}{2}$$

4. 用例
ここでは2つの用例を紹介してみる．
4.1 方錐
方（底面の一辺）と高さが与えられたとき体積を求める．
正偏方錐に変形して考える．

$$高子 = \frac{高}{n}$$

$$某方面 = \frac{i 方面}{n}, \quad 尖平順貫法$$

$$某方堡塔積 = \left(\frac{i\ 方面}{n}\right)^2 \frac{高}{n}$$

$$方錐積 = \lim_{n\to\infty} \sum_{i=1}^{n} \left(\frac{i\ 方面}{n}\right)^2 \frac{高}{n} = \int_0^1 x^2\ 方面\ ^2 \times 高\, dx = \frac{方面\ ^2 \times 高}{3}$$

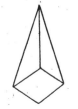

4.2 直台
上長，上平，下長，下平と，高さが与えられたとき体積を求める．
正隅偏直台に変形して考える．

$$高子 = \frac{高}{n}$$

$$某長 = 下長 - \frac{ii(下長 - 上長)}{n}, \quad 両頭順貫法$$

$$某平 = 下平 - \frac{i(下平 - 上平)}{n}, \quad 両頭順貫法$$

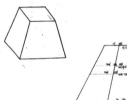

$$某直墻積 = \left\{下長 - \frac{i(下長 - 上長)}{n}\right\}\left\{下平 - \frac{i(下平 - 上平)}{n}\right\}\frac{高}{n}$$

$$直台積 = \lim_{n\to\infty}\sum_{i=1}^{n}\left\{下長 - \frac{i(下長 - 上長)}{n}\right\}\left\{下平 - \frac{i(下平 - 上平)}{n}\right\}\frac{高}{n}$$

$$= \int_0^1 \{下長 - x(下長 - 上長)\}\{下平 - x(下平 - 上平)\}高\, dx$$

$$= \int_0^1 \{下長 \times 下平 - (2\,下長 \times 下平 - 下長 \times 上平 - 下平 \times 上長)x$$
$$+ (下長 - 上長)(下平 - 上平)x^2\}高\, dx$$

$$= \frac{高}{6}\{下長 \times 上平 + 下平 \times 上長 + 2(下長 \times 下平 + 上長 \times 上平)\}$$

［藤井康生］

㊾ 円理表

円理表は級数に関するもの，積分に関するもの，微分に関するものからなる．
長谷川弘閧・内田久命編『算法求積通考』天保15（1844）年をもとに，現代の微積分の記号を用いてその一部を解説する．

◉ 積分表
1. 天表

天表	x	x^2	x^3	x^4	x^5	x^6	x^7	x^8	x^9
	$\frac{1}{2}$	$\frac{1}{3}$	$\frac{1}{4}$	$\frac{1}{5}$	$\frac{1}{6}$	$\frac{1}{7}$	$\frac{1}{8}$	$\frac{1}{9}$	$\frac{1}{10}$
天商表	$\frac{1}{\sqrt{x}}$	$\sqrt{x}$	$x\sqrt{x}$	$x^2\sqrt{x}$	$x^3\sqrt{x}$	$x^4\sqrt{x}$	$x^5\sqrt{x}$	$x^6\sqrt{x}$	$x^7\sqrt{x}$
	2	$\frac{2}{3}$	$\frac{2}{5}$	$\frac{2}{7}$	$\frac{2}{9}$	$\frac{2}{11}$	$\frac{2}{13}$	$\frac{2}{15}$	$\frac{2}{17}$

・天表

$$\int_0^1 x^p dx = \frac{1}{p+1} \quad p=1,\ 2,\ \cdots$$

和算では積分の記号はなく，

$$S_n = \frac{1}{n}\sum_{k=1}^{n}\left(\frac{k}{n}\right)^p, \quad \lim_{n\to\infty} S_n = \frac{1}{p+1}$$

このように区分求積的な方法で和を求めて極限を考えているが，積分の記号を用いて述べてみる．

・天商表

$$\int_0^1 x^p \sqrt{x} dx = \frac{2}{2p+3} \quad p=-1,\ 0,\ 1,\ 2,\ \cdots$$

を表にしたもの．

2. 甲表

直径に垂直の弦の長さを甲とする．甲表は甲 $=\sqrt{\text{直径}^2-\text{子}^2}$ を含む積分の表である．ここで子 $=\dfrac{\text{直径}}{n}$，である．直径 $=1$，子 $=x$ とする．

$$\text{甲} = \sqrt{1-x^2} = 1 - \frac{1}{2}x^2 - \frac{1}{2\cdot 4}x^4 - \frac{1\cdot 3}{2\cdot 4\cdot 6}x^6 - \frac{1\cdot 3\cdot 5}{2\cdot 4\cdot 6\cdot 8}x^8 - \cdots$$

V. 和算の発展

奇乗甲表	初級	二級	三級	四級	五級	六級
	$\sqrt{1-x^2}$	$(\sqrt{1-x^2})^3$	$(\sqrt{1-x^2})^5$	$(\sqrt{1-x^2})^7$	$(\sqrt{1-x^2})^9$	$(\sqrt{1-x^2})^{11}$
初行	$\frac{1}{3}$	$\frac{1}{5}$	$\frac{1}{7}$	$\frac{1}{9}$	$\frac{1}{11}$	$\frac{1}{13}$
二行	$\frac{2}{3\cdot 5}$	$\frac{2}{5\cdot 7}$	$\frac{2}{7\cdot 9}$	$\frac{2}{9\cdot 11}$	$\frac{2}{11\cdot 13}$	$\frac{2}{13\cdot 15}$
三行	$\frac{2\cdot 4}{3\cdot 5\cdot 7}$	$\frac{2\cdot 4}{5\cdot 7\cdot 9}$	$\frac{2\cdot 4}{7\cdot 9\cdot 11}$	$\frac{2\cdot 4}{9\cdot 11\cdot 13}$	$\frac{2\cdot 4}{11\cdot 13\cdot 15}$	$\frac{2\cdot 4}{13\cdot 15\cdot 17}$
偶乗甲表	初級	二級	三級	四級	五級	六級
	$\sqrt{1-x^2}$	$(\sqrt{1-x^2})^3$	$(\sqrt{1-x^2})^5$	$(\sqrt{1-x^2})^7$	$(\sqrt{1-x^2})^9$	$(\sqrt{1-x^2})^{11}$
初行	1	$\frac{3}{4}$	$\frac{15}{24}$	$\frac{105}{192}$	$\frac{945}{1920}$	$\frac{10395}{23040}$
二行	$\frac{1}{4}$	$\frac{3}{4\cdot 6}$	$\frac{15}{24\cdot 8}$	$\frac{105}{192\cdot 10}$	$\frac{945}{1920\cdot 12}$	$\frac{10395}{23040\cdot 14}$
三行	$\frac{3}{4\cdot 6}$	$\frac{3\cdot 3}{4\cdot 6\cdot 8}$	$\frac{3\cdot 15}{24\cdot 8\cdot 10}$	$\frac{3\cdot 105}{192\cdot 10\cdot 12}$	$\frac{3\cdot 945}{1920\cdot 12\cdot 14}$	$\frac{3\cdot 10395}{23040\cdot 14\cdot 16}$

・奇乗甲表

$$B(n,m) = \int_0^1 x^{2n+1}(\sqrt{1-x^2})^{2m+1}dx$$

$$B(n,0) = \frac{2n}{2n+3}B(n-1,0) = \frac{(2n)!!}{(2n+3)!!}$$

$$B(n,m) = B(n,m-1) - B(n+1,m-1)$$

・偶乗甲表

$$A(n,m) = \int_0^1 x^{2n}(\sqrt{1-x^2})^{2m+1}dx$$

$$A(0,0) = \int_0^1 \sqrt{1-x^2}dx = \frac{\pi}{4}$$

$$\frac{\pi}{4} = 1 - \frac{1}{2} - \frac{1}{2\cdot 3} - \frac{1}{2\cdot 4\cdot 5} - \frac{1\cdot 3}{2\cdot 4\cdot 6\cdot 7} - \cdots \quad \cdots(1)$$

$$A(1,0) = \int_0^1 x^2\sqrt{1-x^2}dx = \frac{1}{4}\frac{\pi}{4}$$

$$x^2\sqrt{1-x^2} = x^2 - \frac{1}{2}x^4 - \frac{1}{2\cdot 4}x^6 - \frac{1\cdot 3}{2\cdot 4\cdot 6}x^8 - \frac{1\cdot 3\cdot 5}{2\cdot 4\cdot 6\cdot 8}x^{10} - \cdots$$

『求積通考』では
$\sqrt{1-x}$ を平方に開き, $x=1$ とする.

$$1 - \frac{1}{2} - \frac{1}{2\cdot 4} - \frac{1\cdot 3}{2\cdot 4\cdot 6} - \frac{1\cdot 3\cdot 5}{2\cdot 4\cdot 6\cdot 8} - \cdots = 0 \quad \cdots(2)$$

この(2)式を空数と呼んでいる. そして(2)より

$$\left(1 - \frac{1}{2} - \frac{1}{2\cdot 4} - \frac{1\cdot 3}{2\cdot 4\cdot 6} - \frac{1\cdot 3\cdot 5}{2\cdot 4\cdot 6\cdot 8} - \cdots\right) - \left(1 - \frac{1}{2} - \frac{1}{2\cdot 4} - \frac{1\cdot 3}{2\cdot 4\cdot 6} - \frac{1\cdot 3\cdot 5}{2\cdot 4\cdot 6\cdot 8} - \cdots\right) = 0$$

$$1 - \left(\frac{1}{2} + 1\right) + \left(-\frac{1}{2\cdot 4} + \frac{1}{2}\right) + \left(-\frac{1\cdot 3}{2\cdot 4\cdot 6} + \frac{1}{2\cdot 4}\right) + \cdots = 0$$

$$1 - \frac{3}{2} + \frac{3}{2\cdot 4} - \frac{3}{2\cdot 4\cdot 6} + \frac{3\cdot 3}{2\cdot 4\cdot 6\cdot 8} + \cdots = 0 \quad \cdots(3)$$

(3)式を用いて

(1) − (3)

$$\frac{\pi}{4} = \frac{4}{3} - \frac{4}{2\cdot 5} - \frac{4}{2\cdot 4\cdot 7} - \frac{4\cdot 3}{2\cdot 4\cdot 6\cdot 9} - \cdots$$

$$\frac{1}{4}\frac{\pi}{4} = \frac{1}{3} - \frac{1}{2\cdot 5} - \frac{1}{2\cdot 4\cdot 7} - \frac{3}{2\cdot 4\cdot 6\cdot 9} - \cdots$$

として求めている．ここで(3)式を用いていることは巧みな計算であるが，以下に見るように部分積分を用いて計算をしていることになる．

$$4\int x^2\sqrt{1-x^2}dx = -(x-x^3)\sqrt{1-x^2} + \int \sqrt{1-x^2}dx$$

(3)式は，上記積分の $-(x-x^3)\sqrt{1-x^2}$ の項に対応している．
以下の計算では，部分積分を用いて求められる．

$$A(n,0) = \frac{2n-1}{2n+2}A(n-1,0)$$

$$A(n,m) = A(n,m-1) - A(n+1,m-1)$$

より求められる．

・**甲除奇乗表**

$$C(n) = \int_0^1 \frac{x^{2n+1}}{\sqrt{1-x^2}}dx$$

$$C(n) = \frac{(2n)!!}{(2n+1)!!}$$

・**甲除偶乗表**

$$D(n) = \int_0^1 \frac{x^{2n}}{\sqrt{1-x^2}}dx$$

$$D(n) = \frac{(2n-1)!!}{(2n)!!}\frac{\pi}{2}$$

3. 差表

$1-x$ を含む積分の表である．

$$E(n) = \int_0^1 (1-x)^n\sqrt{x}dx$$

$$= 2\int_0^1 x^{2n+1}\sqrt{1-x^2}dx = \frac{2(2n)!!}{(2n+3)!!}$$

4. 乙表

直径に垂直な弦の長さを乙とする．乙表は $\sqrt{子-子^2}$ を含む積分の表である．
$(直径-2\,子)^2 + 乙^2 = 直径^2$ より，$乙 = 2\sqrt{x-x^2}$

奇乗乙表	初級	二級	三級	四級	五級	六級
	$\sqrt{x-x^2}$	$(\sqrt{x-x^2})^3$	$(\sqrt{x-x^2})^5$	$(\sqrt{x-x^2})^7$	$(\sqrt{x-x^2})^9$	$(\sqrt{x-x^2})^{11}$
初行	$\frac{4}{3}$	$\frac{2\cdot4^2}{35}$	$\frac{8\cdot4^3}{693}$	$\frac{48\cdot4^4}{19305}$	$\frac{384\cdot4^5}{692835}$	$\frac{3840\cdot4^6}{30421755}$
二行	$\frac{2\cdot4}{3\cdot5}$	$\frac{4\cdot2\cdot4^2}{35\cdot9}$	$\frac{6\cdot8\cdot4^3}{693\cdot13}$	$\frac{8\cdot48\cdot4^4}{19305\cdot17}$	$\frac{10\cdot384\cdot4^5}{692835\cdot21}$	$\frac{12\cdot3840\cdot4^6}{30421755\cdot25}$
三行	$\frac{4\cdot2\cdot4}{3\cdot5\cdot7}$	$\frac{6\cdot4\cdot2\cdot4^2}{35\cdot9\cdot11}$	$\frac{8\cdot6\cdot8\cdot4^3}{693\cdot13\cdot15}$	$\frac{10\cdot8\cdot48\cdot4^4}{19305\cdot17\cdot19}$		

偶乗乙表	初級	二級	三級	四級	五級	六級
	$\sqrt{x-x^2}$	$(\sqrt{x-x^2})^3$	$(\sqrt{x-x^2})^5$	$(\sqrt{x-x^2})^7$	$(\sqrt{x-x^2})^9$	$(\sqrt{x-x^2})^{11}$
初行	1	$\frac{4\cdot3^2}{6\cdot8}$	$\frac{4^2\cdot15^2}{480\cdot12}$	$\frac{4^3\cdot105^2}{80640\cdot16}$	$\frac{4^4\cdot945^2}{23224320\cdot20}$	$\frac{4^5\cdot10395^2}{10218700800\cdot24}$
二行	$\frac{3}{6}$	$\frac{5\cdot4\cdot3^2}{6\cdot8\cdot10}$	$\frac{7\cdot4^2\cdot15^2}{480\cdot12\cdot14}$	$\frac{9\cdot4^3\cdot105^2}{80640\cdot16\cdot18}$	$\frac{11\cdot4^4\cdot945^2}{23224320\cdot20\cdot22}$	$\frac{13\cdot4^5\cdot10395^2}{10218700800\cdot24\cdot26}$
三行	$\frac{5\cdot3}{6\cdot8}$	$\frac{7\cdot5\cdot4\cdot3^2}{6\cdot8\cdot10\cdot12}$	$\frac{9\cdot7\cdot4^2\cdot15^2}{480\cdot12\cdot14\cdot16}$	$\frac{11\cdot9\cdot4^3\cdot105^2}{80640\cdot16\cdot18\cdot20}$		

奇乗，三行，五級，$\dfrac{12\cdot10\cdot384\cdot4^5}{692835\cdot21\cdot23}$，六級，$\dfrac{14\cdot12\cdot3840\cdot4^6}{30421755\cdot25\cdot27}$

偶乗，三行，五級，$\dfrac{13\cdot11\cdot4^4\cdot945^2}{23224320\cdot20\cdot22\cdot24}$，六級，$\dfrac{15\cdot13\cdot4^5\cdot10395^2}{10218700800\cdot24\cdot26\cdot28}$

甲除	奇除表	$\frac{x}{\sqrt{1-x^2}}$	$\frac{x^3}{\sqrt{1-x^2}}$	$\frac{x^5}{\sqrt{1-x^2}}$	$\frac{x^7}{\sqrt{1-x^2}}$	$\frac{x^9}{\sqrt{1-x^2}}$
		1	$\frac{2}{3}$	$\frac{8}{15}$	$\frac{48}{105}$	$\frac{384}{945}$
乙除	奇除表	$\frac{x}{\sqrt{x-x^2}}$	$\frac{x^3}{\sqrt{x-x^2}}$	$\frac{x^5}{\sqrt{x-x^2}}$	$\frac{x^7}{\sqrt{x-x^2}}$	$\frac{x^9}{\sqrt{x-x^2}}$
甲除	偶除表	$\frac{1}{\sqrt{1-x^2}}$	$\frac{x^2}{\sqrt{1-x^2}}$	$\frac{x^4}{\sqrt{1-x^2}}$	$\frac{x^6}{\sqrt{1-x^2}}$	$\frac{x^8}{\sqrt{1-x^2}}$
		$\frac{2}{1}\cdot\frac{\pi}{4}$	$\frac{2}{2}\cdot\frac{\pi}{4}$	$\frac{2\cdot3}{4}\cdot\frac{\pi}{4}$	$\frac{2\cdot15}{48}\cdot\frac{\pi}{4}$	$\frac{2\cdot105}{384}\cdot\frac{\pi}{4}$
乙除	偶除表	$\frac{1}{\sqrt{x-x^2}}$	$\frac{x^2}{\sqrt{x-x^2}}$	$\frac{x^4}{\sqrt{x-x^2}}$	$\frac{x^6}{\sqrt{x-x^2}}$	$\frac{x^8}{\sqrt{x-x^2}}$

・**奇乗乙表**

$$\int_0^1 \frac{2\sqrt{x-x^2}}{\sqrt{x}}dx = 4\int_0^1 x\sqrt{1-x^2}dx = \frac{4}{3}$$

$$\int_0^1 \sqrt{x}(2\sqrt{x-x^2})dx = 4\int_0^1 x^3\sqrt{1-x^2}dx = \frac{2\cdot4}{3\cdot5}$$

$$\int_0^1 \frac{(2\sqrt{x-x^2})^3}{\sqrt{x}}dx = 4^2\int_0^1 x(\sqrt{1-x^2})^3 dx = \frac{2\cdot4^2}{35}$$

以下，奇乗甲表を用いて計算する．

$$\int_0^1 x^p(\sqrt{x-x^2})^q dx = 2\int_0^1 x^{2p+1}(\sqrt{1-x^2})^q dx \quad 奇乗甲表$$

・**偶乗乙表**

$$\int_0^1 2\sqrt{x-x^2}dx = 4\int_0^1 x^2\sqrt{1-x^2}dx = 1\cdot\frac{\pi}{4}$$

$$\int_0^1 (\sqrt{x})^2 (2\sqrt{x-x^2})dx = 4\int_0^1 x^4 \sqrt{1-x^2}\,dx = \frac{3}{6}\cdot\frac{\pi}{4}$$

以下，偶乗甲表を用いて計算する．

$$\int_0^1 x^p (\sqrt{x-x^2})^q dx = 2\int_0^1 x^{2p+q+1}(\sqrt{1-x^2})^q dx \qquad \text{偶乗甲表}$$

・乙除奇乗表

$$F(n) = \int_0^1 \frac{(\sqrt{x})^{2n+1}}{\sqrt{x-x^2}}dx$$

$$\int_0^1 \frac{(\sqrt{x})^{2p+1}}{\sqrt{x-x^2}}dx = 2\int_0^1 \frac{x^{2p+1}}{\sqrt{x-x^2}}dx \qquad \text{甲除奇乗表}$$

・乙除偶乗表

$$G(n) = \int_0^1 \frac{(\sqrt{x})^{2n}}{\sqrt{x-x^2}}dx$$

$$\int_0^1 \frac{(\sqrt{x})^{2p}}{\sqrt{x-x^2}}dx = 2\int_0^1 \frac{x^{2p}}{\sqrt{x-x^2}}dx \qquad \text{甲除偶乗表}$$

◉ 級数展開表

径除表

$$\text{地} = \sqrt{1-x^2} = 1 - \frac{1}{2}x^2 - \frac{1}{8}x^4 - \frac{3}{48}x^6 - \frac{15}{384}x^{10} \qquad \cdots(1)$$

をもとにした $\dfrac{1}{\sqrt{1-x^2}}$ 級数の表である．

・奇除表

$$\frac{1}{\text{地}} = \frac{1}{\sqrt{1-x^2}} = \frac{\sqrt{1-x^2}}{1-x^2} = 1 + \frac{1}{2}x^2 + \frac{3}{8}x^4 + \frac{15}{48}x^6 + \frac{105}{384}x^8 \qquad \cdots(2)$$

$$\frac{1}{\text{地}^3} = \frac{1}{(\sqrt{1-x^2})^3} = \frac{\dfrac{1}{\sqrt{1-x^2}}}{1-x^2} = \text{とすることによって計算する．以下同様にする．}$$

$$\frac{1}{\text{地}^3} = \frac{1}{(\sqrt{1-x^2})^3} = 1 + \frac{3}{2}x^2 + \frac{15}{8}x^4 + \frac{105}{48}x^6 + \frac{945}{384}x^8 \qquad \cdots(3)$$

$$\frac{1}{\text{地}^5} = \frac{1}{(\sqrt{1-x^2})^5} = 1 + \frac{5}{2}x^2 + \frac{35}{8}x^4 + \frac{315}{48}x^6 + \frac{11\cdot315}{384}x^8 \qquad \cdots(4)$$

$$\frac{1}{\text{地}^7} = \frac{1}{(\sqrt{1-x^2})^7} = 1 + \frac{7}{2}x^2 + \frac{63}{8}x^4 + \frac{11\cdot63}{48}x^6 + \frac{13\cdot315}{693}x^8 \qquad \cdots(5)$$

・偶除表

$$\frac{1}{\text{地}^2} = \frac{1}{1-x^2} = 1 + x^2 + x^4 + x^6 + x^8 \qquad \cdots(6)$$

$$\frac{1}{地^4} = \frac{1}{(1-x^2)^2} = 1 + 2x^2 + 3x^4 + 4x^6 + 5x^8 \quad \cdots(7)$$

$$\frac{1}{地^6} = \frac{1}{(1-x^2)^3} = 1 + 3x^2 + 6x^4 + 10x^6 + 15x^8 \quad \cdots(8)$$

$$\frac{1}{地^8} = \frac{1}{(1-x^2)^4} = 1 + 4x^2 + 10x^4 + 20x^6 + 35x^8 \quad \cdots(9)$$

$$\frac{1}{地^{10}} = \frac{1}{(1-x^2)^5} = 1 + 5x^2 + 15x^4 + 35x^6 + 70x^8 \quad \cdots(10)$$

◉ 例として楕円の周の長さを求める

楕円の周　長径を $2a$，短径を $2b$，楕円の周を s，とする.

$$\frac{x^2}{a^2} + \frac{y^2}{b^2} = 1 \text{ より } y = \frac{b}{a}\sqrt{a^2 - x^2}$$

$$\sqrt{1 + (y')^2} = \sqrt{\frac{a^2 - \dfrac{a^2 - b^2}{a^2}x^2}{a^2 - x^2}}$$

$$\frac{a^2 - b^2}{a^2} = k, \ x = at \text{ とおくと}$$

$$\sqrt{\frac{1 - kt^2}{1 - t^2}} \text{ より } \sqrt{1 - kt^2} \text{ を級数に展開する.}$$

$$\sqrt{1 - kt^2} = 1 - \frac{1}{2}kt^2 - \frac{1}{8}k^2t^4 - \cdots$$

$$S = 4a\int_0^1 \frac{\sqrt{1 - kt^2}}{\sqrt{1 - t^2}}dt$$

$$= 4a\left(\int_0^1 \frac{1}{\sqrt{1 - t^2}}dt - \frac{1}{2}\int_0^1 \frac{kt^2}{\sqrt{1 - t^2}}dt - \frac{1}{8}\int_0^1 \frac{k^2t^4}{\sqrt{1 - t^2}}dt - \cdots\right)$$

ここで，「甲除偶乗表」によって，

$$\int_0^1 \frac{1}{\sqrt{1 - t^2}}dt = \frac{\pi}{2}, \quad \int_0^1 \frac{t^2}{\sqrt{1 - t^2}}dt = \frac{1}{2}\frac{\pi}{2}, \quad \int_0^1 \frac{t^4}{\sqrt{1 - t^2}}dt = \frac{3}{8}\frac{\pi}{2}$$

であるので，

$$S = 2a\pi\left(1 - \frac{k}{4} - \frac{3k^2}{64} - \cdots\right)$$

と求められる.　　　　　　　　　　　　　　　　　　　　　　　［藤井康生］

【注：記号は小寺裕著『算法求積通考(I)』近畿和算ゼミナール報告集［14］（和算の館）に従いました】

㊿ 適尽方級法

適尽方級法は関孝和の「開方飜變之法」に載せられている. 方程式
$$a_0 + a_1 x + a_2 x^2 + \cdots + a_n x^n = 0 \quad \cdots (1)$$
と
$$a_1 + 2a_2 x + \cdots + na_n x^{n-1} = 0 \quad \cdots (2)$$
を用いる.

(2)式は x について, (1)式を微分したものにほかならない. (1)式と(2)式から求めた終結式を適尽方級法という, x を消去した結果として判別式に相当するものを得ている.

適尽方級法を用いて, 方程式が解をもつとき, 係数の極値を求めている.

● **平方適尽方級法**　上記(2)式はどのようにして考えられたものか. 平方適尽方級法について見ていく.
$$f(x) = a_0 + a_1 x + a_2 x^2$$
の未知数を $x - \alpha$ に変換する, これを変式という.
$$(a_0 + a_1\alpha + a_2\alpha^2) + (a_1 + 2a_2\alpha)(x - \alpha) + a_2(x - \alpha)^2$$
上式は, 微分記号を用いて表せば

実級 $= a_0 + a_1\alpha + a_2\alpha^2 = f(\alpha)$

方級 $= a_1 + 2a_2\alpha = f'(\alpha)$

廉級 $= a_2 = \dfrac{1}{2} f''(\alpha)$

$$f(x) = f(\alpha) + f'(\alpha)(x - \alpha) + \frac{1}{2} f''(\alpha)(x - \alpha)^2$$

となる. 実級と方級より,
$$f(\alpha) = a_0 + a_1\alpha + a_2\alpha^2 = 0 \quad \cdots (1)$$
$$\alpha f'(\alpha) = a_1\alpha + 2a_2\alpha^2 = 0 \quad \cdots (2)$$

$(1) \times 2 - (2)$
$$2a_0 + a_1\alpha = 0 \quad \cdots (3)$$

$(2) \times a_1 - (3) \times 2a_2$
$$4a_0 \times a_2 - (a_1)^2 = 0 \quad \cdots (4)$$

(4)式は判別式とは符号が異なるが, (判別式) $= 0$ にあたる.

3次以上一般には, 換式を用いる. 関孝和や建部賢弘たち和算家は $f(\alpha)$ と $f'(\alpha)$ の終結式を計算し, 終結式が0となるときを問題にしていた (㉜「和算の行列式」参照).

同様に, 実級と廉級より

$$f(\alpha) = 0, \quad \frac{\alpha^2}{2} f''(\alpha) = 0$$

より α を消去する方法を適尽廉級法という.

$$f(x) = a_0 + a_1 x + a_2 x^2 + a_3 x^3 = 0$$

としたときの立方適尽方級法は

$$-a_1^2 a_3^2 + 4a_0 a_3^3 + 4a_3^3 a_4 - 18a_0 a_1 a_3 a_4 + 27a_0^2 a_4^2$$

である. 判別式とは符号が異なる.

建部賢弘は「大成算経」三巻に五次式までのときの結果を載せている.

● **方程式が解をもつときの係数の極値**　方程式の係数の内 1 個を変えたとき, 解をもつときの極値を求める. このとき, 適尽方級法を用いることを, 『大成算経』 三巻の例題をもとに概説する.

1. 2次方程式

$$4 - 3x + x^2 = 0 \quad \cdots (1)$$

を考える.

2次方程式(1)は商をもたない.

平方適尽方級法によって, 商をもつときの係数の範囲を求める.

仮に定数項（実）を 0 とすると,

$$-3x + x^2 = 0$$

は正の商をもつ.

次に 2 次の項の係数（廉）を 0 とするとき,

$$4 - 2x = 0$$

は正の商をもつ.

このことから, 定数項（実）と 2 次の項の係数を替えるときは, 適尽方級法 により求めた値より小さいときに正の商をもつ.

1 次の項の係数（方）は負でなければならないので, 係数を替えるときは, 適 尽方級法により求めた値より（絶対値が）大きいときに正の商をもつ.

平方適尽方級法を用いて,

$a - 3x + x^2 = 0$ の場合, $a_0 = a$, $a_1 = -3$, $a_2 = 1$ なので,

平方適尽方級法は $4a - 9 = 0$ である.

したがって, $a < \dfrac{9}{4}$ のとき商をもつ.

（現代は（判別式）> 0 とする所であるが, 和算家は（判別式）$= 0$ のときの値 を求め, ここでは先に 0 の場合に成り立つかを調べ, 0 を含むことより $a < \dfrac{9}{4}$ を求めている. 以下同様にしている）.

$4 - bx + x^2 = 0$ の場合, $a_0 = 4$, $a_1 = -b$, $a_2 = 1$ なので, 平方適尽方級法は $4 \times 4 - b^2 = 0$ である. したがって, $b > 4$ のとき商をもつ.

$4 - 3x + cx^2 = 0$ の場合, $a_0 = 4$, $a_1 = -3$, $a_3 = c$ なので, 平方適尽方級法は $4 \times 4c - 9 = 0$ である.

したがって, $c < \dfrac{9}{16}$ のとき商をもつ.

2. 3次方程式

$$-3 + 3x + 4x^2 + x^3 = 0 \quad \cdots(2)$$

を考える.

3次方程式(2)は負の商をもたない.

3次方程式(2)を解くと $x = -2.27340913844 + 0.563821092829i$,

$x = -2.27340913844 - 0.563821092829i$, $x = 0.546818276884$ となる.

立方適尽方級法によって, 商をもつときの係数の範囲を求める.

仮に定数項(実)を0とすると, 方程式は

$$3x + 4x^2 + x^3 = 0$$

となりその商は

$$x = -1, \ x = -3, \ x = 0 \text{ である.}$$

すなわち負の商をもつ.

次に1次の項の係数(方)を0とすると, 方程式は

$$-3 + 4x^2 + x^3 = 0$$

となり $x = -1$ を商とする.

すなわち負の商をもつ.

解くと $x = 0.791287847478$, $x = -1$, $x = -3.79128784748$ となる.

また3次の項の係数(隅)を0とすると, 方程式は

$$-3 + 3x + 4x^2 = 0$$

となり負の商をもつ.

解くと $x = 0.568729304409$, $x = -1.31872930441$ となる.

このことから, 定数項(実), 1次の項の係数(方), 3次の項の係数(隅)は立方適尽方級法により求めた値より小さいときに, 負の商をもつ.

2次の項の係数(廉)は, 正でなければならないので, 立方適尽方により求めた値より大きいときに, 負の商をもつ.

立方適尽方級法によって,

$$-a + 3x + 4x^2 + x^3 = 0 \text{ の場合, } a_0 = -a, \ a_1 = 3, \ a_2 = 4, \ a_3 = 1 \text{ なので,}$$

立方適尽方級法は $27a^2 - 40a - 36 = 0$ である.

したがって, $a < 2.112612$ 弱のとき負の商をもつ.

(和算には現代のようなグラフの考えがなかったので考え難いが, これは

$$y = x^3 + 4x^2 + 3x, \ \text{と} \ y = a \ \text{が接するときを考えている.}$$

よって $x^3 + 4x^2 + 3x - a = 0$ が重解をもつ場合を考えることになる, 立方適尽

V. 和算の発展　　　　　　217

方級法（判別式）の解となる）

　立方適尽方級法を解くと $a=2.11261179092$, $a=-0.631130309441$ となる.

　　　$-3+bx+4x^2+x^3=0$ の場合, $a_0=-3$, $a_1=b$, $a_2=4$, $a_3=1$ なので,
立方適尽方級法は $4b^3-16b^2+216b-525=0$ である.

　したがって, $b<2.605869$ 微弱のとき負の商をもつ.

　これは $y=x^3+4x^2-3$, と $y=-bx$ が接するときを考えている, 以下同様.

　立方適尽方級法を解くと $b=0.697065548704+7.06266074139i$,

　　　$b=0.697065548704-7.06266074139i$, $b=2.60586890259$ となる.

$-3+3x+cx^2+x^3=0$ の場合, $a_0=-3$, $a_1=3$, $a_2=c$, $a_3=1$ なので, 立方
適尽方級法は $12c^3+9c^2-162c-351=0$ である.

　したがって, $c>4.169813$ 強のとき負の商をもつ.

　立方適尽方級法を解くと $c=-2.4599066324+0.981611925261i$,

$c=-2.4599066324-0.981611925261i$, $c=4.16981326481$ となる.

　　　$-3+3x+4x^2+dx^3=0$ の場合, $a_0=-3$, $a_1=3$, $a_2=4$, $a_3=d$ なので,
立方適尽方級法は $243d^2+756d-912=0$ である.

　したがって, $d<0.928964$ 強のとき負の商をもつ.

　立方適尽方級法を解くと $d=0.928964419444$, $d=-4.04007553056$ となる.

● **招差・極数**　極数の問題の起こりは, 招差の起こりと密接に関わっている.
それは, 授時暦の日躔の盈縮, 月離の遅疾（これは太陽と月の等速運動との差）
を表す式として 3 次式 $ax+bx^2+cx^3$ を用いた. 太陽の場合では, 3 次式は春分・
秋分で極値となる. この 3 次式の係数を求める所から招差・極数は起こった. 極
数術は最大値・最小値を求める問題として発展していった.

　有馬頼徸著『拾璣算法』第 5 巻「招差」7 問を解説する.

問題　今招差の法がある, 天限数 3, 積 $15+\dfrac{11}{19}$. 地限数 8, 積 $17+\dfrac{11}{38}$. 只

　　　　云う多極積とその時の限数の和 $24+\dfrac{25}{38}$ である. このとき, 直差, 定差,

　　　　平差, と多極積, 多極積の限数を求めよ.

　　答　直差 241 正, 定差 156 正, 平差 13 負, 約法 38,

　　　　多極積 18 箇 $\dfrac{25}{38}$, 多極積の限数 6 箇.

［藤井康生］

⑤ 図形が他の図形の上でころがったときの軌跡

和算でサイクロイド・擺線が見られるのは,志筑忠雄訳述『暦象新書』中編巻之上に載せられているのが最初である.

その後,円が直線上だけでなく正多角形の周を移動する場合や,亀円と呼ばれる,大円の周上を小円の中心が移動する場合などを取扱っている.

長谷川弘閣・内田久命編『算法求積通考』巻之五 天保15(1844)年によって解説する.

現代数学でいうサイクロイドと和算の黒点の軌跡との違いは,現代のサイクロイドでは小円は滑らずに回転するのに対して,和算では回転せずに滑っている点である.

● **現代のサイクロイド** 定直線に沿って円が滑らずに回転するときの円周上の定点の軌跡をサイクロイドという.

擺線とも呼ばれる.動円の半径を r,回転角を θ とすると,サイクロイドの媒介変数表示は

$x = r(\theta - \sin\theta)$
$y = r(1 - \cos\theta)$

● **和算におけるサイクロイド** サイクロイドについて,『算法求積通考』五巻九十七番に次のように載せられている.

  今有如図線上載一輪與線相親處設黒點而從輪曳線上黒點離
  線施輪而一周再交線時輪止其黒點運行之軌跡自有成象也
  其象如弧故名曰點跡弧　輪徑若干　曳長若干　問得點跡弧
  背及積術如何
  術曰置曳長以円周率除之　加減　輪徑擬　長短　徑依術求
  側円集
  置曳長半之加輪徑因圓積率乗輪徑得積合問

本問では軌跡という言葉が用いられている.円は線上を回転するのではなく,線上を曳かれる(線上を滑って行く).同時に黒点が等速度で円周上を動いていく,黒点が一周してもとの位置に戻るまでに円の移動した距離が曳長である.

 點跡弧背の長さと面積を求める.
 曳長が円周に等しいときの軌跡は現代のサイクロイドとなる.
 點跡弧背の長さをを求めるために直径を n 等分している.

V. 和算の発展

これは，区分求積の考え方によっていることは同じであるが，これまで円の弧背を求めるために円弧を n 等分していたのとは異なり，用いられている記号や記述は現代の積分計算と異なるものの，計算方法は同様に行われるようになった（㊽「和田寧の<ruby>蓿<rt></rt></ruby>術」参照）．

以下に，點跡弧背の長さ（サイクロイドの長さ）を求める．曳長を l とする．

$$x = \frac{l}{2\pi}\theta - r\sin\theta$$

$$y = r(1 - \cos\theta\}$$

$$s = \sqrt{\left(\frac{dx}{d\theta}\right)^2 + \left(\frac{dy}{d\theta}\right)^2}, \quad S = \int_0^{2\pi} s\, d\theta$$

$$s = \sqrt{\left(\frac{l}{2\pi} - r\cos\theta\right)^2 + (r\sin\theta)^2} = \sqrt{\left(\frac{l}{2\pi}\right)^2 + r^2 - \frac{l}{\pi}r\cos\theta}$$

$$= \sqrt{\left(\frac{l}{2\pi} + r\right)^2 - \frac{2l}{\pi}r\cos^2\frac{\theta}{2}}$$

$$2a = \frac{l}{\pi} + 2r \quad \text{楕円の長径}$$

$$2b = \frac{l}{\pi} - 2r \quad \text{楕円の短径}$$

とすると側円周に等しい．

$$s = \sqrt{a^2 - (a^2 - b^2)\cos^2\frac{\theta}{2}}$$

$$\frac{a^2 - b^2}{a^2} = k, \quad \text{とおく}$$

$$S = 4a\int_0^{\frac{\pi}{4}} \sqrt{1 - k\sin^2\theta}\, d\theta$$

$$x = \sin^2\theta, \quad dx = 2\sin\theta\cos\theta\, d\theta$$

$$d\theta = \frac{2dx}{\sqrt{x(1-x)}}$$

$$S = 4a\int_0^1 \frac{\sqrt{1-kx}}{\sqrt{x(1-x)}}\, dx$$

この積分を計算するために，$\sqrt{1-kx}$ を級数に展開する．

$$\sqrt{1-kx} = 1 + \frac{1}{2}kx - \frac{1}{8}(kx)^2 + \frac{3}{45}(kx)^3 - \frac{15}{384}(kx)^4 + \cdots$$

を用いて

$$\int_0^1 \frac{\sqrt{1-kx}}{\sqrt{x(1-x)}} = \int_0^1 \frac{dx}{\sqrt{x(1-x)}} + \frac{k}{2}\int_0^1 \frac{xdx}{\sqrt{x(1-x)}} - \frac{k^2}{8}\int_0^1 \frac{x^2 dx}{\sqrt{x(1-x)}} \cdots$$

ここで出てくる

$$\int_0^1 \frac{x^n dx}{\sqrt{x(1-x)}}$$

を計算して表にまとめていた, 『算法求積通考』二巻に載せられている乙除隅乗表である. (㊾「円理表」参照).

$l=2\pi r$ のとき $S=8r$ である.

次に點跡弧背の面積

$$\int_0^{2\pi} y\frac{dx}{d\theta} = \int_0^{2\pi} r(1-\cos\theta)\left(\frac{l}{2\pi} - r\cos\theta\right)d\theta = \left(\frac{l}{2} + 2r\frac{\pi}{4}\right)2r$$

● **正多角形の周を円が移動する時の軌跡**　円が正方形上を転がらずに一周する, その間に黒点が同じ方向に一周するときの黒点の軌跡を考える.

$A_0A_1 + A_2A_3 + A_4A_5$ は擺線の半分

先の節で $l=$ 曳長 $=4$ 方, であるので, 擺線の長さは,

$$\frac{方}{\frac{\pi}{4}} + 円径 = 長径, \quad \frac{方}{\frac{\pi}{4}} - 円径 = 短径, とする楕円の周の長さとなる. \cdots(1)$$

弧 A_1A_2, A_3A_4, は $\frac{1}{4}$ の円周になる. 弧 A_1A_2 の半径を甲, 弧 A_3A_4 の半径を乙とする.

$$子 = \frac{径}{\sqrt{2}}, \quad (甲+乙)^2 = \left(\frac{径}{2}\right)^2 + \left(子+\frac{径}{2}\right)^2$$
$$= (1+\sqrt{0.5})径^2$$
$$甲+乙 = \sqrt{1+\sqrt{0.5}}\ 径, \quad (甲+乙)\frac{\pi}{2}$$
$$= \sqrt{1+\sqrt{0.5}}\ 径\frac{\pi}{2}$$

円弧の部分を極とすると, 上記の 2 倍であることより

$$極 = \sqrt{1+\sqrt{0.5}}\ 径\ \pi \quad \cdots(2)$$

よって軌跡の長さは, (1)(2)を合わせたものになる.

その面積は, 點跡弧背の面積, 正方形の面積, 四隅の $\frac{1}{4}$ 円の面積の和である

點跡弧背の面積 $= \left(2 方 + 径\dfrac{\pi}{4}\right) 径$ …(3)

正方形の面積 $= 方^2$ …(4)

甲半円と乙半円の面積 $= (甲^2 + 乙^2)\dfrac{\pi}{2}$

$甲^2 + 乙^2 = 径^2$ より甲半円と乙半円の面積 $= 2 径^2 \dfrac{\pi}{4}$ …(5)

よって面積は，(3)，(4)，(5) を合わせたものになる．

$$面積 = \left(3 径\dfrac{\pi}{4} + 2 方\right) 径 + 方^2$$

円が正方形上を転がらずに一周する，その間に黒点が異なる方向に一周するときの黒点の軌跡を考える．

軌跡の長さは，先の黒点が同じ方向に一周するときと同じになる．

面積は曳長×径の長方形から先の點跡弧背の面積を引いたものを考える．

$$\left(2 方 - 径\dfrac{\pi}{4}\right) 径 \quad …(6)$$

よって面積は，(4)，(5)，(6) を合わせたものになる．

$$面積 = \left(径\dfrac{\pi}{4} + 2 方\right) 径 + 方^2$$

同様に正六角形・正七角形・正八角形や円周上を転がる軌跡を考えている．

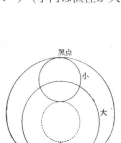

● 亀円　小円の中心が大円の周上にある場合を亀円という（小円は直径が大－小の円に接して廻り，その接点は常に同じ点とする）．

亀円の長さと面積を求める問題である．

大円の半径を a，小円の半径を b とする．亀円の方程式は，次のようになる．

$x = a \sin \theta + b \sin 2\theta$
$y = a \cos \theta + b \cos 2\theta$

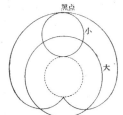

この方程式を用いて計算すると，和算家の得た以下の結果と一致する．

$$面積 = (a^2 + 2b^2)\pi$$

軌跡の長さは，$a + 2b$，$a - 2b$ を長半径，短半径とする楕円の周の長さになる．

［藤井康生］

㊷ 瑪得瑪弟加塾（マテマテカ塾）

● **内田五觀と瑪得瑪弟加について**　内田五觀は初め恭といい，後に觀（よくみ），五觀（いつみ）といった．

文化2（1805）年江戸に生まれ，四谷忍原横町に住んでいた．

明治15（1882）年3月29日78歳で没した．四谷南寺町西應寺に葬られる．

11歳のとき日下誠（1764-1839）に入門し，文政5（1812）年18歳のとき関流宗統の伝を受けられた．

家塾を瑪得瑪弟加塾と名付けた．これは Mathematica を「瑪得瑪弟加」（マテマティカ）という漢字の音読みにしたものである．

内田は『神壁算法解義』の文政五（1822）年秋の序文に「内田恭識於瑪得瑪弟加闥」と書いている．文政五（1822）年は関流宗統の伝を受けられた年である．

この「瑪得瑪弟加」の出所については『崇禎暦書』中の『比例規解』の序文に「瑪得瑪弟嘉」とある．また『天学初函』中の『西学凡』に「瑪得瑪弟加」とある．

『天学初函』は寛永7年の禁書にあげられている．尾張徳川家の旧蔵書である名古屋市蓬左文庫に収蔵されているあが，これは寛永7年以前の蔵書である．禁書のため一般には見ることができなかった書である．内田五觀が見たとは考えにくい．「嘉」と「加」の音は同じであるが，内田はどうして「加」としたのだろう．

『比例規解』は比例コンパスとその使用法について述べたものである，比例コンパスは1597年にガリレオ・ガリレイが発明した，目盛りのついた二つの定規を開閉できるようにしたもので．比例によって計算をする道具である．17世紀初めヨーロッパで流行した．

山路平之徹著『比例尺解義』がある．山路之徹は関流3伝山路主住の子で暦作測量御用手代である．

東北大学附属図書館の蔵書に『遠鏡説並比例規解』という写本がある．これは書名からわかるように『遠鏡説』と『比例規解』の写本である．

内田五觀は『崇禎暦書』というより『比例規解』を含む写本を見たということかもしれない．比例コンパスが日本でどの程度利用されたかはっきりしないが，若い内田五觀には比例コンパスとそれを用いる広範囲な分野「瑪得瑪弟加」の存在に感銘を受けたのではないだろうか．

このように考えれば関流の伝を授けられたばかりの内田の気概を感じ取れる．

これまで「関流の伝」がでてきた，これをまとめておくと

　　　関孝和—荒木村英(初伝)—松永良弼(二伝)—山路主住（三伝)—安島直円 (四伝)—日下誠（五伝)—内田五觀(六伝)—川北朝鄰(七伝)

である．

V. 和算の発展

この免許制度は山路主住のころに成立したと考えられている．建部賢弘の名はない．何伝は流派の祖から伝わった順であるので，上記の系統以外でも例えば，山路主住の弟子，藤田貞資は四伝，その弟子は五伝，日下誠の弟子，和田寧は六伝である．宗統はいつ頃から用いられるようになったのか，明確ではないが，日下誠門下で，和田寧は内田より年長であり数学の研究でも優れているが，内田五観を宗統六伝という．和田寧を宗統六伝といわれることもある．

日下誠の弟子白石長忠は稿本の『諸角通術捷法』に自ら「関流宗統六伝白石八蔵長忠撰」と載せている．宗統が１人ではないのかもしれない．

◉ 内田五観と高野長英

内田五観は，和算だけでなく，蘭学を高野長英（1804-1850）に学び，塾をまた詳証館とも呼んだ．詳証学にウイスキュンデ（wiskunde）とふりがなを付けている．

内田五観が高野長英に入門したのは関流宗統六伝を授けられてからである．内田五観は当時の最高の数学者であったはずである．その内田五観が一町医者の高野長英から何を学んだのであろうか．むしろ逆に内田五観が高野長英に関流和算を伝えたということであればわかりやすいが，そうではない．内田五観が高野長英から何を学んだのかわからない．しかし内田五観は蛮社の獄で高野長英が天保10年投獄され，弘化元（1844）年牢屋敷の火災に乗じて脱獄した後，弘化３年に江戸の戻ると家に匿っている．嘉永２年再び江戸に戻ったときは内田五観の甥・宮野信四郎の家に匿われたが，何者かの密告により捕方に殴打されたため死亡したとも，自刃したともいわれている．宮野信四郎は八丈島に流されているが，内田五観は罰せられていない．ここでの疑問は，内田五観は身の危険まで犯して高野長英を匿ったのか，内田五観は罪に問われなかったのか．

◉ 内田五観の業績と『古今算鑑』

文政10（1827）年４月18日円理術を和田寧から授けられた．

内田とその門人には，和田寧の円理表に関する研究や後に述べるように，尖円や軌跡穿去問題などの研究が多く見られる．

これは後に，多くの人々が和田寧の円理表を授けてもらうために和田寧に入門し，円理豁術を授けられたことを公言しない有様であったといわれている．

明治維新後，内田は明治４年７月27日大学助教授に任ぜられ，明治４年10月７日新政府の天文局督務を命ぜられる．

編暦のことに従い，明治６年の太陽暦採用にあたっては主役を務めた．

暦学に詳しかったことによると考えられている．

また内田五観とその門人には三角関数に関するものがある．しかし数学の研究において独創的なものはない．

明治12年３月１日東京学士院会員となった．彼の門弟は非常に多く，全国に広がっていた．

内田五観の著書の中で出版されたものに『古今算鑑』乾坤二巻天保3（1832）

年がある．これは内田五観とその門人が神社に掲げた算題を乾巻に37問，坤巻に49問を載せたものである．載せられている算題がすべて算額として奉納されたものかわからないが，当時関心の高かった難問を集めている．

このような本の出版は，藤田貞資の子の藤田嘉言編『神壁算法』以後多く見られる形態である．

載せられている算題の中で，坤巻49問は堀陳斯仲猪撰文政13年庚寅11月の四谷天王社に揚げられた，袴腰問題である．

> **問題** 等脚台形に内接する楕円がある．等脚台形の相となり合う2辺に接し，楕円に外接する東西南北4円を台形の内部に図のように容れる．
> 東円の直径を1寸，西円の直径を2寸，南円の直径を3寸，とするとき北円の直径を求めよ．

$$(北円の直径) = (西円の直径) \times (南円の直径) \div (東円の直径)$$
$$= 2 \times 3 \div 1 = 6$$

この関係式が誤りであることが知られている．さらに等脚台形が長方形のときは成り立つ．

● マテマテカ塾の門弟

① **剱持章行**　寛政2（1790）年11月3日上毛吾妻郡澤渡の農家に生まれる．

通称要七，または要七郎という．字を成紀，豫山と号す．小野栄重に学ぶ．

壮年になって関東を遊歴して教授した．晩年に内田五観に入門し，明治4年6月10日没した．

出版されたものに『算法圓理冰釋』天保8（1837）年，『探頤算法』天保11（1840）年ほかがある．

『算法圓理冰釋』上下二巻，上巻は山口重右衛門言信，廣瀬五右衛門居許著，
下巻は巖井文四郎貴重，吉田泰二郎将英著

とあるが，下巻末に剱持章行成紀撰，巖井重遠矢致卿訂とあることからも，剱持章行著である．

円理豁術を解説したもので，穿去問題（例えば，円柱や球を円柱で貫いたときにできる孔の体積を求める問題）を多く載せている．附録として巖井重遠門人の算題を載せている．

『探頤算法』には軌跡の問題，穿去問題，を主に載せている．また附録には觀齋内田先生門人施術として大変困難な算題を載せている．

② **法道寺善**　法道寺善は通称を和十郎，字を通達，号を観山といった．文政3（1820）年広島市に生まれた．天保12（1841）年江戸に出て弘化3（1846）年まで六年間内田五觀の塾で学んだ．

V. 和算の発展　　　　225

　その後諸国を遊歴し明治元（1868）年広島で没した．享年49歳．

　著書『観新考算変』に算変法を載せている．

　これは反転法に対応するものである．円の接触問題において有効な方法であるが法道寺善の研究を調べることは，現在に至っても解明されていない所がある．大変困難な問題である．

　刊行されたものはない．

③ 桑本正明　桑本正明は石見国津和野藩士，天保元（1830）年に生まれる．通称は才次郎．数学を同藩の木村俊左衛門林昊に，蘭学を藩医吉本蘭齋に学んだ．

　嘉永2（1849）年6月20歳で藩校養老館の数学世話方を命じられる．嘉永5（1852）年江戸に出て内田五観の門に入る．

　坪井信道に蘭書を学んだ．安政4（1857）年帰国し6月養老館数学師範を命ぜられる．

　藩主茲監公に重く用いられることになった．文久3（1863）年10月2日藩主に従って京都に滞在中に藩士10人によって斬殺された．

　桑本正明は蘭書に通じ開国論者であった．藩士10人は攘夷論者であった．34歳．東山高臺寺に葬られる．鐵心院桑山道悟居士．

　出版された著書は　『算法尖円豁通』安政2（1855）年序のみである．

　尖円に関する問題のみからなる．尖円は円柱を切ってつくった円楔を斜めに裁断してできる図形，その回転体は宝珠形である．和田寧の研究があり，広まった．

● 瑪得瑪弟加塾書目　『探賾算法』は表紙裏に「瑪得瑪弟加塾藏板」とある．巻末に「瑪得瑪弟加塾書目」，が載せられているものがある．「瑪得瑪弟加塾書目」は内田五観の研究を探る興味深い資料である．

　　照海鏡　観齋内田先生著城山奥村先生訂　10本

　　亞烏斯太剌利（オウスタラリー）測量記　観齋先生譯　1本

　　消長考　観齋先生著　3本

　　儀器圖新釋　観齋先生鑑定門人等著述　5本

　　測量管窺　同　3本

　　欽定歩天歌　唐音附仮名附　同　1巻

　　新星発微并12曜暦　同　1本

　　三國疇人伝　同　3本

　　量地統宗　同　5本

以上であるが，これらの9種類の測量・天文書は出版されなかった．

　東北大学図書館に内田彌太郎宇宙堂『新星発秘』の写本がある．

　イギリスの天文家ハシュールが1781年に発見した天王星についてとチチウスーボーデの法則を載せている．　　　　　　　　　　　　　　　　　［藤井康生］

㊼ 和算と太陽暦改暦

日本書紀によると欽明天皇のときに百済から暦博士が来日した．推古天皇10年に百済から観勒が暦本を伝えた．この暦本が元嘉暦であったと考えられている．

中国を中心とする文化圏では中国の暦を採用しなければならなかった．古来の暦法では一年の始まりは農業の始まる頃，立春より春分の近くにあったと考えられるが，立春正月は中国の暦の影響と思われる．その後，貞観4（862）年に宣明暦が採用されると800年以上用いられた．宣明暦は優れた暦法であったが，一年の長さが3068055／8400（≒365.2446）で少し長いため，施行されてから800年余り使われていると，宣明暦で計算される太陽の位置は実際の位置より約2日遅れた位置になる．これを「天行二日を違う」と非難されたが，朔日に起こる日食が2日違った日に起こるということではなく，例えば冬至の日が2日異なるということである．日常生活には冬至が2日違っても影響はなかったと思われる．

宣明暦に関して出版されたものに寛文3（1663）年『長慶宣明暦算法』がある．これは会津（福島県）の数学者安藤有益が宣明暦の計算方法について慶安3年を例として解説したものである．

貞享2（1685）年に渋川春海によって「貞享暦」に改暦された．「貞享暦」は授時暦をもとにしている，「天保暦」も時憲暦の影響を受けている．これらの暦は中国の太陰太陽暦の原理に基づいている．

明治六年の改暦は「グレゴリオ暦」ヨーロッパで用いられている太陽暦の原理に基づいている（当時のロシアはユリウス暦を用いていた）．

和算家の多くは貞享暦に改暦後も元の「授時暦」を研究していた．

関孝和も暦の研究を残している．明末の順治9（1652）年に黄鼎が編纂出版した，『天文大成管窺輯要』八十巻の中から，暦の計算のために特に重要な3条について解説した『授時発明』や『天文大成管窺輯要』の中から，暦の計算に関する部分十五条に返り点，送り仮名と訂正を付けた『関訂書』延宝8（1680）年，元史授時暦経には立成はなかったので，計算して立成を著したと思われる『授時暦経立成』などがある．立成というのは「たちどころに成る」ということで，計算の結果を表にしたものである．

関孝和の弟子建部賢弘には『授時暦議解』『授時暦数解』『授時暦術解』の著作があり，これは授時暦の研究書として最も優れたものである．ほかにも暦の研究を多く残している．

● **江戸時代における太陽暦の紹介**　天正18（1549）年イエズス会の宣教師フランシスコ・ザビエルが種子島に到着した．ザビエルの来日以後キリスト教の布教が進められ，キリシタンの数も増加していった．信徒は信仰生活を送るために七

V. 和算の発展 227

曜や祝日を守らなければならなかった．七曜や祝日は当時西洋で用いられていた太陽暦をもとにしていたので，太陽暦に関する知識が信徒の間に広められた．日本に七曜は大同元（806）年弘法大師空海によって唐よりもたらされた『宿曜経』による．日本では暦註の一つとして載せられていたにすぎないが，キリシタンたちは，キリスト教徒の七曜と日本の暦に載せられていた七曜とが一致していたことに，驚いたのではないか．

太陽暦について，天文学や暦法について述べた『元和航海書』元和四（1618）年をはじめ，沢野忠庵『乾坤弁説』，後藤光生『紅毛談』，西川如見『和漢運気指南』，本田利明『西域物語』，森島中良『紅毛雑話』，山片蟠桃『夢之代』，ジョセフ彦『漂流記』，村田文夫『西洋聞見録』，吉雄俊蔵『遠西観象図節』などがある．これらは太陽暦を用いたり，概略を紹介したものである．その中で，西川如見『天文議論』正徳2（1712）年では太陽暦について1月は31日・30日・28日があること，4年に1度閏の年があり28日の月が29日になること，そして閏月をおくことはないと述べている．太陽暦に関する知識はこの程度であった．太陽暦に改暦などを目指すものではなかった．和算家や暦学者は中国の暦書，『授時暦』や『暦算全書』，『暦象考成』などを研究していた．そして，キリスト教の禁止によって，太陽暦に対する関心も薄れてきた．

●**明治5年の改暦**　日本人がグレゴリオ暦にふれるようになったのは，ペリーの来航によって開国を要求され，外国との交渉が始まって以来のことである．欧米との接触によって，暦法や時法の相違は外交交渉や商業活動上に大きな困難を生じた．

暦法を合わせることは簡単にはいかなかった．幕府は天文方に命じて安政3（1856）年暦日対照表を出させた．これは『万国普通暦』として刊行された．

上段が日本の暦，中段がグレゴリオ暦，下段がユリウス暦を載せている．当時ロシアはユリウス暦だった．

太陰太陽暦と太陽暦では毎年日付が違ってくるので，毎年つくり変えなければならない．

また各官庁や学校，軍隊に多数の外国人を雇い入れた．こうした御雇外国人は母国の生活様式によって，週体制を要求したため，1の日と6の日を休みとする日本とは合わなかった．

改暦の方針は，明治5（1872）年9月になって，突然に決まった．ところが，明治6年暦というのは，明治5年の3月，文部省天文局が翌6年の領暦の原稿を領暦業者に渡し，1万円の冥加金を納めさせていた．天保暦による明治6年暦の献上暦を見て，大隈重信など政府首脳は驚いた．明治6年暦には閏6月があるということに気付いたからである．閏月があった年は明治6年以前にもあった．明治元年・明治3年である．しかし，明治政府の財政難にあって，明治6年と根本的に相違する点は，明治4（1871）年に官員の給与が年俸制から月給制に切

り換えられていた点にある．政府はこれまでと異なり，1回多く給料を払わなければならない．財政的に重大な危機を迎える事になり，財源のめどが立たない．そこでこの危機を避けるために閏月のない太陽暦の採用に踏み切ったといわれている．

● **改暦の原因**　改暦の真相について，大隈重信が 20 年後に，この頃のことを回想して語ったものを円城寺清が筆録編集した『大隈伯昔日譚』という回顧録がある．太陽暦実施後わずか二十余年後にすぎない回顧録である．改暦の内幕を語る唯一の史料として貴重である．先に述べた改暦の理由は，この回顧録によっている．

改暦の原因として次の 3 点について述べている．

第 1 の原因は伊勢神宮の神官が御幣とともに広く領布し多大な利益を得ていた．

第 2 の原因は明治六年には閏月があり 13 カ月である，官吏の給料など一カ月余分に支出しなければならない．

第 3 の原因は 1・6 日が休みで，欧米の習慣と合わない．

第 1，第 2 の原因は財政に関する事柄で，財政担当であった大隈重信がまわりの者に話したとすると説得のある原因である，また大隈重信の回顧談としてはもっともらしく思われる．

文部省天文局が翌 6 年の領暦の原稿を領暦業者に渡し，1 万円の冥加金を納めさせていたのは反対をさけるために改暦を秘密裏に行う必要があり，領暦業者には知らせなかったものと思われる．1 万円の冥加金をあきらめてまで改暦を急いだ理由は，閏月があることに献上暦を見て気が付いたということではないだろう．約 3 年に 1 度は閏月があり 13 ヶ月になることは財政に通じる大隈重信にはわかっていたことだと思われる．太陰太陽暦（天保暦）の明治 5 年 12 月 3 日が太陽暦（グレゴリオ暦）の明治 6 年 1 月になるということは，日常グレゴリオ暦を使用している我々からすると，感じ取り難いが，逆に見ると，明治 6 年の旧正月が 1 月 29 日ということである．明治 6 年の暦（太陰太陽暦）を見ると，明治 6 年は閏 6 月があり，1 年通計 13 カ月，日数 384 日となるため，明治 7 年の旧正月は 2 月 17 日となり，太陽暦と太陰太陽暦との差が大きくなる．そのため改暦を実施しようとすると，明治 5 年に改暦を行うことは暦の違いによる影響を少なくするように考えたものと思われる．

また，先の回顧録に改暦のことが載せられているのは，「第十九章　使節派遣中の政事」である．大隈重信は使節団の帰国前に改暦をすませたかったのかもしれない．

● **太陽暦の啓蒙運動**　明治政府は極秘に改暦を進めていたために，太陽暦に対する啓蒙活動はなかった．

政府に変わって太陽暦を紹介したものに福沢諭吉『改暦弁』明治 6 年 1 月 1

日発行がある．

「太陰暦は月を目当にして定めたる暦の法なり．月は此地球の周囲を廻るものにして其実は二十七日と八時にて一廻りすれども，日と地球と月との釣合にて，丁度一廻して本の処に帰るには二十九日と十三時なり．太陰暦は毎月十五日の夜に円き月を趣向なれども，右の二十九日と十三時を十二合わせて十二箇月としては三百六十五日に足らず．即ち月は既に十二度地球の周囲を廻りたれども，地球はいまだ日輪の周囲を一廻せざるなり，此差凡二年半余りにして一月計なるゆへ．其時に至り閏月を置き十三ヶ月を一年となし地球の進で本の行付を待なり．又これを譬へばあらまし三百六十五文払ふべ借を，毎月二十九文づ々の済口にて十二箇月払へば，一年に凡十一文づ々の不足あり．十一文づ々二年半余りも滞らば，大抵三十文計りの引負となるべし．閏月は即ちこの三十文の引負を一月にまとめて払うこと々しるべし」

と太陽暦のあらましと，閏月の説明をしている．これに続いて暦日と季節との不一致，迷信暦註による弊害，閏月による不都合など太陰暦の欠点を羅列している．そして，最後に

「故に日本国中の人民此改暦を怪しむ人は必ず無学文盲馬鹿者なり．これを怪しまざる者は必ず平生学問の心掛ある知者なり．されば此度の一条は日本国中の知者と馬鹿者とを区別する吟味の問題といふも可なり」

と述べている．

これは，先の大隈重信の回顧録と符合している．『改暦弁』は二十数万部売れたといわれ，慶応は早稲田で大もうけをしたといわれている．

ほかに，花井静庵著福田理軒校閲『領暦詳註　太陽暦俗解』明治6年1月などがある．

◉改暦後，混乱の150年　太陽暦への改暦は12月の3日が正月の元旦になるという改暦であったが，福沢諭吉はそれに対して何ら批判をしていない．「日本国中の人民此改暦を怪しむ人は必ず無学文盲馬鹿者なり」といっている．しかし，改暦から約150年後の現在，『改暦弁』の効果によってすっかり太陽暦に切り替わったかといえば，実はそうではない．現在でも旧暦は残っている．暦注を大切にする人々も依然として存在し続ける．旧暦が農村，漁村部で用いられ，旧暦と新暦の折衷案である月遅れが関西地方で用いられている．また江戸時代には用いられなかった六曜（大安，仏滅等）が載せられている．福沢諭吉は「知者と馬鹿者」というが，旧暦が根強く使われているのは文化水準が低いためではない，その必然性があったからであるが，それを無視して遅れた者としていることの方が馬鹿者ではないか．何も知らされずに，生活習慣を変えさせられた庶民こそいい迷惑であった．それは「新暦の月」と称した狂歌にも現れている．

「十五夜も円くはならぬ新暦の有明の月をまちいる哉」

暦と社会生活そして自然との関係を考えなおす必要があるだろう．［藤井康生］

❺❹『算法新書』

総理　長谷川善左衛門寛
編者　千葉雄七胤秀

　問題，註曰，答，解曰，術曰と区別し，問題に応じてこれらにより，ソロバンから円理そして付録の極形術に至るまで和算を代表する良問が解説されている．

　解曰はいわゆる解答，術曰は答を出す直前のまとめ式を示している．算額（数学絵馬）の形式に解曰が追加された形式である．

　編者の千葉胤秀は，一関藩領磐井郡流清水村（現一関市花泉町清水）に安永4（1775）年に生まれた．胤秀は，幼いときから数学に興味をもち，農業のかたわら，一関藩の家老を務めた関流5伝梶山次俊に和算を学んだ．和算家として近隣の青年たちを指導し，文化年間末期にはすでに門人三千人といわれた．磐井郡平泉村大佐出身で胤秀より2歳年長の最上流直伝斎藤尚中も年少時に梶山に学んだ．

　文化14（1817）年に遊歴和算家山口和に出会い，その勧めにより，文政元（1818）年長谷川寛に師事した．文政5（1822）年に伏題免許を得て関流7伝の和算家になった．文政12（1829）年に別伝免許を授与された．

　文政13（1830）年に，それまでの和算を集大成した『算法新書』を出版し，秘伝扱いされていた関流和算を，全国の武士・庶民に広く普及させる役割を果たした．士族に列せられ，一関に数学道場を開設して指導するなど様々活躍し，嘉永2（1849）年に75歳で死去した．

● **序文**　秋田太義，山口和，門人　伊東頼亮，門人　菊池成裕

● **目録**

ア　巻中凡例　用字凡例
イ　首巻
　・基数　・大数　・小数　・度　・量　・衛　・畝　・諸物軽重数　他
ウ　巻之一
　・算顆盤之図　・加　・減　・九帰　・同還原　・帰除　・乗除定位　他
エ　巻之二
　・異乗同除　・同圖解　・同比例式之圖　・雑題　・差分　・盈朒　他
オ　巻之三
　・天元術定則　・同實問　・点竄術定則　・同實問　・交商　・變商　他
カ　巻之四
　・變数　・招差　・衰垜　・綴術　・方圓起原　・圓率角術
キ　巻之五
　・方圓立表　・同雑問

ク　附録
　　・極形術
　　　算學道場藏板
　　　文政十三庚虎秋八月刻成　　　江戸書林　中橋廣小路町　西宮彌兵衛

◉内容について
（1）首巻　数や単位その他について
ア　大数

一	十	百	千	万	億	兆	京	垓	秭	…
10^0	10^1	10^2	10^3	10^4	10^8	10^{12}	10^{16}	10^{20}	10^{24}	…

イ　小数

分	厘	毫	絲	忽	微	繊	沙	塵	埃	…
10^{-1}	10^{-2}	10^{-3}	10^{-4}	10^{-5}	10^{-6}	10^{-7}	10^{-8}	10^{-9}	10^{-10}	…

（2）巻之一
ア　算顆盤之図　名前と意味　　　イ　加　増しそえること
ウ　減　多きうちより少なきを去ること
エ　九帰　帰は一桁の数の割り算。九帰は割り算の九九　　　オ　四則の法

（3）巻之二
ア　異乗同除　　　比例計算

問題　人数 3 人にて銀 40 目(匁)取今人数九人の取銀を問　答　取銀　百二十
　　目
　　　　$3 : 40 = 9 : x$　$x = 9 \times 40 \div 3 = 120$ 目

　　註曰　異乗は異なる物数をかけることをいい，同除は同物数でわる事をいう．
　　　　　3 人と 9 人は人数で同じ，40 目は銀ゆえ異数．と説明している．
　　イ　雑題　米の代金など異乗同除の内容．差分と盈胸は複雑な問題がある．

（4）巻之三
　　ピタゴラス数，交商（2 次方程式の解の公式），算顆術（ソロバンでの 2 次方
程式の解法），2 次方程式で解かれる幾何問題などが解説されている．ピタゴラ
ス三角形では，3 辺と面積が整数となるものを求め，さらに立体の場合も考察し
ている．

（5）巻之四
　　綴術はある数や式を無限級数の和として表す方法で，最初の項で平方根から 6
乗根までの級数展開が解説されている．
　　方圓起源では，円の直径と弦を与えたとき，円弧を求める問題など，3 つの関
係について論じられている．

(6) 巻之五
和算が到達した無理式や π などの級数展開が詳細に論じられている．

(7) 附録
門人 50 人が各自 1 題ずつ極形術による解答を提出している．この術により幾何の難問が簡単に解決されている．しかし，いわゆる「袴腰問題」の極形術による解が誤りであり，術全体が疑問視されている．

●**内容紹介** 『算法新書』は独学可能のように丁寧に書かれている．術文がそのまま現代解になる．そのため値段は当時の米 1 石と同等と高価であったが，非常に好評で版を重ねた．

　　巻之三の十三　ピタゴラス数とピタゴラス三角形

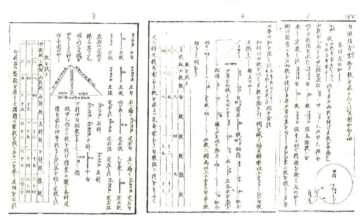

十三

　勾股弦　奇零無き数を求めんとす
　其術如何と問う
　答曰　左の如し
　乙商/甲商　股　此数　奇零なきときは　∴勾弦各奇零なし

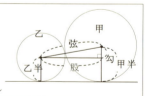

解説
　　勾股弦：$a^2 + b^2 = c^2$ をみたす自然数の組（無限個存在）
　　奇零数：小数が連続する数，奇零数なき数：自然数
　　ピタゴラス数を求める．
　　図において，甲：甲円の直径　乙：乙円の直径とすると
　　　　股 = $\sqrt{甲}\sqrt{乙}$
　　証明
　　　下図の三角形において弦 = $\frac{1}{2}$(甲 + 乙)　勾 = $\frac{1}{2}$(甲 − 乙) なのでピタゴ

ラスの定理により $\left\{\frac{1}{2}(甲+乙)\right\}^2=\left\{\frac{1}{2}(甲-乙)\right\}^2+股^2$

股^2＝甲乙　　∴　股＝$\sqrt{甲}\sqrt{乙}$　この等式は「股が自然数のとき甲，乙も自然数」

（※筆者注：原文では「股が自然数の時は，勾，弦も自然数」とあるがこれは甲，乙の誤りと思われる．なぜならば勾，弦は有理数でよいように思われる．例えば，甲＝4，乙＝1のとき，勾＝1.5，弦＝2.5，股＝2で弦^2＝勾^2＋股^{2}が成立するからである）

今，$\sqrt{甲}$＝多数，$\sqrt{乙}$＝少数とする．多^2＝甲，少^2＝乙

勾＝$\frac{1}{2}$(多^2－少^2)，股＝多少，弦＝$\frac{1}{2}$(多^2＋少^2)　2倍して改めて勾，股，弦とすると

勾＝(多^2－少^2)，股＝2多少，弦＝(多^2＋少^2)

多数＝l，少数＝m とおくと，勾＝l^2-m^2，股＝$2lm$，弦＝l^2+m^2

> 術曰　任意の自然数　l，m（$l>m$）をとると
> 　　　勾＝l^2-m^2，股＝$2lm$，弦＝l^2+m^2

次に勾－股

$=l^2-m^2-2\,lm$

$=(l-m)^2-2m^2=0$　とおき m^2 で割ると

$\left(\frac{l}{m}-l\right)^2-2=0$　　∴　$\frac{l}{m}-1=\sqrt{2}$　　$\frac{l}{m}-l>\sqrt{2}$　のときは勾＞股となるのでこのときは勾と股を交換する．

	l	m	勾	股	弦
	2	1	3	4	5
	3	2	5	12	13
	4	1	8	15	17
補足	3	1	6	8	10
	4	2	12	16	20
	4	3	7	24	25

［菅原　通］

【参考文献】

『算法新書』千葉胤秀，江戸書林，1880
『岩手の和算と算額』安富有恒，杜陵高速印刷，1982
『岩手県和算研究会会誌』菅原通，2016
『東西数学物語』平山諦，恒星社厚生閣，1973

(55) 長谷川寛(はせがわひろし)と極形術(きょくぎょうじゅつ)，変形術(へんぎょうじゅつ)

和算末期，和算家が数千，数万の初等幾何学的問題を解いているうちに，不思議な関係に気づいた．このことが長谷川寛の極形術，法道寺善(ほうどうじぜん)の算変法(さんぺんほう)，平内(へいのうち)（福田）廷臣(たかおみ)の変形術につながった．

やや個々問題の解法に終始した感のある和算家のなかで，理論体系らしいものをが企てられたのはこれらの術である．

◉極形術

1．極形術の背景

長谷川寛は和算末期に広く知られた和算家である．天保 9（1838）年に 57 歳で没した．陸前佐沼の農民佐藤秋三郎を婿養子とした．これが長谷川弘(はせがわひろむ)である．寛・弘の塾を長谷川道場，後に数学道場と呼んだ．寛閲としての著書は，『算法助術(さんぽうじょじゅつ)』（山本賀前(やまもとがぜん)，天保 8 年），『算法変形指南』（平内廷臣，文政 3 年），『算法新書』（千葉胤秀文政 13 年）秋田義一(あきたぎいち)の『算法極形術指南』等がある．これらの著書は，数学道場の名を高めた．

極形の創始は『解路法』の著者大阪の和算家岡之只といわれる．そして寛が幾何図形を数多く研究した結果として極形術を大成した．しかし，袴腰問題の極形術による解は誤りとされ，極形術全体が疑問視された．しかし，多くの場合は正しい結果が得られる．

2．極形術の方法

① 複雑な幾何図形の問題を考える．

② 問題の図から極形之図（問題を単純化した図形で多角形は正多角形，楕円は円などに変換される）をつくり，その図で成立つ極方程式を求める．

あらかじめ，還原の方法が 2 次方程式，3 次方程式，……の場合に定められており，極方程式に合った還原の方法で求めた方程式（交商矩合）が問題の図形の方程式で，これにより答が求められる．

◉極形術定則

・平方極式還原之法(へいほうきょくしきかんげんのほう)

(1)　先の極子矩合（略）により極数式を求める式は，極数^2＋2 極数・某＋某^2＝0　極子矩合　極数 x を得る式は順序を逆にして，某^2（実）＋2 某 x（法）＋x^2（廉）＝0　平方極式（係数 1，2，1）これを還原する．

この式の廉級の x^2 のところに，甲乙を入れ，法級に $\frac{1}{2}$(甲＋乙) を代入して交商矩合を得る．某^2＋2 某・$\frac{1}{2}$(甲＋乙)＋甲乙＝0，すなわち

$$某^2 + 甲某 + 乙某 + 甲乙 = 0 \quad 交商矩合$$

(2) 例えば，$某^2 + 極数^2 = 0$　極矩合のとき，極数 x を求める式は

　　　　$1 \cdot 某^2 + 2 \cdot 0x + 1 \cdot x^2 = 0$　平方極式の実廉段数に合う．此式の廉級
x^2 に甲乙を代入して交商矩合を得る．

　　　　$某^2 + 甲乙 = 0$　交商矩合

(3) 極矩合が，$某 + 2極数 = 0$ のとき，極数 x を求める式は

　　　　$某 + 2x = 0$　これを

　　　　　　$1 \cdot 某 + 2x + 1 \cdot 0 \cdot x^2 = 0$　と考えて，平方極式の実法と合す．法級

　　　x に $\dfrac{1}{2}(甲 + 乙)$ を代入して交商矩合を得る．すなわち　$某 + 甲 + 乙$

　　　$= 0$　交商矩合

(4) 極矩合が，$2某 + 極数 = 0$ のとき，極数 x を求める式は

　　　　$2某 + x = 0$

　　　この式の実法段数は平方極式の実法段数に合わないので，一級降り実数を
空として $1 \cdot 0 + 2某x + 1 \cdot x^2 = 0$ とすると係数は 1，2，1 で合う．

　　　ゆえに　廉級 x^2 に甲乙，法級に $\dfrac{1}{2}(甲 + 乙)$ を代入して交商矩合を得る．

　　　すなわち，$甲某 + 乙某 + 甲乙 = 0$　交商矩合

(5) 極矩合が，$2某^2 + 極数^2 = 0$ のとき，極数 x を求める式は

　　　　$2某^2 + 0 \cdot x + x^2 = 0$　この式は実級段数が平方極式の実級段数に合わ
ないので，実級を一級降り極数巾を得る式　$0 + 2某^2 \cdot x + x^2 = 0$

　　　廉級 x^2 に $甲^2乙^2$ を法級に $\dfrac{1}{2}(甲^2 + 乙^2)$ を代入して交商矩合を得る．

　　　$甲^2 \cdot 某^2 + 乙^2 \cdot 某^2 + 甲^2乙^2 = 0$　交商矩合

(6) 極矩合が，$某^2 + 2極数^2 = 0$ のとき，極数 x を求める式は

　　　　$某^2 + 0x + 2x^2 = 0$　この式廉級段数は平方極式の廉級段数と合わない
ので，廉級を一級あげて，極数巾を得る式とする（改めて極数巾を x とす
る）．

　　　　$某^2 + 2x = 0$　法級 x に $\dfrac{1}{2}(甲^2 + 乙^2)$ を代入して交商矩合を得る．

　　　すなわち，$某^2 + 甲^2 + 乙^2 = 0$　交商矩合

(7) 極矩合が，$某 + 極数 = 0$ のとき，極数 x を求める式は，$某 + x = 0$
この式法級段数に合わないので，法級 1 級降り，極数商を得る式とする．

　　　　$1 \cdot 某 + 2 \cdot 0 \cdot x + 1x^2 = 0$

廉級 x^2 に $\sqrt{甲}\sqrt{乙}$ を代入して交商矩合を得る．

　　　　$某 + \sqrt{甲}\sqrt{乙} = 0$　交商矩合

・立方極式還原之法

先の極丑矩合より，　極数$^3+3\times$極数^{2}某$+3$極数某$^2+$某$^3=0$

極数xを得る式は，順序を逆にして，某$^3+3$某$^2\cdot x+3$某$\cdot x^2+x^3=0$　立方極式

この式の隅級x^3に甲乙丙，廉級x^2に$\frac{1}{3}$(甲乙$+$甲丙$+$乙丙)，法級xに$\frac{1}{3}$(甲$+$乙$+$丙) を代入して

某$^3+$甲$\cdot$某$^2+$乙$\cdot$某$^2+$丙$\cdot$某$^2+$甲乙$\cdot$某$+$甲丙$\cdot$某$+$乙丙$\cdot$某$+$甲乙丙$=0$　交商矩合〔以下略〕

算法新書から一題を紹介する．

今有線上如圖載大中小圓大径三十六寸中径九寸問小径幾何
答曰　小径四寸

解説　極形之図

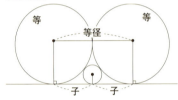

極形より　$\sqrt{等円径}\sqrt{小円径}=$子

$2\sqrt{等円径}\sqrt{小円径}=$等円径

したがって，$2\sqrt{小円径}-\sqrt{等円径}=0$　極矩合

等円径商xを求める式は　$0+2\sqrt{小径}\cdot x-x^2=0$

廉級x^2に$\sqrt{大径}\sqrt{中径}$，法級xに$(\sqrt{大径}+\sqrt{中径})\div 2$ を代入して

$$\sqrt{小径}=\frac{\sqrt{大径}\sqrt{中径}}{\sqrt{大径}+\sqrt{中径}}=\frac{\sqrt{36}\sqrt{9}}{\sqrt{36}+\sqrt{9}}=\frac{18}{9}=2寸\quad\therefore\quad 小径=4寸$$

術文

上式より，$小径=\dfrac{大径\cdot 中径}{大径+2\sqrt{大径}\sqrt{中径}+中径}=\dfrac{大径}{\left(\sqrt{\dfrac{大径}{中径}}+1\right)^2}$

現代解

(6) の結果により，図において

$$a = \sqrt{9 \cdot 2r} = 3\sqrt{2r}$$
$$b = \sqrt{36 \cdot 2r} = 6\sqrt{2r}$$
$$\therefore \quad a+b = 9\sqrt{2r}$$

次に $\triangle \mathrm{OO'A}$ において $\mathrm{OA}^2 + \mathrm{O'A}^2 = \mathrm{OO'}^2$ より

$$(a+b)^2 + \left(18 - \frac{9}{2}\right)^2 = \left(18 + \frac{9}{2}\right)^2$$

$$\left(9\sqrt{2r}\right)^2 + \left(18 - \frac{9}{2}\right)^2 = \left(18 + \frac{9}{2}\right)^2$$

これより $2r = 4$ 寸

還元の方法はこれだけか,どうやって導かれたかなどについては説明がない.しかし,多くの問題で極形術の解と一般的な解は一致する.

● **変形術** 平内(福田)廷臣は幕府の匠工棟梁でした.『規矩術(家屋の設計図)』の著書がある.長谷川寛の弟子で文政3(1820)年に『算法変形指南』を著した.特殊な場合を計算して求めるのが変形術の要点である.

例 円に外接する六角形 ABCDEI(必ずしも正六角形とは限らない)がある.相隣る二辺 AB,AC 上に相等しく互いに外接し,角点においては両辺に接するように小円を描いたとき,もし AB 上に5個,BC 上に3個あるならば AB の長さは BC の2倍である.

・**変形術によらない証明**

内接円を大円,辺上の円を小円とする.AB の両端の円と辺 AB に接する点を F,G とし,大円の中心 O から辺 AB に垂線 OH を下せば,

$$\frac{\text{大円径}}{\text{小円径}} = \frac{\mathrm{AH}}{\mathrm{AF}}, \quad \frac{\text{大円径}}{\text{小円径}} = \frac{\mathrm{BH}}{\mathrm{BG}} \quad \therefore \quad \frac{\text{大円径}}{\text{小円径}} = \frac{\mathrm{AH}+\mathrm{BH}}{\mathrm{AF}+\mathrm{BG}} = \frac{\mathrm{AB}}{\mathrm{AF}+\mathrm{BG}}$$

ここで,$\mathrm{AF}+\mathrm{BG} = \mathrm{AB} - 4\,\text{小円径}$

$\therefore \quad -\text{大円径}\cdot\text{小円径}\times 4 + \text{大円径}\times\mathrm{AB} - \text{小円径}\times\mathrm{AB} = 0$

同様に BC 上において

$-\text{大円径}\cdot\text{小円径}\times 2 + \text{大円径}\times\mathrm{BC} - \text{小円径}\times\mathrm{BC} = 0$

前式に BC,後式に AB を乗じて引けば,

$\mathrm{AB} - \mathrm{BC}\times 2 = 0$

$\therefore \quad \mathrm{AB} = \mathrm{BC}\times 2$

解説

この問題では $\angle\mathrm{ABC}$ については条件がないので,$\angle\mathrm{ABC}$ が2直角(直線上)あるいは $\angle\mathrm{ABC}$ が直角でも一般性を失わない.それで,この特殊な場合の証明が問題の証明になる.

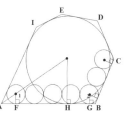

・**変形術による証明**（∠ABC が 2 直角の場合は略）
∠ABC が直角の場合
　図で　DE＝小円径×4　EF＝小円径×2
　　　∴　DE＝EF×2
　三角形 DEF ∽ 三角形 ABC なので
$$\frac{DE}{EF} = \frac{AB}{BC} \quad \therefore \quad AB = BC \times 2$$

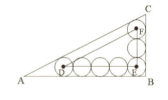

このように，「特殊な場合に成立するものは，一般の場合も成立として証明している．いかなる場合に適用されるか残念ながら未解決である．

● **算形術の一つ算変法**　特異な研究をした和算家に法道寺善がいる．生れは広島で天保 12（1841）年に江戸に出て，内田五観に師事した．遊歴和算家としてその足跡は奥州から九州に及んだ．法道寺善の著作に『観新考算変』がある．その中で「観（善の号）が新たに考え出した算変法は点竄術の問題一千条解いた人でなければその真意を理解しがたい」と暗にいっている．

法道寺善の自筆稿本は多く，数十間におよび算変法を『観新考算変』や『観術』に記載している．自筆の上屋本により具体的に問題を紹介する．

互いに外接している大小二円が外円に内接している．これらの円に接する甲，乙，丙……の円を書き，最後の円を末円とする．外径，大径および甲円から末円までの個数 n が与えられたとき，末円を求めよ．

解答　図 2 で，二つの末円の共通外接線の長さを斜とする．

図 2　　　　　　図 3

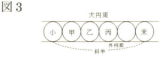

このとき，(外－大)²斜² ＋ 4 末² 外・大 － 4(外－大)外・大・末 ＝ 0　…①
が成立する．証明は略すが，この①は土倉保編山本賀前『算法助術』72 の二番目の式

$$(r_1 - r_2)^2 L^2 = 4r_1 r_2 \{(r_1 - r_2 - r_3)r_4 + (r_1 - r_2 - r_3)r_3 + 2\sqrt{(r_1 - r_2 - r_3)(r_1 - r_2 - r_4)r_3 r_4}\}$$

で，$2r_1$＝外，$2r_2$＝大，$2r_3$＝$2r_4$＝末，L が斜の場合です．

図3で，斜＝$2n$ 末　②とする．これを①に代入して

$$(外－大)^2 n^2 末＋外・大・末－(外－大)外・大＝0$$

$$末\{(外－大)^2 n^2＋外・大\}＝(外－大)外・大$$

$$\therefore \quad 末＝(外－大)÷\left\{\frac{(外－大)^2 n^2}{外・大}＋1\right\}$$

①は4円傍斜術とよばれる．安島直円（あじまなおのぶ）が創始した．

図3は外径と大径を無限大にしたとき平行な直線になり，その間に n 個の等円が挟めれており，そのとき式①が成り立つことが重要である．これは，いわゆる反転法と同じ理論である．しかし，どのような場合に二つの円を平行線に変じてよいかの根拠については，理論化がない．このようにやや欠点はあるが現在の反転法に匹敵する内容である．反転法は円が何個か互いに内外接している問題の解答に有効である．

卓越した和算家であるこれら3人の出現が幕末期であり，すぐに洋算を学校教育に採用した明治維新を迎えたため，完成することなく終わった．体系化を試みた業績は非常に惜しまれる．

安島直円は新庄藩の勘定頭のとき，山路主任に師事し，宗統4伝となった．業績のひとつに，孤背術等による円理二次綴術の発見がある．一般の二項級数展開

$$\sqrt[n]{a^n \pm b}＝a\left\{1\pm\frac{1}{n}\left(\frac{b}{a^n}\right)-\frac{n-1}{n\cdot 2n}\left(\frac{b}{a^n}\right)^2\pm\frac{(n-1)(2n-1)}{n\cdot 2n\cdot 3n}\left(\frac{b}{a^n}\right)^3\cdots\right\}$$

も安島が発見した．3円傍斜術はマルハッテイ（イタリア）の作図が有名だが，安島の内容と実質的に同様で，しかも安島の方が早い．安島の傍斜術はまた，盛岡藩の梅村重得其の他により発達した．傍斜術は3個以上の円が外接，内接等しているとき，接点間の距離と円の直径，接線の長さの関係式を求めたものである．3円斜術は

右図で，$子^2＝\dfrac{甲^2 斜^2}{(甲＋乙)(甲＋丙)}$

これは余弦定理で証明される．さらに内接の場合を考えて，3個の関係式が導かれる．梅村重得は，3円斜術から4円斜術に拡張させ，さらに5円斜術へと次々に簡単に計算する方法を考え出した．これは，梅村重得，阿部知翁，鬼柳末司共著の「続々未済算法」安政5（1858）年に述べられている．　　　　［菅原　通］

【参考文献】

『算法助術』土倉保編著，朝倉書店，2014
『和算の事典』佐藤健一監修，朝倉書店，2009
『学術を中心とした和算史上の人々』平山諦，富士短期大学出版部，1965
『山形の和算』山形県和算研究会，1996
『岩手の和算と算額』安富有恒，1982

㊻ 遊歴算家
<small>ゆうれきさんか</small>

　江戸では建部賢弘が活躍していた時代に，関西では鎌田俊清，田中由真，中根彦循など一流の数学者がそれぞれの数学を研究していた．この人たちの何人かを自宅に招いて数学や測量を学んだ大島喜侍という商人が大坂にいた．大島に教えた人は中根元圭，前田憲舒，村上義寄，喜多治伯，田中由真，島田尚政の6人である．大島は家業を潰してから身一つになり，大坂や摂津，河内，和泉，播磨，阿波，淡路などを巡回して数学を教えた．

　昔の付き合いで弟子になる．弟子を紹介してもらっているうちに，弟子は多数になり，1年で一回りするのに適当な人数になった．

　目的の家に着くとしばらく逗留する．ここで1人の弟子に教えたり，あるいは何人か近くの弟子たちが集まる場合などは，その場が教場になった．大島の弟子は一般に商人などの庶民が多かったが，中には後に有名になった人もいる．久留米藩に学問で仕えた入江脩敬，関流宗統三伝山路主住の師である久留島義太，三池流算法の祖三池市兵衛などである．大島は遊歴中に病に倒れ，弟子たちに見守られて息を引き取った．享保18(1733)年である．

● 山口　和　<small>やまぐち　かず</small>　優れた数学者が出ると，その弟子たちによって，グループが結成され，流派になる．

　関孝和を祖とする関流は最も勢力があった．これは関流の数学者が多かったことにもよるが，時代時代を取りまとめる宗統と名乗るリーダーが優れた数学者であったことによる．文化文政の頃，関流の長谷川寛（1782-1838）のグループ長谷川道場が，江戸では最も人気があった．この道場の高弟に越後水原出身の山口和（?-1850）がいた．山口は文化14（1817）年4月9日ぶらりと，筑波山詣に出かける．その記録は「道中日記」に詳しく書かれている．

　江戸を出発して2泊目が，筑波山近くの上蛇村の玉宝院であった．ここで，ここに住む僧の息子に数学を教えた．江戸から来た数学の先生と聞いて，僧から頼まれたのである．数学を教えたため，この家に3泊して次の村の寺具村に行くと，ここの住僧はこの寺を使って数学を教えているという．この僧は自分の弟子たちは近隣に住んでいるので，彼らに数学を教えてやってほしい，と頼み，山口は僧の弟子たちを順に教えて歩いた．数学を教えているうちに，どこに行っても数学好きが多いのに気づく．筑波山参詣から鹿島神宮，息栖神社，香取神宮などの参詣が目的であったのが，数学を教えながら旅をするという遊歴の楽しさを知った

のである．出発するとき，次の村への紹介状を書いてもらった．紹介状のない場合には，その村の神社に算額が掲げられているときは，それからその土地の数学のレベルあるいは奉納者の名前を知って，数学を教える場所や数学好きの家を探した．一度目の遊歴では，取手→筑波→鹿島→香取→成田→江戸の順に回り，文化14年5月1日に江戸の長谷川寛宅に着いた．

　二度目の遊歴は，文化14（1814）年10月4日から文政元（1818）年9月23日までの約1年に及ぶもので，筑波山の南周辺の1回目のときに弟子となった家で，一通りの数学指導をした後で，江戸に戻らず東北地方へと向かった．会瀬（現在の日立市）から陸前浜街道を北上して，勿来の関を通って福島領に入る．この国境であちこちの村から頼まれ，数学を教えた．太平洋の浜沿いを北に進み，仙台を過ぎ，松尾芭蕉の『奥の細道』でも知られる松島見物をした．松島から北の山を越えた後に千葉胤秀という評判のよい数学者が巡回教授している塾があることを知り，早速訪ねていって千葉と問答をした．この問答に山口が勝ったため，山口は道場破りをしたことになる．千葉は山口の弟子になるが，山口は千葉の才能を認め，自分の師が教えている江戸の長谷川寛の道場へ入門することを勧める．後に千葉は長谷川寛の弟子になり，『算法新書』の編集に参加し，『算法新書』の著者として名を上げた．

　郷里一関に帰ってからも長谷川道場を手本として，数学塾を建て多くの弟子の養成と数学の普及に努力した．

　山口は千葉と別れて，一関，盛岡，大畑，むつ，能代，鳥海山，酒田，湯殿山，月山，羽黒山，新庄，岩沼と東北地方を一周して，多くの数学好きの人たちに教えながら岩沼から福島を通って中村（現在の相馬市）で陸前浜街道に戻り，ここから行きとは逆に弟子になった人たちのいる筑波を経て，江戸に戻った．この間約100年前に東北を旅した松尾芭蕉の句碑を見つけては記録している．旅をしながら松尾芭蕉を意識していたようだ．

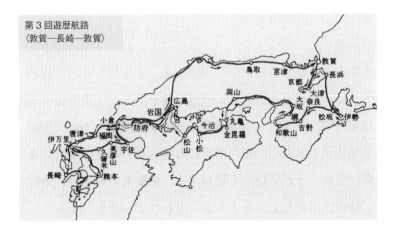

242　　　　　　　　　　　　　　　Ｖ．和算の発展

　3度目の遊歴は，関東から西を回った．文政3（1820）年7月22日江戸を出発し，甲州街道を西に府中まで歩きそこから鎌倉街道を北に向かって群馬県から西に真田から上田，その後は千曲川沿いに長野に至り，長野の善光寺から北に向かって日本海へ出る．日本海沿いに北上し，一旦郷里の水原に立ち寄るが，何日も留まらず日本海の沿岸沿いを敦賀まで行って，しばらくここでこの地の数学好きの人たちに教えた．京都，伊勢，吉野，和歌山，堺，大坂，岡山，丸亀，小松，今治，松山，広島，防府，下関，小倉，福岡，伊万里と旅を続けたが，あまり数学のわかる人に出会えず師の長谷川寛あての手紙にも数学者はまったくいないと伝えている．長崎で素晴らしい数学者に出会う．長崎桜町の薬店を営む木谷与一右衛門という人が入門してきた．かなり数学に詳しく，今後江戸と文通で教えてもらいたい，と願い出た．数学には非常に熱心で，刊行された数学書のほとんどをもっている．しかも長崎でも3本に入る金持ちである．長崎を後にし，島原，熊本，久留米，宇佐，小倉，岩国，島根，鳥取，宮津，敦賀そのあとは，江戸まで東海道を通って帰ったのは，文政5（1822）年12月1日であった．
　山口の「道中日記」には訪ねた神社に掲げられていた「算額」の問題を詳しく記録してある．200年も経た木製の数学問題板であるから，現在ではその大部分が消滅している．現在，「道中日記」から確認された算額が非常に多いのである．山口は現代の我々に貴重な資料を遺してくれたのである．

● **法道寺善**　どんな地方でも力のある数学者はいるものである．もっぱらその土地の一流の数学者ばかりを対象にして歩いていた遊歴算家に法道寺善がいる．法道寺は広島に生まれ，明治元年に没した．22歳で江戸に出て，関流宗統6伝の内田五観（1805-82）の瑪得瑪弟加塾に入門し，6年間数学を学んだ．師の内田にも劣らないほどの学力を身に付けたが，酒飲みでだらしのない性格，それに加えて欲がなく，名誉もいらない，地位もいらないという変人であった．師の内田からも，あまりよく思われていなかったようだ．
　法道寺は免許皆伝になると，内田の家を飛び出して，日本中を遊歴して歩いた．法道寺は自分を優れた数学者であると思っており，地方に遊歴して行くと，名のある数学者に対して，自分からその土地の数学者に教えようと訪問している．自分のように優れた数学者に教わらない者はいないはずだ，という自信からである．
　法道寺の自慢の書に，「観新考算変」があるが，この理論は非常に難しいため，理解できた弟子も少なかった．法道寺からもらった問題が解ければ，算額にして奉納することを認めたほどである．また，優れた弟子には「観新考算変」を書いて，法道寺がその弟子の家を出発するときに，書き遺していった．信州須坂の土屋修蔵，信州中野の田原善三郎は有名である．法道寺自筆の書は，安立数右衛門，筏井甚造，市川左左衛門，石黒信芳などの家に伝わっている．長く逗留したことへのお礼の意味があるようだ．

● **佐久間庸軒**　庸軒は号で，佐久間纉（1819-96）といい，福島県の三春で初め

父の佐久間質に数学を学び，後父の師である二本松藩士の渡辺一に学んだ．纘は安政5(1828)年に九州までの旅に出かける．安政5年6月29日に三春を出発し，まず江戸に向かう．江戸で用件を済ませ，東海道を西へ歩き箱根の関所にやってきた．武士は旅をするときは届けを出す必要がある．箱根を越える手形はもっていない．どこの関所でも近くの宿屋で手形を用意してもらっていた．関所の役人に「私，算術修行の者です．国は奥州三春で，秋田安房守の家臣，佐久間纘と申します」といったが，なかなか通してもらえない．何度も説明してやっと，通してもらった．関所を越えて歩いていると，一緒になった人が，「断られたら，後ろに並んで順番を待ち，3度目には通してくれる」と教えてもらい，その方が早かった，と思った．山口の場合は泊まるのにまったくお金がかからないことが多い．数学者の家や名主の家に行くからで，佐久間の場合は名主の家に行くことはないので，旅籠に泊まるのが普通である．備中の松山に着いた宿では「算術修行の者」ということになり，これが藩が知ることとなり，役人が「この4人の者に稽古をつけるよう」という申し付けがあった．そのため3日間逗留して藩の者に数学を教えた．宿の宿泊代は藩が負担した．その後，佐久間は長崎に行く．ここで何人もの数学者に会ったが，外人の服装などにも異常さを感じた．渡辺市郎の家で，渡辺に数学を教えながら10日以上も留まっていたが，九州を離れ四国の金毘羅を参詣し，大坂では武田真元に会ったり，京都見物をし，彦根から松本へ，善光寺を参詣して高崎へ，ここから日光を通って三春に安政6年2月29日に戻った．この旅の目的は一見して名所の見物のように感じられるが，後に残された日記によれば，32名もの数学者と会っている．地方数学者との交流，情報の交換などが主たる目的であったと考えられる．

　もっと多くの遊歴算家が活動していたかもしれないが，この調査の成果のわかっている遊歴算家といえる数学者は，関東一円を長い間巡回教授し，旅先で亡くなった上野国（群馬県）吾妻郡上澤渡村出身の剣持章行，信州鬼無里村の名主で，長野県のほぼ全域を遊歴していた寺島宗伴，九州肥後国（現在の佐賀県）小倉の小松鈍斎，現在の岩手県や宮城県あたりを遊歴していた千葉胤秀などが確認されている．

　現在わかっている遊歴算家は大島喜侍が最初の人と考えられる．旅好きの数学者の中には軽い気持ちで，一生のうちの何回かの旅で遊歴算家になった人も記録にはないがいたかもしれない．狭い範囲を定まった順にまるで富山の薬売りのように遊歴した数学者もいれば，まったく計画もしないで歩く人もいた．いずれにしても遊歴中には問答することが多いのでいい加減な力の人では務まらないことは確かである．

[佐藤健一]

(57) 水利工事で貢献

土木工事は川普請から始まった．数学書で扱われるのは吉田光由の『塵劫記』の初版本で寛永 4（1627）年の版に見える．吉田は一族の角倉了以が丹波地方から嵯峨へ流れ落ちる保津川の開削工事を少年の頃に見ていたと思われ，そのためか『塵劫記』には川普請の問題や使われる蛇籠，角枠などについて絵入りで書かれている．次のような絵が載っている．

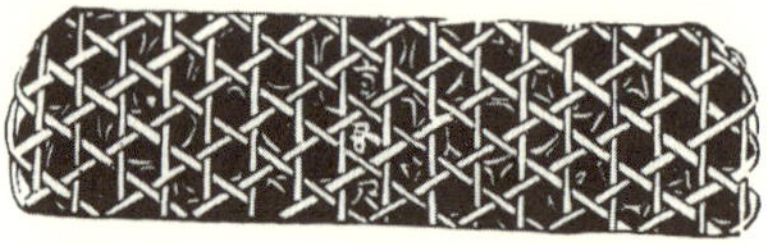

蛇籠の図

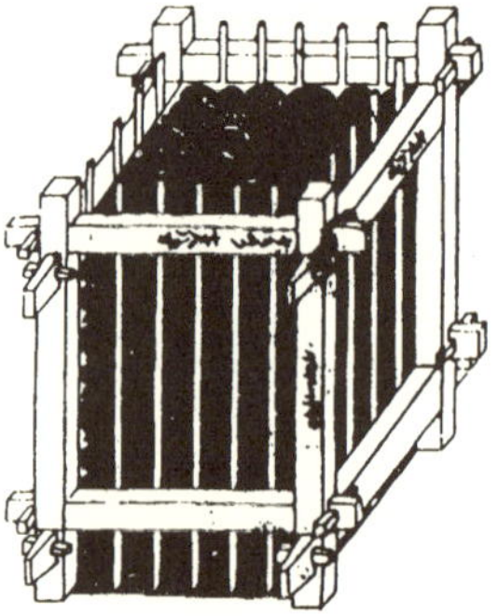

四角枠の図

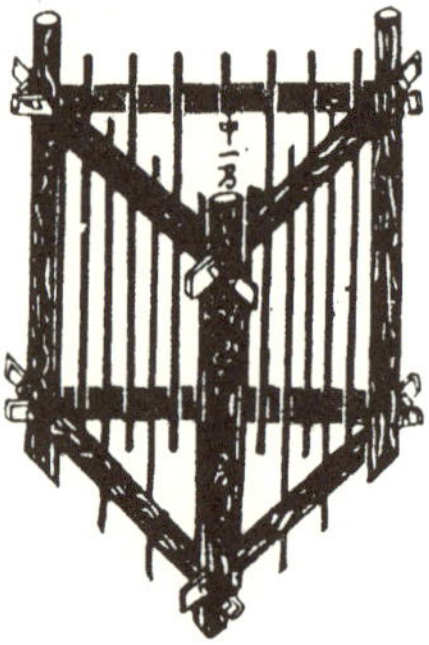

三角枠の図

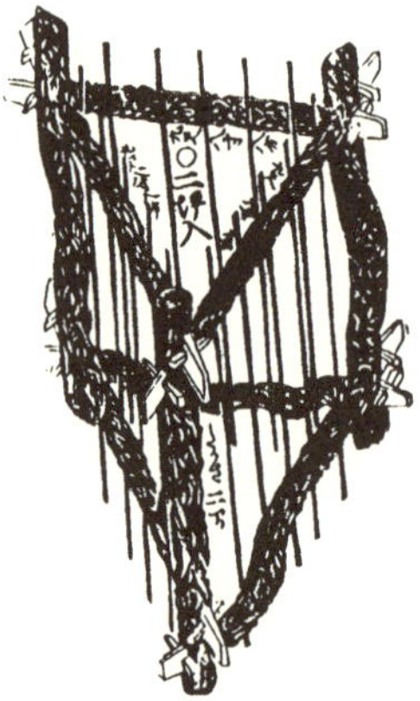

三角枠の図

吉田光由と同様に毛利重能の弟子であった今村知商は『因帰算歌』を寛永 17（1640）年に刊行した．この本の下巻の最後の所に平板測量の図と説明がある．このことを磐城平藩の藩主である内藤忠興の知るところとなり，磐城平藩に仕えることになった，今村は郡奉行として道路の整備，川の整備，江戸に物資を輸送するための川の開削工事などで内藤家随一の家臣といわれた．

また，吉田光由や今村知商と兄弟弟子の高原吉種の弟子である礒村吉徳は二本松藩から河川工事の技師として鍋島藩士でありながら二本松藩に呼ばれた．水源が近くになかったためはるか離れた所にある安達太良山の中腹から二本松城までの水道工事を行った．このときにつくった川は二合田用水という．

吉田光由は嵯峨野へ水を引くために嵯峨の北にある山のさらに北側に大きな菖蒲谷池から水のトンネルを掘りぬき嵯峨野に流すという大工事をしている．穴の

直径は人の丈ぐらいである．

　江戸時代の初期における数学者は，それぞれの場所で土木工事の技術者としても成功している．川は季節によりその流れる水の量は違っており，予想に反して往々にして堤防が決壊する．それを防ぐため堤のつくり方や水の勢いを弱めるための蛇籠や角枠など，これらについては明治時代でもあまり変わらないのである．山があり，谷があればどこにでも川はできる．流れてくる川が別の川に合流するのではなく，川を飛び越えて反対側に流す．渡井という．あるいは堤防の堤の部分に穴をあけ，ここに込樋をつくって水を堤の外に逃がす方法などさまざまな工夫がされた．それらのつくり方については特に数学を使うわけではない．

　数学を使うのは，これらの工夫を施す場所の測量のため，川幅の計算をするときなどである．古来の方法は，江戸時代以前に吉田宗恂が書いた「三尺求図数求路程求山高遠法」などの方法で書いてあることと数学は似ている．

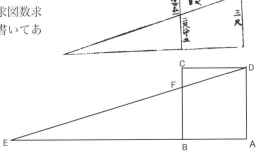

　遠近を測定する方法として目的の所までの距離をはかるため，図のように1辺の長さが6尺の正方形の板で目的の所を見ると，3寸であるとき目的の所までの距離を求めるのに，次のように計算する．

　図にわかりやすく，記号を入れて下の図のように6尺の板をA, B, C, Dとし，目的の所をE，CBとDEとの交点をFとする．

　　△AEDと△CDFにおいて
　　　∠AED＝∠CDF，∠EDA＝∠DFC
　よって，△AED∽△CDF
　相似比は等しいから，
　　AE：CD＝DA：FC
　CD＝60，CA＝60，FC＝0.3より
　　AE＝$\dfrac{CD \times DA}{FC}$＝$\dfrac{60 \times 60}{0.3}$＝12000　AE＝12000（尺）＝2000（間）

　また，次の図のように，目的の所を見るとき，台の外3寸のところになるようにすると，3寸のはかり方は物差しを台の上に滑らせるようにすれば，この方が前の場合よりも測定することが容易になる．

　図では6尺の正方形の板よりも3寸上の所から目的の所を見ることになる．

　下の図のように，各点をA, B, C, D, E, Fとする．AB＝BC＝CF＝FA
　△CEBと△DCFにおいて

CB ∥ DF より ∠BCE = ∠FDC
∠EBC = ∠CFD
したがって，△CEB ∽ △DCF
$$\frac{EB}{CF} = \frac{BC}{FD}$$
これより $EB = \frac{BC \times CF}{FD}$ になる．
BC = 60, CF = 60, FD = 0.3
より $EB = \frac{60 \times 60}{0.3} = 12000$

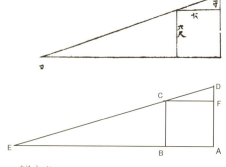

川普請の中で細工の難しい例として，「掛渡井」をあげる．日本は島国でその周囲については平野であるが，中央はほぼ山が連なっている．それも大きな一つの山ではなく，いくつもの山が連なっているため，至る所に川があり，平野や盆地で合流する．合流する場所には概ね都市が形成されていて，多くの人が住んでいる．田畑も多い．田には水が必要であるから上手く水の量を調節する智恵も育った．一つの川から別の川に流さずに川を飛び越えて流すために「掛渡井」が考案された．

つくる方法として数学が使われたのではなく，その材料の計算や人件費を計算するために数学が使われている．ここではつくる過程を図を利用して紹介したい．

初めは土台になる材木の組み立てである．

下に流れている川が用水として適さない場合などに掛けるもので，流す水の量により掛け方は異なる．右の図はかなり大げさなもので，長さが6間で上に乗る箱の内側の寸法は高さが1尺2寸，横が2尺の場合としている．図を描くと使う材木の大きさや本数がわかる．

松木が長さ9尺，末口の太さが6寸のものが12本というようにわかる．

それぞれの柱は3本立てにしていることもわかる．この図を計画の開始につくることが最も重要で，これが決まれば各部分をつくるのに使う材木や板，釘の数も割り出せる．

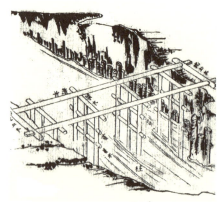

次はこの上に載せる箱のようなものの底のつくりである．

底板は右の図のように前の図からつくることができる．板は縦に長くすることは不可能なので図のようにするが，梁木や枕木の大きさや枚数，それに板に打つ

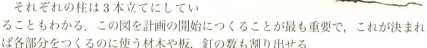

V. 和算の発展

釘を 3 本ずつとしての数を求めることができる．

この底の部分をもとにしてその上に付ける部分をつくる．それが下の図のようにしている．図は底の上に乗せたもので底も含んでいるがそれでも乗せた部分についての材料はわかるように書かれている．底の梁木や枕木が書かれているために，その上にくる側板の大きさや枚数を知ることが容易である．上に渡した上梁木の本数もわかる．

これで全部であるからこれらを組み立てて，実際に水を流した図を想定したのが最後の図になる．

この工事において重要なことは，必要な材料である材木や板，釘の他に，これをつくるのに際して大工の人数，ここでは 19 人 6 分とある．

その内訳は材木を切る係と掛ける係になっている．他に人足として 43 人がいる．この中には大工の手伝いや柱を取り付けるための人数である．

川には堤防をつくり，洪水に耐えるようにしている．しかし，水の勢いが予想を超えることがある．このような場合のために堤の一部に水を逃がす道をつくる．堤の上の部分は馬踏といって道になっている．この下に樋をつくる．

この場合も図を正確に細部まで描きそれぞれの大きさや太さなどの数値の必要なものは記入しておくことが必要になる．この樋は水の入るところと抜ける所があり，内部についてもあらかじめ絵をつくっておく必要がある．そこから材木の大きさと個数を知り，板についてもわかる．大工や人足のための費用も自ずから計算できる． ［佐藤健一］

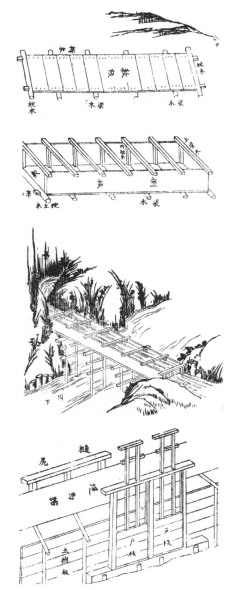

❺❽ 大工算法（だいくさんぽう）

大工は誰でも常にもっている道具の曲尺を使って計算ができた．
　ここでは明治44年に阿久津尊睦が編集した『最上流　算法曲尺行伝（さいじょうりゅう　さんぽうかねじゃくこうでん）』の中で紹介されている算法について述べる．

● **曲尺の部分の名称**　図のように曲尺にイロハニとする．
　イロを結んだ線を大弦とし，ロハを結んだ線を「正勾配の親線」で大股という．イハは「勾配の子線」で，大勾という．ニハを中勾といい，矩の形である．すなわち曲尺である．
　同矩という言葉がある．それは相似のことである．説明するときは「同じ格好」といっていることが多い．

● **割算の方法**　問題を使って説明する．

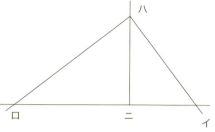

| 問題 | 今80円を2人に配分するとき，1人いくらか． |

　答　1人40円
　右の図1のように，曲尺のイロを8寸として，2で割る2を勾配イハに置くから2寸とする．イより1寸のところをホとする．
　ロハに平行にホニを引く．イニをはかれば4寸で答は40円である．
　$a \div b = c$ であるから，右の図2で，$AC = a$ とし，$AB = b$, $AD = 1$ とすると，

　　$\triangle ABC \infty \triangle ADE \therefore \dfrac{AB}{AC} = \dfrac{AD}{AE}$

　　$AE = \dfrac{AD}{AB} \times AC$

　これより $AE = \dfrac{a}{b}$

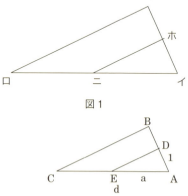

図1

図2

● **掛け算**　掛け算についても実例の問題によって説明する．

V. 和算の発展

問題 今2人の商人がいる．ともに同業である．1人に付40円出せば2人でいくら出したか．

答　80円

右の図3のようにイロ間を4寸，イハの間を1寸とし，イニを2寸にする．イホをはかれば8寸である．

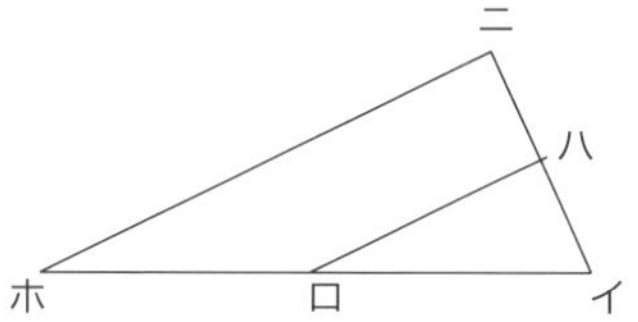

図4のようにA，B，C，D，Eをとる．

$\triangle ABC \sim \triangle ADE$

$AC \times AD = AE$

$AB = 1$, $AD = b$, $AC = a$,

$AE = d$

$\dfrac{1}{a} = \dfrac{b}{d}$　∴ $d = a \times b$

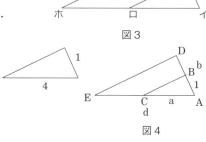

図3

図4

● **相場割**

問題 今玄米45俵の代金が15円であるという．128円でいくらの玄米を買えるか．

答　米384俵

図5のようにイロハニホをとる．

米45俵を4寸5分とし股とする．代金15円を1寸5分としこれを勾とする．イロハの矩（直角三角形）とする．この線に従い，128円をハより1寸2分8厘と下り，これを勾とする．これより股をひき，その長さをはかれば3寸8分4厘となり，384俵となる．

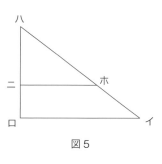

図5

問題 繭1石の代金を50円として繭120石の代金はいくらか．

答　6000円

図6のようにイロハニホをとる．

繭1石を1寸として勾とする．50円を5寸として股とし，イロハの矩の図のようになる．イホを1寸2分にとって，ホニをはかれば6寸になる．これより6000円と知る．

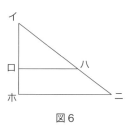

図6

> **問題** 今ある人は味噌を買おうとしている．味噌は95銭で3貫500目である．45銭でいくらの味噌が買えるか．

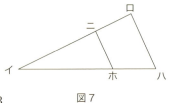

図7

答　1貫657匁余

図7のようにイロハニホをとる．

95銭を9寸5分としてイロに，3貫500目を3寸5分としてロハに，45銭を4寸5分として，イニにとる．ニホの間をはかれば1寸6分5厘7毛余になる．すなわち1貫657匁余となる．

● 開平方（法）

> **問題** 今図8のように方田（正方形の田畑）がある．その面積が9坪であれば方面（1辺）の長さはいくらか．

答　方面3間

平方根を求めるために，まず図9のように陸線（横の線）を引き，縦墨を引く．この縦墨によって分けられた陸線の右を短弦といい，左を長弦という．

図10のようにイロハをとり，短弦イハの間を1寸とし，面積の9坪を9寸としてロハの間とする．曲尺を縦墨とイロに合せると，縦墨の長さは3寸になる．

これが方面の長さである．

図11のようにABCDをとる．

△BCD∽△DCAであるから，

$$\frac{BC}{CD} = \frac{DC}{CA}$$

$$\overline{CD}^2 = BC \times CA = BC$$

$$CD = \sqrt{BC}$$

このことからABをxとおき，BCに1とし，Cより垂線を立て，その線上に曲尺の角が，他の曲尺の線がA, Bを通るようにする．そのときのDCの長さが$\sqrt{x}$になる．

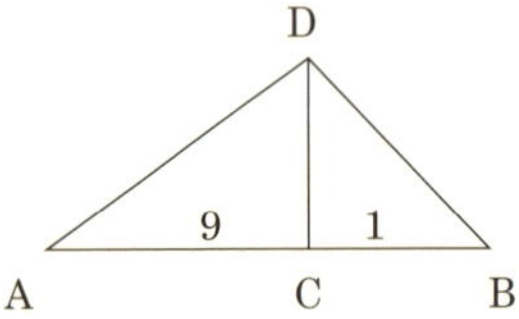

図8

図9

図10

図11

V. 和算の発展

● 開立

問題 今図12のように立方積（立方体の体積）が8歩ある．これを立方に開くといくらか．

答 立方四方六面2寸
（立方体の一辺の長さは2寸）

図13のように甲線と乙線を十文字の線に引き甲乙の交点から甲線上に長さ1寸をとってイとする．積の8歩を8寸として乙線上にロをとる．曲尺を図13のように合せる．図14のハニの間をはかれば2寸になる．

図15のようにOで直交する2直線 l, m を引く l 上に $OA = 1$ の点Aをとる．

m 上に立方数 s を $OB = s$ の点Bとする．
曲尺の角をDにおき，BとCを通るようにする．
すなわち△BCDが直角三角形になる．
$BC \perp DO$ になるから，$OD^2 = AO \times CO$ であるから，
$$a^2 = s \times x \quad \cdots ①$$
また，$AD \perp CO$ となるから $OC^2 = AO \times OD$
これより $x^2 = a \times 1$
∴ $a = x^2 \quad \cdots ②$
②を①に代入すると
$x^4 = sx \quad s > 0, x > 0$ より
∴ $x = \sqrt[3]{s}$

大工ははかるものは物差し，曲尺しか数量可できる道具はもっていない．曲尺を2度使って図15を描けば，OCが3であれば，BOは3乗した27になる．BOが64ならばOCはその三乗根の4になっているはずである．

ただし，物差しの目盛で読むのであるからよほど熟達しなければあまり正確とはいえない．

しかし，実用的には，ノコギリの刃の厚さも数学としては，かなりの誤差であることを考えれば，この方法で十分であろうと思われる． ［佐藤健一］

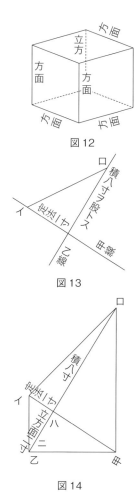

図12

図13

図14

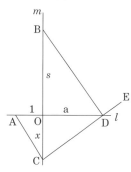

図15

(59) 大工算法（正多角形）の作図

コンパスと定木を使っての作図は，現在でも日本の学校数学ではよく行われている．江戸時代でも大工は常々使っている道具で，さまざまな図形を描いていた．当然計算も同じ道具で行っていた．棟梁を中心としてグループをつくって活動する．技術を重んじることから，流派が存在していた．

多角形の角をまったく使わなかったのが，和算の特徴である．すべての辺の長さを使う．これらの数学を基本として大工算法では計算でもソロバンを使わずに曲尺や物差で計算する．正多角形の作図法はどの流派の人たちも行っているが，そのうちの一つだけ示す（柳川の吉田重矩の『溝口流規矩術』文政2〈1819〉年から）．

◉**正三角形**　円Oに内接する正三角形を描く．図のように，コンパス（同規）の心（中心）を点甲に立て，円Oと同じ半径の円を描く．二つの円の交点B，Cが正三角形の二つの頂点になり，線分BCの垂直2等分線が円と交わる点Aが三つ目の頂点である．

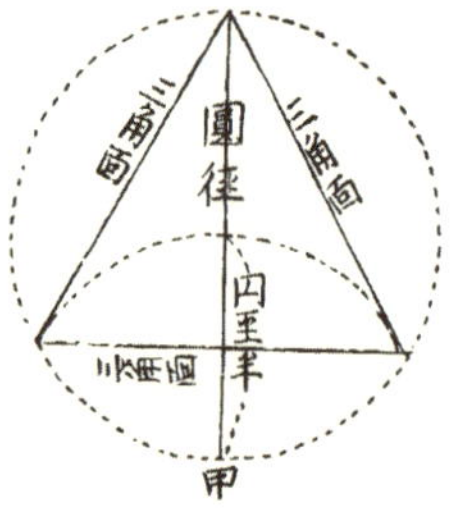

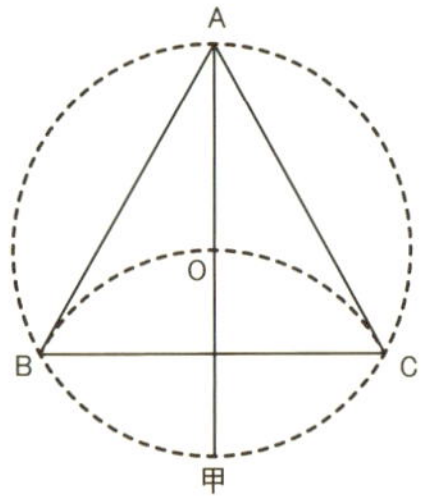

◉**正四角形**　図のように円Oに内接する正四角形を描く．まず，円周上の点Aを心とし，AとOを結び円との交点をBとする．次に，点A，Bを中心として円の半径よりも大きい半径の円を描き，交点C，Dを結ぶ，この直線が円と交わる点と点A，Bを順に結んで正方形をつくる．

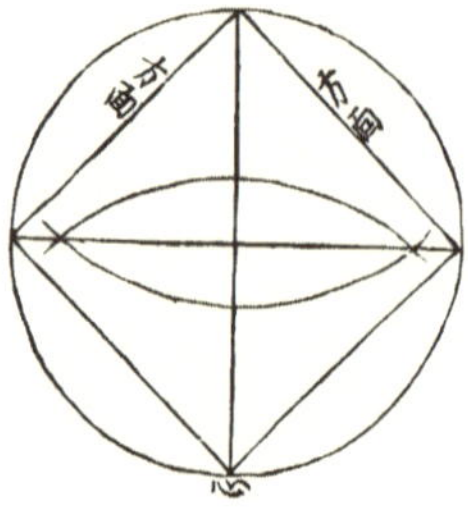

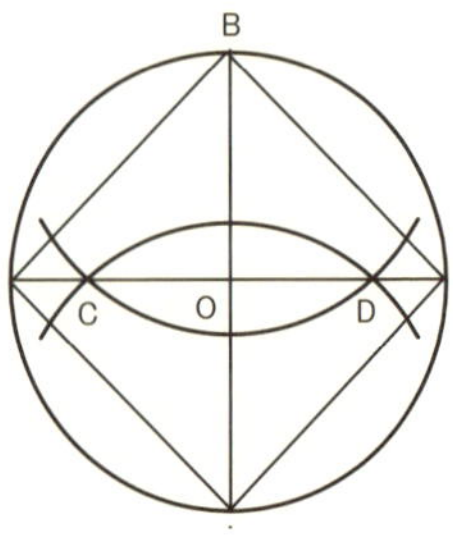

V. 和算の発展

● **正五角形**　図のような円Oに内接する正五角形を描く．
　右図のようにして，十字の直径AB, CDを描く．線分COの中点をE（甲）とし，EとB（乙）を結ぶ．次に，Eを中心とし半径EBの円周がODと交わる点をF（丙）とする．Aを中心とし，半径AFの円周が円Oと交わる点をG, Hとする．Hを中心とし半径HAの円周が円Oと交わる点をI, Gを中心とし半径AHの円周が円Oと交わる点をJとする．AHIJGAと順に結べば正五角形になる．

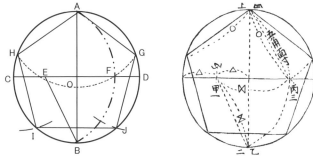

● **正六角形**　図のように円Oに内接する正六角形を描く．まず，円Oに直径ABを引き，半径OAに等しい円をA及びBから描き，

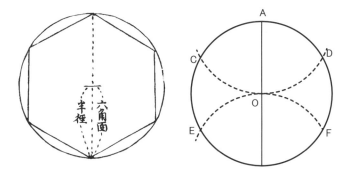

円Oとの交点をC, D, E, Fとすればこれを順に結んで正六角形になる．

● **正七角形**　図のように円Oに内接する正七角形を描く．
　前出のようにして，十字に直径AB, CDを描く．半径ODを4等分し，右からE, F, Gとする．半径がこの2個半の長さで中心がEの円周を描き，円弧ADと交わる点をHとする．AHの長さが正七角形の1辺である．

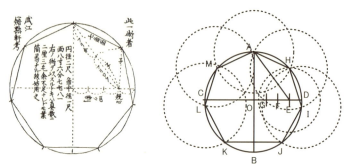

● **正八角形** 正方形 ABCD の 4 角を切り取って正八角形を描く．

 正方形 ABCD の対角線 AC, BD の交点を O とする．頂点 A, B, C, D を中心とし，半径 OA の円を描く．図のように各頂点に近い交点を結べば正八角形になる．

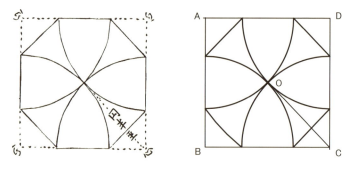

● **正九角形** 円 O に内接する正九角形を描く．円の直径を AJ とする．AJ を 3 等分し図のように M, N とする．このとき AM の長さが正九角形の 1 辺の長さである．

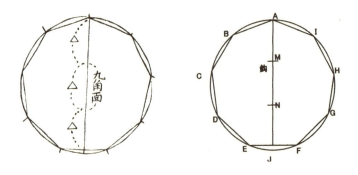

● 正十角形

十字に直径 AB, CD を描き，OC の中点を E とする．E を中心とし半径 EB の円が線分 OD との交点を F とする．次に A を中心とし AF を半径として円を描き，弧 AD との交点を G とする．AG の中点と O を通る直線が弧 AG と交わる点を H とする．AH は正十角形の 1 辺の長さである．この方法は面倒なためあまり行われない．

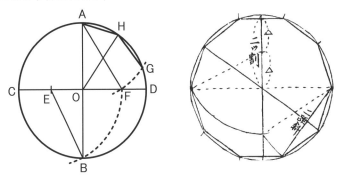

一般的な方法として，次の方法がある．例として正十一角形について示す．

円 O の直径を AB とする．AO を 11 等分し，その内上から六つ目の点を C とすると，AC の長さが正十一角形の 1 辺である．

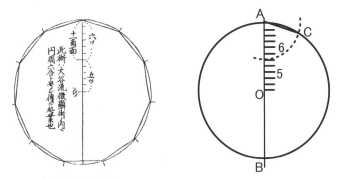

この方法は「大谷流徴顕術」で伝わった方法である．この本の著者は「この方法では正しい値からは違いすぎるが，大工は木口を加減して用いればよい」と付記している．江戸時代の初期の数学書で，角法や角術から始まり『算法童子問』などで正多角形を定規や渾発（コンパス）での作図が現れる．大工の算法書でも文政時代には詳しい書も現れた．その本がここで取り上げた『溝口流規矩術図解』である．

もう少し後の時代では，数学については長谷川弘の弟子である平内廷臣の『矩術』が出る．平内は時代も後なので前記の本を見たのだろうが，実用的な目でまとめた．
［佐藤健一］

⑩ 明治時代の訳語会

　明治時代になって，日本では初めて学制を発布した．これは明治 5（1872）年のことである．ここで扱われた数学は，日本古来の和算ではなく西洋数学であった．そのため，欧米の数学書を日本語に翻訳する必要が生じたが，数学者はそれぞれ自分が最も適当と思う言葉を使って翻訳を始めたのは当然である．

　当時の数学者といわれる人の多くは少し前では和算家であった．ほんの一部の人であるが，幕末に設けられた西洋流の教育を受けた人がいた．例えば長崎海軍伝習所出身の人たちである．

　このようなさまざまな人たちが和算家と一緒になって，明治 10 年 10 月に「東京数学会社」を創立した．現在の「日本数学会」「日本物理学会」の前身である．

　東京数学会社は創設と同時に「東京数学会社雑誌」を刊行した．毎月 1 回発行していた．明治 10 年 10 月の創刊号に代表である社長の神田孝平の題言に設立の目的など主旨を述べた．西洋数学の翻訳をすることや月 1 回第 1 土曜日に研究会を開くことも決まる．第 1 回の集会に出席した人は 117 名で多くの和算家が出席している．「東京数学会社雑誌」は明治 13 年 8 月に第 27 号が発行された．ここで訳語会が発足し，訳語会の第 1 回の会議で検討する訳語とその訳の原案，といっても何もないと検討できないから担当者の中川将行がたたきだいとして訳を付けて前もって示したものである．草案をあげる前に訳語会の「数学譯語會々則」が 8 月の第 1 土曜日に決まったことが示された 12 条からなる簡単な決まりであるが会の進め方や訳語の決め方が記されている．次回の 9 月第 1 土曜 4 日に審議する用語が発表された．

　草案者は中川将行である．用語の通し番号，英語，訳語の順で最初の 7 用語は以下の表のとおりである．この日の審議予定は 27 語である．

(1)	Quantity	数
(2)	Unit	?
(3)	Number	数 [一、二、三ノ如シ]
(4)	Abstract number	不名数 [一、二、三、百、三万等ノ如シ]
(5)	Concrete number	名数 [一個、三本、百斤ノ如シ]
(6)	Unity	?
(7)	Denomination	名 [斤、尺、石等]
(8)	Simple nunber	単数

　審議の済んでない 9 月 4 日に発行された第 28 号には，次の 10 月の第 1 土曜日に審議する予定の用語が 64 個発表された．ここには数学の記号が多い．最初

の 11 個は次のとおりである.

(28)	Sign	符号　又　標識
(29)	Sign of numeration「，」	句点　又　「コンマ」
(30)	Decimal Sign「．」	小数点　又　奇零点
(31)	Sign of addition　「＋」	加標
(32)	Sign of Subtraction　「－」	減標
(33)	Sign of Multiplication　「×」	乗標
(34)	Sign of Division　　「÷」	除標
(35)	Sign of Equality　　「＝」	相等標　又　等標
(36)	Sign of aggregation	括弧
	1）Brackets（），｜｜，［］	括標
	2）Vinculum　|	括線
(37)	Sign of Ratios「：」	比標
(38)	Sign or Proportion	比例標

　第1回の会議では，議長は規則により社長である．次に抽選を行い座席を決める．その結果，一番　山本信實，二番　福田理軒，三番　岡本則録，四番　肝付兼行，五番　中川将行，六番　駒野政和，七番　菊池大麓，八番　古家政茂，九番　大村一秀，拾番　川北朝鄰，拾一番　礒野健，拾二番　鏡光照，拾三番　赤松則良，拾四番　伊藤直温，拾五番　荒川重平，拾六番　真野肇，拾七番　平岡道生，拾八番　真山良，と決まり着席した（山本，岡本，赤松，荒川の4名は本日欠席）．

　着席の準備ができた規定の3時になると，柳楢悦が議長席に座る．委員全員も着席して会議は始まる．

　草案者の中川が印刷の誤字の訂正をする．(1)の数は誤りで量とする．(2)(6)の訳は一，(25)の Ruer は Rule とする．いろいろな手続きの後に訳語を審議したが，結局この日に決まった語は次の五つである．

　　(1)Quantity 数量，(2)Unit 未決，(3)Number 数，
　　(4)Abstract number 不名数，(5)Concrete number 名数

　この日は最初の会であったこともあって，午後5時40分まで続いたが進みも悪かった．結局この続きを翌月に行うことになり，順送りになる．中川は草案者であるために賛成意見をいうことができない．中川は29号で書いている．

　「ユニット」の訳語議論紛々遂ニ決セス　肝付兼行君発議シテ曰ク　程元ト訳スヘシト　賛成者ナキヲ以テ其議消滅ス　余草案者タルヲ以テ議場ニ之ヲ賛成スル能ハス　…」東京数学会社の会員でありながら，この訳語会には入らず訳語会について反対していた数学者に上野清がいる．上野は「数理叢談」という数学雑誌で次のように書いている．

「私が前号から本誌に掲載している東京数学会社の訳語会を開いて数学用語を一定化しようとするのは，最も困難な仕事と言わざるを得ない．そもそも，我が国の数学用語が今日ほど甚だしく混乱・錯雑としていることは，いまだかつてない．何故ならば我が国の数学用語は和算家が用いてきた語，中国の洋算訳語，洋算家が新しくつけた訳語，以上の三つがあり，一つのものにいくつかの名が混雑した形でついている．（中略）このように，我が国の数学用語は，次第に混雑していくので，識者がこれを改正しようとするが，成功せず，ついにこれを放任したままになっている．しかしながら，いまや数学会社は有志社員を定議員として，訳語会なるものを開き，混雑の続く数学用語を一本化しようとするのである．これは私がこの会を最も困難な事業とし，適任の議員があるなしに拘わらず，なお諸兄に責任を全うして欲しいと願うものである．諸兄の字義用の困難なこと，責任の重いことは以上の通りである．したがって，その責任を果たし，その難行をなそうとするには，これに適する思考を要しないわけにはいかない．しかもその思考たるや他にはない．すなわち全国の数学者の心をその心とし，皆が納得する数学用語に決定するよう努めるだけである」

　このように述べ，全国各地の学校で広く使われている用語とか，教科書などで使われている用語は全国の数学者が認めたものであるが，訳語の付いているものが少ない用語は全国の数学者が認めたものではないから，二つは区別した方が好ましく，用語すべてを無理に統一することはないという意見であった．

　記録に残るものでは上野清の他には訳語会が決めたことを全国のすべての数学にあてはめることに反対してはいないが，上野の記事がその後も世に出ていることは上野の意見に賛成している人もいたことになる．

　第2回の訳語会は10月2日（明治13年）に開かれた．この日は議長の柳楢悦が欠席したため，議員中から仮議長として肝付兼行を選挙で決める．午後2時から始まる．この日ははかどり，決まった用語の内の11訳語は以下のとおりである．

(6)	Unity	1
(7)	Denomination	名
(8)	Simple number	単名数
(9)	Compound number	復名数
(10)	Integral number or Integer or Whole number	整数
(11)	Fractional number or Fraction	分数
(12)	Like number	同名数
(13)	Unlike number	異名数
(14)	Power	自乗
(15)	Root	根
(16)	Scale	尺度

このほかに 15 用語が決まっている．ただし (20) の Mathmatics は未決であった．このようにして明治 13 年 11 月 6 日の午後 3 時から第 3 回の訳語会が開かれた．この日は 2 回目の提出用語を開始し，結局決まったのは 16 個の記号であった．

(28)符号，(29)区点，(30)小数点，(31)加号，(32)減号，(33)乗号，(34)除号，(35)相等号，(36)括弧，1)括弧，2)括線，(37)比号，(38)比例号，(39)指数，(40)根号，(41)公理

この日の記録に議事の様子が記録されている．(30)の記号では「小数点，又奇零点」が草案であった．

真野　「奇零点ハ廃シテ小数点ノミヲ用ユヘシ」

真山　「奇零点ヲ分点ト改ムヘシ」

遠藤　「奇零点ハ舊時ヨリ用ヒ来レハ存シ置クヘシ」

菊地　「此会ハ可成的訳語ヲ一定スルノ趣旨ヲ以テ開キシ者ナレハ其最モ適当ナルモノ一ニ定ムルヲ宜シトス　故ニ小数点ノミヲ用ユヘシ」

荒川　「同意ニテ其説ヲ敷衍シ且仮令ヒ此会社ニ於テ一定スル処ノモノハ全国ニ普及スルコトヲ欲スト雖トモ必スシモ是非一般ニ用ヒヨト云フ権ナキハ勿論ニテ此訳語会ノ主意ハ社員ノ便ヲ計リシモノナリ云々」

岡本　「小数点ノ一ニ定ムルニ同意ス」

肝付　「(28)ヲ符号ト定メタレハ此処モ小数符ト改メテ可ナリ」

ここで議長は決を取ると小数点になり奇零点は除かれた．

このようにして検討する用語の番号は先にいく．また，前に戻ったのは明治 15 年の 1 月 7 日に行われた第 14 回訳語会である．この会では前から決まらなかった Unit と Mathematics の 2 語が 2 時間以上もかけて討議した．

まず，Unit をほぼ出席者全員が意見を言っている．

肝付　「此訳ハ本員大ニ困却セリ　兼テ　前年議事ノ際　程元トセンコトヲ望メリ　由テ尚其説ヲ主張スヘシ」

菊地　「肝付君ニ質ス　単ニ「ユニット」ト云フトキハ可ナリ　若シ他ノ字ト連続スルトキハ不都合ノコトアラン」

このようにして長く議論が続いたが，議長が決をとる．単位に賛成するもの 6 名，程元に賛成する者 3 名，度率 1 名，率 1 名で単位に決まった．

Mathematics は原案は数学であったが，主な発言意見は次のとおりである．

菊地　「数理学ト云フ訳ヲ主トスル所以ヲ述シ　凡物ノ理ヲ論スル物理学ト云フ如ク教ノ理ヲ論スル学ユヘ数理学トスヘシ」

荒川　「岡本君喋々ノ説アレトモ到底同シコトナラン且字ノ源流ニ従テ説ヲ立ルハ到底無用ノコトナリ字ハ世ノ変遷ニ従ヒ種々ノコトトナルヘシ故ニ算学トシテ可ナリ

このようにして 9 名の多数で「数学」に決まる．議事の進め方もきわめて民主的なことが現れている．　　　　　　　　　　　　　　　　　［佐藤健一］

VI. 和算家列伝

（五十音順）

会田安明（あいだ・やすあき）

● **山形から江戸へ**　延享4（1747）年，出羽国の山形の城下（現在の山形市七日町）に生まれた会田安明は，のちに算左衛門とも名乗った．和算に興味をもったきっかけは，知恵の輪が解けたことだった．9歳のときに父親からもらった九連環という知恵の輪を一晩中寝ないで考えて解きはずし，それが和算の道に入る縁になったと自伝の「自在物談」の最初に書いている．小さい頃から負けず嫌いだったことや，将棋が強かったこと，あるいは夏になると水泳をしたり，冬には雪滑りをして遊んだりしたことなども書かれている．

　和算については，地元の岡崎安之に16歳で入門し，必死に勉強して力を付けた．23歳のときに，あこがれの地となる江戸へ出ると，生活のために御普請役になって働いた．「普請」とは土木工事のことをいい，会田は鬼怒川や利根川などの治水工事のために毎年各地に出張し，現場監督を務めた．そのために御家人の株を買い，鈴木家の養子になって鈴木彦助と名乗っている．このように江戸時代には，条件さえ合えば武士という職業を買うことができた．

● **藤田がライバル**　天明元（1781）年，35歳のときに会田は芝の愛宕山に算額を奉納した．今も港区にある愛宕山は，標高がたったの25 mほどしかない東京23区で最も高い自然の「山」であり，山頂に愛宕神社がある．もともと初期，これから建設される江戸の町の防火のために徳川家康の命で祀られた神社だったが，のちには「天下取りの神」「勝利の神」としても有名になった．和算の天下取りをめざそうと志していた会田にとっては，算額を奉納するのにふさわしい場所だった．

　この当時の和算の第一人者は関流の藤田貞資で，会田は藤田の主著である『精要算法』天明元（1781）年に大いに刺激を受けていた．たまたま同じ御普請役に藤田の高弟だった神谷定令がいたので，とりなしてもらって藤田の弟子になろうとした．

　ところが初対面のときに，藤田は「愛宕山の算額にある誤り（答が桁を取り違えていた）を訂正すれば弟子にしよう」と条件を出してきた．負けず嫌いの会田はそれを拒否し，以後，藤田の『精要算法』の誤りを訂正して見返してやろうと思いながら独自に研究を進めた．その成果となる『改精算法』は，天明5（1785）年に出版された．

　間に立った神谷は会田を批判せざるを得なくなり，さらには『精要算法』の出版前に内容のチェックを担当した関流の安島直円が神谷の側に味方した．会田は彼ら関流に対して自分の一派を最上流と称し，20年近くに及ぶ関流対最上流の論争が始まり，一般の人びとにも関心がもたれた．

会田が名乗った「最上」とは郷土山形の最上川にちなむモガミであるとともに，音読みのサイジョウ（＝最上級）でもあり，最上流は一流派として栄えた．なお会田は藤田に対して和算の「名人」であると高く評価し，『精要算法』についても名著だと述べている．

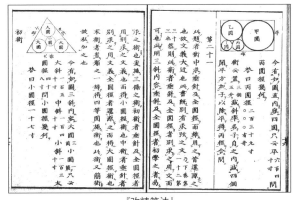

『改精算法』

●**再び会田に** ところが会田が41歳のときに，転機が訪れた．10代将軍だった徳川家治が死去し，それに伴う御代替として会田はお役御免（＝停職）になり，浪人の身になってしまった．それでもこれを機会に和算一筋に生きようと決心し，執筆活動を本格化させている．

苗字を鈴木から会田にもどし，改めて和算家，会田安明として研究活動に取り組みながら弟子の指導にあたった．自伝では「免職になって，初めて和算に集中する時間がとれた」と述べている．彼が生涯にわたって書いた著作は手書きの稿本を中心に600冊に達し，数学以外を含めると2000冊にのぼる．ページ数の少ない本も含まれるが，それにしても種類が多い．

全国平均と照らし合わせたとき，今でも東北は算額が多く残っている地域として知られているように，本格的な和算に取り組む人たちが多かった．その代表でもあった会田は，研究のため一日中机に向かい続けたため，やがて足腰が立たなくなるほどだった．

●**算法の道は続く** 著作の大半が稿本だった中にあって，数少ない刊本となったいくつかの著作は全国的に広く親しまれた．『塵劫記』に名を借りた『当世塵劫記』天明5（1785）年は，あの『解体新書』などを出版していた江戸時代の大手出版社の須原屋市兵衛から出された．寛政6（1794）年と，会田の没した文化14（1817）年に増補されている．

晩年に書かれた『算法天生法指南』文化7（1810）年は，たくさんの公式が例題とともに系統的に述べられ，和算の最良のテキストともいわれている．序文の終わりに近いところで，会田は50年に及ぶ自身の研究活動を振り返っている．それによると，算法の道はどこまで行っても頂点を極めることができず，それは自分の研究活動も例外ではない．だから今後は気軽に楽しみながら学習し，十分行き届かなかったテーマについては後輩たちの活躍を楽しみに待つことにしたと述べている．

［西田知己］

安島直円（あじま・なおのぶ）

● **和算も勘定も** 安島家は羽前国新庄藩（山形県新庄市周辺）の藩士で，代々にわたって参勤交代を行わずに江戸詰めとして藩主の戸沢氏に仕えていた．父の安島清英は，新庄藩の金銭の出入りを管理する勘定方のトップにあたる御勘定頭になり，江戸の藩邸で会計の責任者を務めた．計算を得意としていた父の能力は，息子にも受け継がれていた．

息子の直円は，江戸の芝森元町（現在の麻布森元町）にあった新庄藩邸で享保17（1732）年に生まれた．ちなみに，その芝森元町からしばらく西に歩くと日下窪という場所になり，そこはのちに安島直円の門弟となった日下誠が家塾を開いていた．当時の麻布近辺は，本格的な和算を志す人たちにとって，一つのメッカになっていたようである．

安島は幼年の頃から和算に親しみ，中西流和算の大家だった入江応忠が主催していた入江塾に通っていた．寛保3（1743）年に12歳で元服したときには，すでに和算で大いに成長していたため，父は和算の道で大成することを願って，このときの名を「直円」にした．これは和算書の書名にもある「方円」つまり四角形と円形を表した言葉の類語といえる．

のちに安島直円は，関流の山路主住の門下生になった．最初の師匠だった入江が安島の非凡さをいち早く見抜き，自分の師匠だった山路の弟子に推薦したという．一方「直円」と名付けた父が宝暦4（1754）年に亡くなると，安島家の家督を受け継ぎ，新庄藩士としての活動が中心になっていった．

安島直円は新庄藩の中でしだいに昇進を重ね，宝暦12（1762）年には御勘定頭に昇進している．これはかつて父も担当した役職であり，息子の直円はこのあとも順調に昇進している．一連の出世は，すぐれた計算力を活かして藩財政の建て直しに貢献したことによるものだった．

● **宝暦暦** 一方で安島は，幕府による宝暦暦の制定に協力することになった．これは師匠の山路が幕府の天文方（＝天文暦算の役所・役人）だった関係によるもので，このとき安島は天文方の西川正休と渋川則休の手伝いを務めた．大陸渡来の授時暦について論じた『授時暦便蒙』明和5（1768）年など，安島には暦に関する著書も残されている．

しかし改暦による宝暦暦の制定については，古くからこの事業を手がけてきた京都の土御門家の反発によって失敗に終わっている．徳川吉宗以降に解禁された，西洋渡来の最新の暦術が採用されることはなかった．結果として宝暦暦は，渋川春海によって貞享2（1685）年に実施された貞享暦から多少改変される程度にとどまっている．

● **対照的な2人**　和算に関する安島の業績には出版化されたものがなく，筆写によってつくる稿本の形で今日に伝わっているが，どれも独創的なものが多い．江戸中期から後期にかけての和算の特徴をなしていた図形の研究について，安島はきわめて基礎的な分野で貢献し，このほか整数の方程式や循環小数についてもすぐれた研究を残している．一連の実績から，安島は和算の歴史上，関孝和と肩を並べる存在ともいわれている．

当時の和算家で最も最先端にいたのが安島と藤田貞資だったが，2人の知名度は実に対照的だった．ふだんの安島は物静かに研究活動に没頭していたため，専門家以外にはほとんど知られていなかった．他方，専門書というよりも和算の解説書

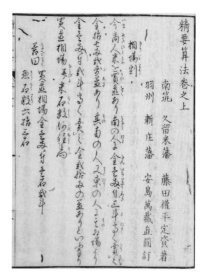

『精要算法』上巻「安島万蔵直円訂」の記載

としてまとめられた『精要算法』天明元（1781）年がヒットした藤田は有名人の仲間入りを果たしたものの，その門下からは有力な和算家が生まれなかった．世間では藤田が「名人」と呼ばれていたが，藤田自身は安島のことを「名人」と呼んでいたという．

このように好対照でありながら，意外にも2人はかなり仲がよかった．藤田の『精要算法』上巻の最初のところには「安島万蔵直円訂」つまり安島が内容をチェックしたと書かれており，実際には安島の力添えが大きかったのではないかとさえ推測されている．のちに藤田は会田安明と和算をめぐる論争を巻き起こし，会田は関流の和算に対抗して最上流を名乗ったことで知られているが，その最上流と論戦した藤田の著作の中にも，安島が跋文（＝あとがき）を書いたものが残されている．

● **月のクレーターに**　夜空に輝く月の表面には，安島の名に由来するクレーター・ナオノブ（Naonobu）が存在する．十五夜すなわち満月というピークを過ぎたあとの，少し欠けた月のことを十六夜（いざよい）といい（阿仏尼（あぶつに）の紀行文『十六夜日記』で有名），十六夜に月の表面に見られるのがこのクレーターである．月の東のふちに位置し，直径が35 kmもある．

安島の名前が使われたのは，彼の天文研究から連想されたものだろう．このクレーターのそばにあるラングレヌスは，1645年に月の地図を出版したベルギーの数学者・天文学者のラングレンにちなんでいる．このように西洋の学者と並ぶ世界のナオノブなのだった． ［西田知己］

有馬頼徸（ありま・よりゆき）

● **久留米の殿様**　江戸中期の大名で，筑後国久留米藩（福岡県久留米市）の6代藩主だった有馬則維の子として，頼徸は正徳4（1714）年に生まれた．江戸で徳川吉宗が活躍していた頃の享保14（1729）年に則維が隠居し，わずか16歳で第7代の藩主となった．まだ若かったため，しばらくの間は経験のあるベテランの家臣たちが実際の藩政を担当していた．

　享保17（1732）年には，死者が1万人を超える大飢饉が起こるなど，社会的に不安定な時期も経験している．村や町の人びとを救うため，有馬は救済金や救済米をほどこした．すぐれた対策や意見などを広く求め，そのために吉宗にならって目安箱を置き，人びとの娯楽のために猿楽などのイベントも奨励している．

　さまざまな課題はあったものの，すぐれた藩主だったため久留米藩の藩政は比較的安定し，その実績から久留米藩の吉宗とも呼ばれた．幕府からもその才能を認められ，江戸にある増上寺の御火消役に任じられるとともに，官位もそれまでの藩主より上のランクが与えられている．

　また，その時々の将軍が狩りで仕留めた鶴を，通算で3度も下賜された．本来は徳川御三家や伊達氏，島津氏，前田氏などの大きな藩しかいただくことができないものだが，有馬氏は頼徸の時代に大大名と肩を並べるもてなしを受けた．結果的に，久留米藩の11代にわたる藩主の中でも最長の54年間（享保—天明期）も務め，70歳を迎えた天明3（1783）年に久留米で亡くなった．

● **算学大名**　有馬頼徸は各種の伝統儀礼から法令まで幅広い知識を備え，和算については関流の教えを受け継ぐ山路主住に師事して学んだ．ふだん駕籠に乗って移動するときでさえ，数学の問題について考える熱心な「算学大名」だったことが知られている．関孝和，建部賢弘，松永良弼たちの業績をまとめ，自分のアイデアも加えて多くの著書を著した．

　刊行された著作は『拾璣算法』明和6（1769）年だけで，豊田文景という家臣の名前を借りて書かれ，すぐれた点竄術の教科書として大いに歓迎された．この著作の中で有馬は150題の問題を出して自分で解いている．先人の問題を解いて，自分も新たに出題するという伝統的な遺題継承のスタイルとは異なり，関流が受け継いできた高度な和算を自ら公開している．

　書名にある難しい「璣」の字は「玉石混交」の「玉（ぎょく・たま）」と同じ意味で，玉のように光り輝くすばらしい知恵のことを表した．それを広く拾い集めることが「拾璣」であり，有馬に先立って吉宗が活躍した享保年間には，さまざまな生活の知恵を集めた『拾玉智恵海』といったタイトルの実用書が多数刊行されていた．そこで有馬は，算法の知恵を選りすぐって集めた本という意味から

『拾璣算法』と名付けたのだろう．

本書が刊行されたことにより，それまで関流の和算家たちのほかにはあまり知られることのなかった点竄術や円理の諸公式など，高等な算法の数々が世に公表された．関流がほかの流派より評判を高めたのは，このような有馬の活動によるとこ

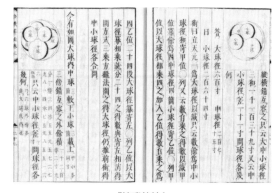

『拾璣算法』

ろが大きい．ちなみに有馬が山路主住を師匠にしていたことについては，『拾璣算法』の序文に書かれている．それによると「君樹（＝山路）先生」が，しばしば有馬の藩邸を訪れていたという．

さらには藤田貞資と嘉言の父子をはじめとする多くの和算家を家臣に抱え，和算家たちを生活面でも支えた．藤田は明和 5（1768）年に招かれ，これは『拾璣算法』が刊行される前年のことだった．この本がまとめられるにあたって，彼がいくらか協力した可能性もある．ただし藤田は九州に移り住んだわけではなく，久留米藩の江戸藩邸に出仕していた．

江戸時代の前期の頃は，新しい土地に着任した藩主が国づくりのために計算や数学のできる人を雇うことが多かった．諸藩が数学の得意な浪人を抱えたのは，水利や財政などの実用的な分野で仕事をしてもらうためだった．しかし江戸時代も中期を迎えて国内がしだいに落ち着いてくると，和算家本来の能力を買われて，藩士に取り立てられる機会も増えている．有馬はそのタイプに属する，向学心に富む藩主だった．

● **めざせ熱海温泉** 日本三大温泉の一つとされる静岡県の熱海温泉は，徳川家康がその効能を気に入って以来，徳川家の御用達の湯となっていた．有馬則維と頼徸の親子も熱海温泉を愛好し，頼徸の記録もある「熱海湯治の記」宝暦 8（1758）年という資料には，大名が湯治のために江戸を出る手続きが大変面倒だったと書かれている．江戸時代になると旅行ブームが巻き起こり，神社仏閣への参拝や病気の湯治などを理由にすれば許可されやすかったが，殿様は警護の問題などもあって身軽ではなかった．

その熱海温泉を守護する神社として，そばに湯前神社がある．熱海市の文化財に指定されている石鳥居と，階段の中ほどにある石灯籠は，有馬が熱海温泉で湯治をした際に寄進したものだった．お湯につかっているときも，和算の問題を考えていたのかもしれない．

［西田知己］

井関知辰（いぜき・ともとき）

● **謎の多い生涯**　井関は江戸前期に活躍した大坂の和算家で、同じく大坂に在住していた師匠の島田尚政に師事して研究を積み重ね、独自の算法を編み出した。元禄3（1690）年に刊行された『算法発揮』は、上巻で未知数の消去法について述べ、中巻に問題が7題あり、下巻にその解法を載せている。関孝和により行列式はつくられたが、行列式の次数を下げる展開式（一般にはファンデルモンドの展開式という）を『算法発揮』で世界で最初に示した。その一方では、本書の跋文（＝あとがき）を書いた師匠の島田が、実際の著者だったとする見方もある。

島田が書いたとする指摘さえあるのは、井関のほかの業績が知られていないだけでなく、井関本人に関する人物伝自体がかなり乏しく、生没年についてさえ明らかでないからだった。対する師匠の島田についても、詳しいことは定かでない。そのため彼らの情報を得るための手がかりとなるものは、実際のところ『算法発揮』の序文や跋文くらいしかない。

● **算法発揮**　島田が書いた跋文の方によると、『算法発揮』は門下生の井関知辰による研究をまとめたものである。それを近年まで大切に保管しておいたのは、価値ある玉をしまっておいたようなもので、それを見つけた私は値打ちがわかっていないのを笑い、版木に刻んで出版した。この本は算法の道を志す人にとっての道しるべになるものであり、今こうやって印刷することができたので、私があとがきを書いた」とある。

序文については、著者本人が書くこともあれば、親しい誰かに依頼して書いてもらうこともあり、1冊に両方備わっていることも多い。『算法発揮』については、井関は和算家でなく岡西惟中という知り合いの俳諧師に頼んでいる。専門的な和算書の著者よりも、俳人の方が世間的にはずっと有名だった。

『算法発揮』の展開式の図

その惟中が書いた序文によると、算法を島田尚政に学んだ井関知辰は年少の頃から利発で賢く、日進月歩の勢いで知恵を磨き、過去に誰も考え出したり言い出したりしなかったことを考案していた。その点は和算においても同様で、このたびその成果となる『算法

発揮』をまとめたという．このあとは本書がいかにすぐれているか語られ，シンプルでありながらも深い内容をもち，世の人びとが算法に注目することになるだろうと予告している．

● **大坂の俳諧師**　その惟中は因幡国（鳥取県）に生まれ，のちに備中岡山に移り，さらに大坂へ移り住んだ．俳諧は 20 代からたしなみ，作品づくりよりも俳論に本領を発揮し，西山宗因を始祖とする大坂の談林派を代表する俳諧師として活躍した．

延宝 7（1679）年に刊行された大坂情報誌の『難波雀』の「俳諧点者」の項目には，「銭屋町　井原西鶴」とともに「道修町西　岡西惟中」と出ている．現に彼らは宗因門下の双璧とみなされ，西鶴については談林派の俳諧師から転身して，のちに浮世草子作家になっている．

さらに『難波雀』は，次のページに「算者」の項目をもうけて「川崎　橋本伝兵衛（＝正数）」の名を載せている．『古今算法記』寛文 11（1671）年で知られる沢口一之の師匠だった橋本は，その後も有名だったことがわかる．一方で『難波雀』に島田や井関の名は出ていないが，彼ら師弟は少なくとも橋本の名前はよく知っていたことだろう．

● **和算と俳諧**　井関の『算法発揮』が出版されたのと同じ元禄 3 年に，職業図鑑の『人倫訓蒙図彙』が同じ上方（＝京都・大坂方面）で刊行され，士農工商の 4 区分よりもはるかに細かい職種が絵入りで紹介されている．第 2 巻に「俳諧師」があり，解説文には西山宗因門下の談林派の活躍が記述されている．

同じ巻には「算勘」という職業もあり，解説のところでは「算者」と題され，「算勘」つまり数学的な能力は誰でも必ず必要であり，

『人倫訓蒙図彙』の「算勘」（国立国会図書館所蔵）

ソロバンの発達については吉田光由に由来すると記されている．最後のところに「十露盤師」があちこちに住んでいると書かれているのは，上記のような大坂情報誌をふまえたコメントと思われる．

和算研究の古典的な著作といえる三上義夫の『文化史上より見たる日本の数学』（1947 年刊）には，和算家と俳句との深いつながりを論じた項目があり，具体例が紹介されていて参考になる．できるだけシンプルに煮詰めて表現しようとする点で，和算と俳諧には共通する部分があったのかもしれない．　　　［西田知己］

礒村吉徳（いそむら・よしのり）

　寛永7（1630）年礒村吉徳は尾張の国もしくは九州鹿島に生れた．10歳代の前半に肥前鹿島藩の藩主鍋島正茂（1606-1687）の縁の者から算法を学んだ．寛永19（1642）年数え年13歳のころ，高原吉種から本格的に数学を学んだ．高原は毛利重能の高弟で，吉田光由や今村知商とは同門の間柄である．寛永20（1643）年丹羽光重（1622-1701，丹羽長重の長男，丹羽長秀の孫）が二本松の地を幕府より拝領する．正保3（1646）年ここは藩主が政務を行う施設が整備される土地であった．そのため二本松藩は幕府の許可を得て，町割などの普請を開始する．正保4（1647）年に数え年18歳になった礒村吉徳は鍋島正茂に仕えることになった．数学の力が認められ江戸でも数学を教えることになる．さらに鍋島家の領地である矢作にもしばしば出かけて鍋島家と関わりのある人に数学を教えた．
　慶安3（1650）年に二本松城および郭内の町割が完成する．これより前に礒村吉徳は京・大坂に旅をする．このときに京都で吉田光由に数学を学ぶ機会があった．
　慶安4（1651）年二本松の「お堀普請皆出来」（二本松城沿革史による）とあり，二本松藩では二本松城や郭内などへの用水源の検討に入っていた．藩士の山村権右衛門の進言により，安達太良山の中腹（標高800 m）から水をとり，そこから18キロある二本松城までの水路を計画した．山岡については地元ではかなり高い評価を受けている．

霞ケ城跡天守閣から安達太良山を望む

礒村吉徳は山岡の推挙により測量の段階から参加することになった．礒村が二本松に来たのはその頃である．

●**塾を開く**　礒村は江戸で数学の塾を開いており，その塾は評判がよく，かなり流行っていたようである．江戸の街を歩いていたとき，初坂重春の塾に目がとまり，中に入っていって数学の問答をしたようである．その結果初坂は礒村の弟子になっている．初坂は礒村に及ばないことを認めたからであろう．また柴村盛之という数学者の塾についても同じように問答をして，礒村は柴村を弟子にして

いる．問答というのはお互いに問題を出し合い，相手からの問題を解いて優劣を争うものである．弟子になった後で，『塵劫記』の遺題の解き方を尋ねたようである．礒村は今村知商の公式を使った方法を教えたらしい．この方法は近似式を使うもので正しくはないから，後でゆっくり時間のとれるときに教えると，答えたようである．

承応元（1652）年に礒村は二本松にいたが，ここへ初坂重春（または柴村盛之）が訪ねてきて教えを乞うた．礒村は忙しいこともあって追い返したようである．この年に二本松藩の中沢又助が弟子になる．初坂は『円方四巻記』を柴村は『格致算書』を明暦3（1657）年に刊行した．そこには礒村が公表を控えるように念を押した方法が出ていたのである．それどころか，何カ所にも誤りがあった．このことがきっかけとなって礒村は『算法闕疑抄』をまとめ世に出すことにした．もともと多くの問題を集めた「雑数知分集」をつくっていたので，これに礒村の研究を採り入れた総合的な研究書ともいえるものである．

◉ **『算法闕疑抄』を刊行**　礒村は万治2（1659）年4月ついに『算法闕疑抄』を出版した．この年に江戸における数学塾で礒村の最大のライバルである村松茂清が二本松にやってきた．村松が4年後に出版した『算俎』（1663年）で『算法闕疑抄』の遺題100問のうち半数以上を取り上げていることから考えて，このときに『算法闕疑抄』の遺題について何らかの意見の交換がなされたものと考える．礒村の考えた遺題はすぐには誰も解を示さなかった．実際には「闕疑抄一百問答術」という稿本を関孝和が20歳代で書いているのだが，刊行はされていない．そのため後になって礒村は増補版を刊行し，わかりやすいように編集している．全部で五巻からできているが，内容は三巻までで終わっている．四巻は「世間偽り之部」とあって，『格致算書』『円方四巻記』の誤りを述べている．第五巻は前に自分が出した100問の遺題に答と計算法を付けているのである．それまでも，それ以後でも自分の出した遺題に答や計算法を載せた人はいない．

礒村は晩年になって，初心者向けの数学書を考えていた．江戸と二本松に多くの弟子がおり，その中にはその時代を代表するような数学者もいるが，当然のことに初心者もいる．そのような人のために「うゐの子」と題する数学書をつくっていた．中に書いてある内容は当時流行していた日用数学の本は『塵劫記』であったが，この本については以前から始めに学ぶものは『塵劫記』がよい．それを身に付けたら次の段階に学ぶ本は『算法闕疑抄』が最も適当であると，いっている．『算法闕疑抄』は礒村がまだ若くして書いた力作ではあるが，何カ所かの誤りがあった．それ自体の直しは弟子である村瀬義益が『算法勿憚改』という書を延宝元（1672）年に刊行した．この書は礒村が増補版の『増補算法闕疑抄』で書いているように，訂正しなければならない所が多いが，その概ねは，弟子の村瀬義益により，『算法勿憚改』の中に書かれている，と述べていることから，子弟で訂正が済んだと考えてよいだろう．

[佐藤健一]

今村知商 （いまむら・ともあき）

　江戸時代に入る少し前，大坂（現大阪）近くの河内で今村知商は生まれた．この辺りの人は商人が多い．今村のまわりには，そろばんを使って，足し算や引き算，それに掛け算のできない人はあまりいなかったようだ．そのためか，今村も子供のときからそろばんに馴染んでいたようである．今村本人も，幼い時から数学に興味をもっていた，と述べている．そろばんの計算から数学へと興味が移っていったようである．数学の本を見つけると買って読んでみる．わからないことがいくつも出てくる．今村はまだ少年であるからそれは当然のことである．初めのうちは周囲にいる人に聞くと教えてくれる人もいた．少し上達しもっと難しい数学になると，答えてくれる人は次第に少なくなって，そのうち誰に聞いても教えてくれなくなってしまった．少しでも数学のわかる人の噂を聞くと，どんなに遠くても本をもって出かけて行くようになった．気が付くと河内近傍では教えてくれる人は誰もいないことがわかった．

●**学習時代**　そんなとき，京都から帰ってきた人に，京の花洛に中国明の数学にも明るいという毛利重能という人が数学の塾を開いていると教えてくれた．今村知商は毛利の弟子になろうと，早速京都に出かけて行った．京都に着くと毛利の塾はすぐにわかった．なにしろ門前に大きな看板が掛かっており，その看板には大きな字で，「割算の天下一」と書かれていたからである．この時代では割り算が達者であることが，数学の力量をはかる基準とされていたからである．数学の日本一の意味とも考えられる．それに塾に出入りする人の数も多かった．今村は門を入りすぐに毛利に会った．この日から毛利に数学を教えてもらったようである．入門したばかりとはいえソロバンの使い方はできていたからである．毛利が教える数学は物の売買計算からである．図形の面積や体積の求め方もあった．図形については現在の小学校で学ぶ形もあったが，大体は生活の中にある円や壺のようなものまでを扱う．今村はこの中で円に興味をもった．飲み込みの速いこともあって，まもなく毛利の知っていることをすべて学んでしまった．毛利は「三平方の定理」，日本ではこの定理を「勾股弦の理」というが，この定理程度の数学も知らなかったようである．今村は円についての性質を毛利に尋ねた．毛利は自分はよくわからない．中国の数学書に書いてあるのではないか，と答えた．今村は毛利の塾を出た．これから以後，今村は独学で研究したのである．毛利から受けた助言に従い手に入れることのできる中国の数学書を片っ端から買い込み，これを読みあさった．読んだことをもとにして研究を重ね，いくつかの結論を得た．その一つに「円弦之術」というものがある．次の図のように円を書き，中心を通る直線とその直線に垂直な直線を引く．それぞれの交点を仮にA, B, C, D, Hとする．

弓形ACBを考えて，弧ACBと矢CHと弦ABそれに直径CDの四つの値の間にある関係式を探した．

それぞれの値を文字で置き換えて現代的な数式にしてみる．弧をs，弦をa，矢をh，直径をdとする．
$$d = \frac{a^2}{4h} + h \ \text{や}\ s = \sqrt{4h\left(d + \frac{h}{2}\right)}\ \text{である．}$$

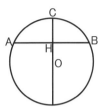

● **『竪亥録』を刊行** 今村はやがて江戸へ行き，江戸で数学の塾を開いた．そろばんの使い方から始めて，順に系統立てて教えたようである．『塵劫記』のように使い方別の教え方ではなく，現在の数学のように算法ごとに扱った．これは中国の数学書に倣ったからである．弟子たちは教えていることを本にしてほしい，と頼んだ．なにしろ今村の教えるようなことが書かれている本はなかったからである．その頃今村の塾には100人近くの弟子が集まっていたようで，弟子の頼みを受けて100部だけ江戸で刊行した．寛永16（1639）年11月のことで，銅活字版のようなしっかりした印字の本で，『竪亥録』と名付けた．難しい名前だが，昔の中国の数学者に竪亥という人がいたからである．『塵劫記』が漢字と平仮名の混じった和文であるのに対して，『竪亥録』は全文漢字だけの文章である．漢文の読めない人は弟子にはいなかったと考えられる．挿絵も『塵劫記』とは違ってほとんど入っていない．毛利重能の兄弟弟子の吉田光由に対抗したものと考えられる．中を読んでみると，まるで公式集の感じを受ける．

今村は翌年の寛永17年に『因帰算歌』を刊行した．『竪亥録』の内容をわかりやすく公式を歌を使って覚えるように工夫したもので，今村は「このごろの子供たちは，何の用にもたたないくだらない歌をうたい，悪狂をしたり，いたずらをして毎日を過ごしている．どうせ歌を歌うのなら，数学の公式を歌にしたから，これを口ずさみなさい．のちのち良いことがある」という意味のことを述べて数学公式を歌にした．三角形の面積は底辺と高さを掛けて半分にして求めるから，これを歌にすると，

　「山形は　鈎と股　掛けてまた　二つに割りて　歩数とぞ知る」

となる．山形は三角形，鈎は高さ，股は底辺，歩数は面積のことだから，五七五七七の31文字でできており，覚えやすかったようだ．

このような実力のある数学者が江戸にいることを内藤忠興が知ったのである．今村の弟子には水戸藩の平賀保秀，会津藩の安藤有益などがいることも武士の間で知られるもとになったのだろうか．忠興は江戸幕府の勘定頭の曽根吉次に依頼した．それから間もなく，寛永20（この年に正保になる．1643）年に曽根が仲介となって，磐城平藩主の内藤忠興に仕えるようになった．1653年では郡奉行として農政改革で記録されており，1656年では小川村の新道見分けを命ぜられている．数学の力をもとにして活躍し，1668年病没した．　　　　[佐藤健一]

内田五観（うちだ・いつみ）

●**マテマテカ塾**　幕末期から明治前期にかけて活躍した和算家で天文家だった内田は，文化2（1805）年に江戸で生まれた．もとの苗字は宮野だったが，のちに幕臣だった内田氏の養子になっている．

　彼は11歳のときに日下誠の算学塾に入門し，文政5（1822）年にわずか18歳で関流和算の後継者を任されるほど，若い頃から飛び抜けた実力のもち主だった．その才能については，師匠の日下も絶賛していた．彼によると「私の塾で勉強している内田五観はほかの弟子たちを抜いてメキメキ頭角を現し，しかもまわりから慕われていた．そこで，関孝和の和算の流れをくむ関流の後継者になってもらうことにした」と述べている．

　文政5（1822）年，内田は大久保に「瑪得瑪第加（マテマテカ）」という私塾を開いて，多くの門人を指導した．マテマテカは英語でいう「mathematics（＝数学）」を表している．しかし内田は和算だけでなく，当時の洋学も修めて数学，物理学，天文学，暦学，測量術，兵学などの広い分野を高度なレベルで理解し，その知識を門下生たちにも授けていた．

　天保3（1832）年，内田は各地にいた弟子たちが奉納した算額の問題を集めて『古今算鑑』という本にまとめた．跋文（＝あとがき）は師匠の日下誠が執筆し，上に述べたようないきさつ，すなわち内田が11歳で入門してから18歳で塾長になるまでの歩みについて記述されている．

　序文の方は内田が書き，それによると最初に師匠から継承を依頼されたとき，自分はまだ若すぎるからと断っていたことが書かれている．このほか序文には，古代中国にさかのぼる数学の歩みや『塵劫記』をへて関孝和の業績，関以降の流れのほか天文学のことにも触れている．イエズス会の宣教師を経由して日本に伝わった地球球体説や，西洋の暦術などの話も出てくる．本書の本文となる算額の問題については，全体的に難問が多いことで名高い．

●**高野長英との出会い**　塾長を任されてから10年ほどたった天保2（1831）年に，内田は洋学者の高野長英に入門し，西洋の学術について幅広く学んでいる．天保7（1836）年には高野のほか，尚歯会という勉強会を主宰した遠藤鶴洲や洋画家の渡辺華山らと協力し，蘭書の百科事典を翻訳した『勧農備荒 二物考』を出版した．これは米の不作に備えるために栽培しておきたい，別の農産物について解説したものである．

　天保4（1833）年から7年続いた天保の大飢饉によって，関東や東北の農家は深刻な被害に苦しんでいた．高野はこの天保の凶作に際して農家の暮らしを救うため，早生の蕎麦（ソバ）と馬鈴薯（ジャガイモ）の二つの栽培を勧め，栽培

法や調理法を高野が口述して内田が文章化し，渡辺が挿絵を描いた．しかし長年にわたって米に慣れ親しんできた日本人にとって，ジャガイモの味は淡白すぎて米の食事に合わず，食料として注目され始めたのは明治時代の半ば以降だった．もともと米作が難しかった北海道などの寒冷な地域で栽培されるようになってから，注目度が高まっている．

『勧農備荒 二物考』にあるジャガイモの絵
（国立国会図書館所蔵）

天保 10（1839）年に洋学者をターゲットにした蛮社の獄が起こったときには，高野長英が逮捕された．牢屋敷の火災に乗じて脱獄したと知ると，内田は逃亡中の彼を援助した．しかし嘉永 3（1850）年，内田の甥だった宮野信四郎が手配した家で，この有名な洋学者は幕府の捕吏に追い詰められて最期を迎えた．それでも内田に対しては，何の責任も問われていない．

●**明治の改暦**　天保 9（1838）年，内田は幕臣の内田弥太郎という別名を名乗り，韮山（にらやま）（静岡県）の代官だった江川英龍（ひでたつ）のもとで江戸湾の測量を行った．江川は西洋式の大砲の製造や海防の専門家でもあり，欧米諸国が頻繁に日本にやって来るのを見て，いざというときに備えて準備をしていた．測量をするときには天文の知識も活用されるのが一般的であり，伊能忠敬が全国を測量したときも，内田が江川を手伝ったときも同様だった．

江戸時代の暦学は幕府の天文方という役所で研究され，それを引き継いだ明治政府は明治 3（1870）年に「天文暦道局」および「星学局」，同 4 年には「文部省天文局」と短いサイクルで名前を変えながら研究活動を続けた．内田はここで指揮をとり，もっぱら太陽暦への改暦の作業にあたり，明治 5（1872）年に採用されている．明治 3 年に星学局に採用された人たちの履歴書「拝命之記（はいめいのき）」には，内田をはじめとする幕府最後の天文方だった学者たちの経歴が書かれている．

のちに明治政府の内務省で度量衡の統一にたずさわるなど，内田の行動範囲は和算や天文の枠を超えて実に幅広く，明治時代になっても続けられていた．研究者による議論や評論を介して学術の発展をうながすため，明治 12（1879）年に東京学士会院（＝現在の日本学士院）が設立されると，内田は各専攻分野を代表する研究者 21 名という数少ない会員の 1 人に選ばれている．

天文の研究を通じて日頃から宇宙にあこがれていた内田は，そのウチダという音の響きから「宇宙堂」という号も名乗っていた．まさに名は体を表すという彼の活動は晩年まで続き，明治 15（1882）年に 78 歳で亡くなった．　　［西田知己］

鎌田俊清（かまた・としきよ）

●**宅間流の和算**　鎌田は江戸前期から中期にかけての和算家で，延宝6（1678）年に大坂で生まれた．この年は，上方歌舞伎の名人とされた初代の坂田藤十郎が『夕霧名残の正月』という作品を大ヒットさせた年でもあった．京都・大坂の歌舞伎人気はこの頃から一段と勢いづき，江戸の初代市川団十郎とともに元禄歌舞伎を盛り上げていった．

　和算の世界では，関孝和の『発微算法』延宝2（1674）年の刊行から4年後にあたり，関にとって初の著作が世に出て話題になっていた．しかし解説に省略が多く，ほかの和算家たちにはなかなか理解できず，むしろ彼を批判する声が京都や大坂で高まりつつある時期でもあった．

　大坂の宅間能清は宅間流和算の元祖であり，宝永から正徳年間（1704-16）あたりにかけて活躍していた．鎌田俊清は宅間の孫弟子にあたり，宅間流の3代目を務め，関西方面の和算をリードしていた．この当時は元禄文化が花盛りであり，京都から大坂に引っ越してきた近松門左衛門は，浄瑠璃作家として全盛期を迎えていた．その意味では宅間流の和算もまた，元禄文化の表れの一つとみなすこともできる．

●**円周率の計算**　江戸時代の和算の幕開けとなった吉田光由の『塵劫記』寛永4（1627）年初版では，円周率を3.16にしていた．ただし由来は明らかでなく，その根拠を求めるのが初期の「円理」研究だった．和算で「円理」という言葉を初めて用いたのは，沢口一之の『古今算法記』寛文11（1671）年からのことで，それを極めることの難しさについて述べている．

　建部賢弘が数学の研究法についてまとめた「綴術算経」が書かれたのと同じ享保7（1722）年に，鎌田は「宅間流円理」をまとめた．この中で鎌田は直径1の円周の長さを知るために，円に内接する4角形から始めて8角形，16角形と倍々に増やしていき，正2^{44}角形の周を計算し，外接の方も計算して円周率を小数点以下25桁まで正確に算出している．日本の東西で，円周率に関する研究が別々に進められていたことになるが，内周と外周を両方出す術は後世に受け継がれず，それだけ宅間流ならではの算出方法といえる．

●**立円とは**　鎌田の著作に「立円或問」享保21（1736）年というものがあり，内容的には「宅間流円理」と重なる部分が多い．書名にある「或問」というのは，Q＆Aの問答体のことをさしている．対する「立円」の方は文字通り立っている円という意味であり，やや不思議な印象を受けるが，実は球体のことをいう古い言葉だった．

　江戸時代も中期以降になると，現在と同じような「球」の語を使用するように

なったが，前期に近い時期になるほど「立円」の方が一般的になっている．普通の円については「平円」という表現もあり，それに対する球が「立円」だった．時代によって，図形を表すときの用語には大きな差があり，現代人との発想の違いが感じられる．

●**無名の弟子たち**　鎌田の門人の1人に，杉山安貞という人がいた．彼の名が出てくる「諸国絵馬算好」という写本は京都，大坂，江戸などの各地に掲げられている算額を写し取って集めたもので，このタイプの本としては最も古い時期のものに属する．題名の最後にある「好」とはコノミと読み，当時は遺題のことをこのように表現していたが，上記の写本の場合は「算好（サンコウ）」と読ませるのだろう．

収録された算額の一つに「京都祇園絵馬　摂州大坂住　鎌田五郎兵衛俊清　弟子　杉山小兵衛安貞　問」と題するものがあり，鎌田の指導のもとで杉山が出題した算額だとわかる．この問題は多くの和算家たちの興味を引き，話を聞きつけたさまざまな人たちが挑戦してなるべくコンパクトな解き方を求め，特に関流の安島直円がすぐれた解法を示して有名になった．

また現在，大阪市天王寺区の生玉町にある生国魂(いくくにたま)神社の中には小さな境内社がいくつもあり，その一つで学問の神様として知られる菅原道真を祀った天満宮には，宅間流の算額が掲示されている．平成14（2002）年に復元されたもので，実物は元文4（1739）年に奉納された．

それを奉納した人につい

『摂津名所図会』巻3「西成郡」にある生玉神社
（国立国会図書館所蔵）

ては「鎌田俊清門人　山口幸次郎秀名」と記されている．鎌田は延享4（1747）年に亡くなったので，この算額が奉納されたときは，まだ現役の和算家として活動していた．このように彼は多くの弟子を育て，その具体的な成果が現在にも伝わっている．

生国魂神社の境内社の一つに，芸能上達の神とされる浄瑠璃神社があり，ここでは近松門左衛門などを祀っている．浮世草子作家の井原西鶴はもともと俳諧師で，この生国魂神社で一昼夜に4000句を詠んだことがあった．このような話題性に富むイベントが行われていた一方では，鎌田をはじめとする和算の研究者たちとも縁が深かった．和算の愛好家たちにとっては，近松や西鶴などの有名人よりも気になるものがある神社だった．

[西田知己]

久留島義太（くるしま・よしひろ）

● **西へ東へ**　久留島義太は和算家であるとともに将棋指しとしても有名だったが，人物伝についてはよくわからない点が多く，生まれた年についても確かなことは知られていない．父は村上義寄といい，備中国の松山（岡山県高梁市）城主だった水谷勝宗に仕えていた．水谷家の断絶によって浪人の身となり，姓を久留島に改めて大坂に住み，のちに江戸に移り住んだ．

　息子の義太もまた父親に似て，各地に移り住んだ人だった．和算はほぼ独学で身に付け，あるとき江戸の露店で『塵劫記』を買い求めると，その1冊をもとに「算法指南」の看板を掲げて和算の指導を始めた．あるとき中根元圭による道場破りを受けたが，中根は久留島のすぐれた能力を認めてサポートした．このほか松永良弼らをはじめとする関流の和算家たちと交わりながら，久留島は江戸の本所や銀座町といったにぎやかな場所で弟子たちを教えた．

　享保15（1730）年からは，陸奥国の磐城平藩（福島県いわき市）の第6代藩主だった内藤政樹に和算家として召し抱えられ，東北の地に移り住んだ．延享4（1747）年からは，内藤家の転封（＝国替え．領地をほかに移すこと）にともなって久留島も延岡（宮崎県延岡市）に移ると算学師範役を務め，和算に関する内藤の質問に答えていた．7年後の宝暦4（1754）年に退職して江戸に帰ると沽数と号し，再び浪人として過ごしながら門人たちを育てた．

　今では見慣れない「沽」の字は，潤うことをいう．政樹は沽城という号を名乗り，父の義英は江戸の麻布にあった屋敷で隠居生活を送りながら俳諧をたしなみ，その俳号は露沽だった．のちに江戸の俳諧人気をリードした沽徳は，露沽の弟子でもあった．沽数と名乗った晩年の久留島もまた，俳人のようなみずみずしい感性を大切にしようと思っていたのかもしれない．

● **伝説の数々**　収入のほとんどを酒につぎ込むほどの酒好きだった久留島は，生涯にわたって著書らしい著書を残さなかった．それでも彼の算法が今日にいくらか伝わっているのは，数少ない書き物を山路主住のような弟子や友人たちが集めて，保管しておいたからだった．具体的には『久氏弧背術』『久氏三百解』『久氏遺稿』などの稿本があり，それぞれの題名にある「久氏」とは久留島氏のことをいう．

　藤田貞資が師匠の山路について伝えた『山路君樹先生茶談』には，久留島に関するさまざまな逸話が収録されている．それによると彼は何事も人まかせで気にならず，自分の研究成果にさえ，こだわりがなかった．あるときなどは，オリジナルの研究を書き記した和紙の値打ちをかえりみず，その紙を使って行李の裏を貼ってしまった．行李とは柳や竹で編んでつくる入れ物で，衣類などを入れてお

くための日用品だった．このさまを弟子が見たら，あまりにももったいないと感じたことだろう．

この話に限らず，久留島には伝説クラスのエピソードがいくつも伝わっており，その多くは飲酒にまつわるものだった．例えば主君の内藤政樹の面前で和算の指導をしているときにも，酒が出されないと居眠りばかりするので，彼だけは特別に酒が出されていたといわれている．

また日頃からまったく貯金をすることがなく，冬着があれば夏着は不要だからという調子で売り払い，その資金で酒を買って飲んでいた．和算の師匠としても，門人の授業料はいくらと決めていたわけでもなく，門の所に大きな箱を置いて銭や米，衣類などを入れてもらっていた．お金が手に入るとただちに酒を買い，余分な米や着物も売って酒にしてしまうので，門人たちは毎日ほどよく金や米を入れておいたという．

『人倫訓蒙図彙』の囲碁（右）と将棋（左）
（国立国会図書館所蔵）

幕末の事典『都会節用百家通』にある酒飲みの姿

●**詰将棋作家**　高名な和算家で，囲碁や将棋が得意な人はたくさんいた．久留島については，指し将棋でもアマチュアの高段者と同じくらいの腕前があったといわれ，特に詰将棋の作図で知られている．その詰将棋のジャンルの一つで，最初の配置や詰み上がりが特定の文字や図形など意味のある形になる曲詰（きょくづめ）を得意とした．久留島の作品100局を収めた『将棋妙案』などが残されている．

まわりの人たちに支えられながら，自由気ままに生きた久留島は宝暦7（1757）年に亡くなった．彼は関孝和，建部賢弘とともに3大和算家と称されている．酒と将棋を愛し，風変わりな人だったが，その破天荒な性格を補って余りあるほどの独創的なアイデアを発揮した和算家だった．

［西田知己］

沢口一之（さわぐち・かずゆき）

● **古今算法記**　上方（＝京都・大坂方面）で元禄文化が盛り上がる少し前，大坂の和算をリードしていた橋本正数の弟子の1人が沢口だった．師匠の橋本は，中国の『算学啓蒙』（1299年）という数学書に書かれている天元術を，日本で初めて正しく理解した人物といわれている．弟子の沢口一之も天元術を使いこなし，それを活用した『古今算法記』寛文11（1671）年を著した．

　天元術とは算盤というマス目のある盤に算木を並べて高次の方程式を表し，盤の上で算木の数や配置を変えながら解の値に迫ろうとするもので，器具代数とも呼ばれている．この天元術を使えば，ソロバンではカバーできなかった難題にも対応できることが，沢口によって証明された．

　『古今算法記』全7巻のうち，手前の第1〜3巻までは『塵劫記』でも取り上げられていたような初歩の日用計算が中心になっていて，親しみやすい．遺題継承（＝難問を出し合う出題合戦）を盛り上げた山田正重の『改算記』万治2（1659）年の遺題については，3巻目に解説されている．後半の4〜6巻で佐藤正興の『算法根源記』寛文9（1669）年にある150題の遺題を天元術で解き，最後の第7巻は沢口自身が用意した15題の難問になっている．

　天元術をマスターした沢口が読者に出題したのは，天元術を使っても解けない難問だった．のちに演段術を考案してこれを解いたのが関孝和で，その成果を『発微算法』延宝2（1674）年にまとめた．そのため『古今算法記』は，和算の歴史の上では関の登場を準備する役割を果たしたことになる．

● **大坂と京都**　それだけ高く評価されているにもかかわらず，沢口に関する伝記的な記録には不明な点が多く，生没年さえはっきりしていない．それでも彼の周辺には大坂や京都の武士が多く，その点について知るには諸国案内記と呼ばれるタイプの書物が参考になる．菊本賀保の『国花万葉記』元禄10（1697）年には，京都の名高い「算者」の名前と，住んでいる町の名が書かれており，田中由真のあとに「沢口宗隠　聚楽」と出ている．

　「宗隠」とは沢口が名乗っていた号で，その彼が住んでいた「聚楽」とは豊臣秀吉が建てた豪邸の聚楽第に由来する．聚楽第はお城のように巨大だったが，建設からわずか8年で取り壊され，そのまま空き地になっていた時期を経て，住宅地に生まれ変わっていった．その秀吉ゆかりの地に，沢口が住んでいたことが人びとに知られていたとすれば，すでにある程度長く住んでいたのだろう．

　対する師匠の橋本は，大坂で有名だった．延宝7（1679）年に刊行された，ポケットサイズの大坂ガイド本の『難波雀』には，「算者」として「川崎　橋本伝兵衛（＝正数）」と書かれている．ちなみに手前のページには「俳諧点者（＝作品

の採点者）」として井原西鶴の名があり，浮世草子作家に転身する前の俳諧師時代から，すでに有名だったことがわかる．

それから約20年後の元禄9（1696）年に出た『摂州難波丸』にも，同じく「算者」としての橋本の名が記載されている．このように師匠の橋本は大坂の川崎に，弟子の沢口は京都の聚楽に住んでいた．この時期の京都には田中由真や中根元圭，さらには宮城（＝柴田）清行らが活動しており，和算に取り組む学者にとっては活気のある地域だった．

しかし，のちに書かれた別の記録によると，沢口はもともと大坂に暮らしていたという．大坂の暦算家だった大島喜侍が享保9（1724）年に出した測量書「諸盤術」に，沢口の経歴が書かれている．

それによると，沢口は大坂の川崎にいた橋本正数の門人で，大坂の烏町に住んでいて，橋本とともに『古今算法記』を刊行したという．のちに沢口は京都に出て号を宗隠と名乗り，晩年までその地で暮らしたとある．『古今算法記』は師弟の共著と述べられているが，この本に橋本の名前は出ていない．当時は師匠が弟子の名前で本を出すこともあったが，それでも序文などはたいてい師匠が書き，『古今算法記』は通常のケースからはずれている．

● **弟子の記録**　大坂の高槻藩の藩士だった佐藤茂春の『算法天元指南』元禄11（1698）年は，天元術をわかりやすく解説したもので，序文には沢口に学んだことが書かれている．佐藤によると『古今算法記』のおかげでほかの和算家たちは天元術を理解でき，沢口こそ「天元の元師」だという．

しかしそれでも難しいので，沢口の弟子として自分は才能には乏しいけれども，本業の合間に初心者向けに書いたとある．この本と沢口先生の『古今算法記』を合わせて読んでもらえれば，私の本も多少は足しになるだろうと控え目に述べている．

刊行年が近い『国花万葉記』と『算法天元指南』で比べてみると，沢口は京都に住みながらも大坂の弟子を指導していたことになり，あるいは多少の行き来があったのかもしれない．二つの都市は決して遠く離れているわけではなく，このような地域の広がりが背景にあって，関西の和算は切磋琢磨しながら発達していったのだろう．　　　　　［西田知己］

『古今算法記』巻7，24丁

関 孝和（せき・たかかず）

● **出身地の謎**　のちに関家の養子になった孝和が，内山氏の子として生まれたときの年については諸説がある．それによって生まれた場所も，上野国の藤岡（群馬県藤岡市）と江戸の2説に分かれている．武士だった実父の内山永明は寛永16（1639）年に藤岡から江戸に移り，息子の孝和が生まれた年がそれ以前なら藤岡，それ以後なら江戸になる．なお群馬県の郷土で親しまれている上毛カルタでは，「わ」の字の札が「和算の大家，関孝和」になっている．

　関孝和はその後，甲斐国（山梨県）甲府藩主の徳川綱重（＝徳川家光の3男）と，その息子の綱豊のもとで，勘定吟味役として仕えた．江戸後期の随筆『翁草』によると，若い頃はまったく算法というものに縁がなく，八算（＝九九の割り算版）さえ苦手だった．あるとき家来がもっていた『塵劫記』を見ながら，その家来から本の解説をしてもらったことで興味が湧き，さまざまな算法書を集め始めた．最初は読んでもよくわからなかったが，熟読するうちに理解できるようなり，やがて自ら工夫して発展させた．その評判が藩の上司の耳に入り，計算力が評価されて甲府藩の勘定役に抜てきされたという．

　宝永元（1704）年，仕えていた綱豊が第5代将軍の綱吉の養子として江戸城に入ると，関も直参（＝幕府直属の武士）として江戸詰めになった．彼が江戸と甲府を行き来するときは，必ず駕籠から顔を出してメモを取りながら方角や地形を観察した．そこから高低差などを割り出して『甲斐国絵図』を制作し，藩主に献上したという話が残っている．

　ただし健康上の問題もあって，わずか数年で隠居し，宝永5（1708）年に病に倒れて亡くなった．現在の東京都新宿区にある弁天町の浄輪寺に葬られている．最も有名な和算家のわりには詳しい人物伝が知られていないのは，養子の関新七郎がトラブルを起こして追放され，関家が断絶して家系を伝える資料が失われたことが大きな理由になっている．

● **和算の大家**　関にとって最初の著作となった『発微算法』延宝2（1674）年の序文によると，沢口一之の『古今算法記』の遺題15問は難しかったけれども，挑戦して解決できた．ただし私は解き方を人びとに知らせるつもりはなく，箱の底にしまって人には見せないでおいたが，門人たちが先生の解法を公にして世の中に広めましょうと訴えてきた．まだ文章や式などは十分に整理されてはいないが，門弟たちの求めに応えて世に出すことにした．計算のすべての過程を示すと複雑すぎるので，省略することにした．誤りがあれば，指摘して訂正してもらいたいという内容になっている．『発微算法』にはあとからつくられた異版本があり，初版本にあったミスが訂正されている．

『発微算法』では，答を得るための方程式のつくり方は述べているが，なぜそのような式が導けるのかという説明を与えていなかった．そのため，実は本当は本人も理解できていないのではないかという疑いが巻き起こり，その声は特に京都や大坂方面で高かった．しかも『発微算法』は，刊行から6年後の延宝8 (1680) 年に版元 (=出版社) が火災で焼けてしまい，本を印刷するのに使うおおもとの版木が燃えてしまった．

そうして元の『発微算法』も今さら入手できないとなれば，一部に生じていた関への批判がまかり通るおそれもあり，弟子の建部賢弘は師匠の本を詳しく解説した『発微算法演段諺解』貞享2 (1685) 年を刊行した．これによって，関の演段術という方法がしだいに理解されるようになっている．

関は第1作の『発微算法』だけ版木を使う印刷本にして，それ以降は手書きのオリジナル原稿を書き写して冊数を増やす稿本というスタイルに切り替えた．この手軽な方法によって，次々に生み出される新しい数学的なアイデアを書物の形にしていった．稿本の一つとなった「算脱之法」は，『塵劫記』にも取り上げられたまま子立てを数学的に論じたもので，遊戯的な素材を数学の問題として一般化している．

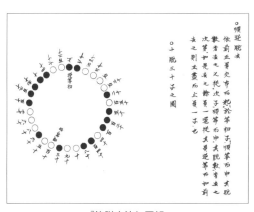

『算脱之法』図解

●**エピソード** 手先の器用さやメカニックの腕前を示しているのが，江戸城内のからくり時計の修理にまつわる話である．中国渡来のこの時計には，一定時ごとに中国人形が釣鐘をたたくという仕掛けがほどこされていた．しかしあるとき壊れてしまい，専属の時計師たちも修理できなかった．これを聞いた関は修理を申し出て，苦心の末に見事修理したという．

またあるとき，将軍の家宣が納戸に保管していた大きな伽羅の香木を「皆で分けなさい」と命じた．人数分を均等に切り分けるように指示したものだが，どこからのこぎりを差し込んでよいか誰もわからず，困り果てて老中に相談したところ，関のところに話が回ってきた．

さすがの関にとっても，こればかりは難問と思われたが，彼はその伽羅の香木を預かって計算し，香木の上に筋を引いて返した．その引かれた筋のとおりに切ったところ，見事同じサイズに分配できたという．このように，数学的な能力を応用する技にも長けていたことがわかる逸話が多い． 　　　　　　　[西田知己]

建部賢弘（たけべ・かたひろ）

●**関の一番弟子**　寛文4（1664）年，3代将軍徳川家光の右筆（＝記録係・秘書役）だった建部直恒の三男として，賢弘は生まれた．13歳のとき，3歳年上の兄賢明とともに関孝和のもとに入門した．賢雄，賢明，賢弘の三兄弟はともに優秀で，数学では賢弘が最もすぐれていた．兄の賢明が書いた『建部彦次郎賢弘伝』という伝記によると，弟の賢弘はすばらしく頭がよく，理論的に一貫性があり，その能力は師匠の関孝和にも劣らないと記されている．

師匠の関は自ら考案した演段術を使って沢口一之の『古今算法記』寛文11（1671）年の遺題を解決し，その結果を『発微算法』延宝2（1674）年にまとめた．しかし最終的な解答を得る方法を与えているのみで，そこに至る筋道は記されていなかったために批判が起こった．特に京都の佐治一平らは『算法入門』天和元（1681）年を著し，その中で「発微算法誤改術」と題して関の本には間違いが多いと指摘した．

●**20代の著作**　このとき20歳の建部賢弘は『研幾算法』天和3（1683）年をまとめ，序文の中で佐治に反論した．跋文（＝あとがき）を書いた関によると，『研幾算法』は門人の建部が編集したもので，すべての問題が整然とした理論で貫かれ，彼の才能が見事に発揮されている．他方，最近の和算家の中には誤った算法を説き，世の人びとを混乱させてあざむくものが非常に多く，それを見抜けるようになるべきだと述べている．

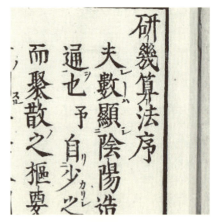

『研幾算法』序文

建部は22歳のときに『発微算法演段諺解』貞享2（1685）年を著し，師匠が書いた『発微算法』を詳しく解説した．序文には，出版社の火事で『発微算法』の版木が焼けてしまったことが書かれている．その内容が世の和算家に知られなくなれば，批判を否定しようにも原本を示すことさえできず，そこで建部は関の正しさを伝えるためにこの本をまとめた．

建部によれば，近頃の和算家たちは関の業績を理解できていないのに，わかったふりをしている．そのため不勉強な自分だけれども，門弟の務めとして世の人の惑いを取り払うために『発微算法演段諺解』全4巻を公刊したとある．その

ため第1巻では，オリジナルの『発微算法』をそのまま再現し，あとの3巻は『古今算法記』にあった15問を関の演段術で解いている．

◉ いざ江戸へ
宝永元（1704）年，徳川綱豊が5代将軍綱吉の跡継ぎになって江戸城に入ると，建部は関孝和とともに綱豊に従って幕臣になった．宝永5（1708）年に関が亡くなると，建部は幕臣の中で最高の和算家となった．翌6（1709）年に綱豊が6代将軍の家宣になると，建部は将軍に仕えた．それまでの御家人時代と違って，将軍にお目見えできる旗本である．

正徳3（1713）年には徳川家継が7代将軍になり，建部は家継に仕えることになったが，その家継はわずか在位4年で没してしまった．続く吉宗は，のちに享保の改革と呼ばれる新政策を次々に打ち出していったが，建部については身近なところに置いて改暦（＝正確なカレンダーづくり）事業を担当させた．1人で3人の将軍に仕えたのはめずらしく，将軍家が建部の才能を買っていたことがよくわかる．

◉ 円理の研究
建部自身の業績では，円周率から発展した分野が名高く，のちの「円理」研究をリードした．円周率の値は，加減乗除と開平（＝平方根の求め方）を使えばいくらでも求められるものの，効率が悪い方法だと計算の手間が大変になる．関は増約術という方法を考案し，建部はさらにそれを改良して師匠を越える精度の高い円周率の値を算出している．

宝永年間（1704-1710）の末に完成した「大成算経」は全20巻もあり，当時の和算の集大成となった．関と建部，兄の賢明の3人が協議して自分たちの数学をまとめようとしたものだったが，関は病気がちになり，賢弘は幕府の公務で忙しくなったため，のちには賢明が取りまとめている．

さらなる工夫をめざした建部賢弘が，吉宗の求めに応じて59歳のときに書いたのが「綴術算経」享保7（1722）年だった．この本には「自質説」と題する一条が最後にあり，その中で建部は「算の数の心に従うときは泰し．従わざるときは苦しむ．」と書いている．これはどのような意味なのか，考えてみてはいかがだろうか．

◉ 享保日本図
建部は和算の知識を活かし，吉宗のもとで測量や改暦の事業に関わった．測量では，享保4（1719）年に「日本総図」（「享保日本図」）の制作に着手した．これは江戸中期につくられたものとしては本格的な日本地図で，同8年に完成している．しかし2枚つくられた清書は長らく行方不明になっていて，縮小図が1点のみ確認されていた．

ところが2014年，広島県立歴史博物館に寄贈された絵図から測量原図(原寸大)が発見され，伊能忠敬の『大日本沿海輿地全図』より100年近く古いことが大きな話題になった．見通しのよい山や港など，測量上の目印となる203か所を幕府が指定し，各藩の測量データを集めて完成させたもので，富士山や彦根城などと各地点を結ぶ赤い直線が引かれている． ［西田知己］

田中由真（たなか・よしざね）

● **京都の第一人者**　田中は慶安 4（1651）年に京都で生まれた．この年の 4 月に，3 代将軍だった徳川家光が病死し，11 歳の子だった家綱がそのあとを継ぐことになった．新しい将軍がまだ幼く，政治的な実力に乏しいことを知った由井正雪は，これをチャンスと見て幕府をひっくり返し，浪人を救おうと密かに行動を開始した．そうして 7 月に，慶安の変が起こるという動乱の年でもあった．

田中由真の師匠は大坂の和算家だった橋本正数で，橋本は中国の数学書『算学啓蒙』（1299 年）に載せられていた天元術を，日本で誰よりも早く理解していたともいわれている．『古今算法記』寛文 11（1671）年をまとめた沢口一之も橋本の弟子の 1 人で，本書は天元術を初めて正しく解説した著作として知られ，師匠だった橋本との共著ともみなされている．

橋本正数の息子の吉隆も父親に師事し，田中はその弟子になって一つのグループを形成し，江戸の関孝和に対して京都の和算をリードしていた．江戸を中心とする関流の和算家たちは，幕府や各地の藩主に抱えられて活動することが多かったのに対して，京都や大坂など上方で活動した和算家たちの中には，武家に仕えていない者も少なくなかった．江戸と上方の和算家はライバル同士であり，一方では交流もはかりながら，お互いに腕を磨き合っていた．

● **15 題の難問**　天元術を紹介した『古今算法記』は，読者への挑戦状として，天元術でも解けない 15 の難問（遺題）を最後に載せていた．のちに関は独自の演段術を考案してこれを解き，その解法をまとめた『発微算法』延宝 2（1674）年を出版した．問題文から式を立てると高次の連立多元方程式になり，その連立方程式から文字を消して答を導いていくのだが，関はそのプロセスを省略していた．そのため，本当は関自身もよく理解できていないのではないかという誤解を招いた．

田中もまた『古今算法記』の遺題に挑戦し，その解答集として『算法明解』延宝 7（1679）年をまとめた．意識的かどうかは定かでないが，関による式の立て方とは異なる方法で 15 題を解いている．ちなみに田中は『発微算法』の初版本を所有していた．現存する中の 1 冊の末尾に朱書きの署名と花押（＝図案化されたサイン）が書かれ，本文の余白のところにも書き込みがあり，出版当初から京都でも注目されていたようである．

田中の門下生だった佐治一平と，その門人だった松田正則は，師匠の田中に続いて『古今算法記』の遺題に挑むと『算法入門』天和元（1681）年を著し，関の解法を批判した．松田は，関が解いたとする 15 問のうち 12 問は間違っているとまで指摘している．関の弟子だった建部賢弘は黙っていられなくなり，のち

に『発微算法』の解説書をまとめて反論し，松田らの批判は的はずれだったことが判明している．

●**有名人の自宅情報**　江戸時代の元禄期あたりからちょっとした旅行ブームになり，それにともなって観光ガイド本も相次いで刊行されていた．その1冊に数えられる『国花万葉記』元禄10（1697）年には，各地の名所や名産などのほかに，地元在住の有名人のデータが収録されている．その中に京都の著名な「算者」として沢口とともに田中の名があり，田中の

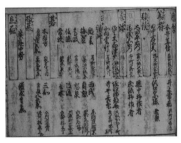

『国花万葉記』にある「算者」田中由真の名前（右から2番目，早稲田大学図書館所蔵）

住所は「椹木町　室町東」となっている．今でも椹木町室町という住所があり，東西に伸びる椹木町通りは京都御所の南西部に接している．

　当時は，このようなガイド本を使って有名な和算家をはじめとする文化人の住所をあらかじめ調べ，直接そこを訪ねて行って弟子入りを志願するようなケースがよくあった．その一方では，自分の数学力に自信をもっている人が名高い和算家の自宅や塾などに出向いて，いわゆる道場破りを挑むこともあった．訪ねてくるのは入門者ばかりとは限らず，看板を背負っている塾長は，ふだんから気を抜けなかったことだろう．

●**元祖パズル本**　現在でも算数や数学の教科書のコラムや，テレビのクイズ番組などでパズル的な問題が紹介されている．そのような遊戯問題を集めた書物は江戸時代にも何種類か刊行され，中でも田中の『雑集求笑算法』元禄11（1698）年頃が最も古い．小町算や旅人算，あるいは暗号のマジックともいえる目付字などを含めて22の題材を扱っている．

『勘者御伽双紙』中巻「小町算の事」の挿絵

　この本を下敷きにしてまとめられたのが，弟子の中根元圭の息子だった中根彦循による『勘者御伽双紙』寛保3（1743）年だった．この本は日本に古くから伝わる数学の遊びや中国数学，和算のゲーム的な問題などを集めたもので，挿し絵や図解をふんだんに入れてまとめられ，親しみやすくわかりやすい本として評判になった．

　その一方で彦循は数学の奥深さにも触れ，最後の方には弧背術という，当時最も熱心に研究されていた分野の成果も紹介されている．田中門下の父が取り組んでいた本格的な和算を，息子なりにわかりやすい形で世の中に伝えたいと願っていたのだろう．

［西田知己］

中根元圭（なかね・げんけい）

● **あだ名は白山先生** 寛文2（1662）年に生まれた中根元圭は、近江国の浅井郡（滋賀県）から京都に出た．郷土の記録によると、父の定秀は医師で、元圭はその次男だった．初めの頃は田中由真に学び、自分の研究も積み重ねてから、のちに2歳年下の建部賢弘に師事した．実力が明確にわかりやすい和算の世界では、年下の師匠がいることも決してめずらしくはなかった．

和算のほかには天文や暦術、さらには音楽理論や漢文にも詳しく、暦についてはすでに25歳のときに『新撰古暦便覧』貞享4（1687）年を出している．この著作は、元祖『塵劫記』の著者で知られる吉田光由が晩年に取り組んでまとめた『古暦便覧』を増訂したものである．

これが評判になって続編が出され、若手の学者として人に知られるところとなった．中根がいつ頃から京都の白山町に住むようになったのか、はっきりしたことは知られていない．それでも暦算学者としてその名前が知られるようになると、「白山の元圭」「白山先生」と呼ばれて親しまれるようになっている．

『古暦便覧』

● **江戸の天文家** 学者として成功をおさめたのち、銀座の役人になったのは正徳元（1711）年のことで、中根元圭が50歳のときだった．銀座は江戸だけでなく、京都やほかの都市にもあった．それから10年後の享保6（1721）年、60歳のときに建部賢弘の推薦で江戸に招かれた．それからは建部とともに、しばしば徳川吉宗の御前に召し出されて天文や暦術に関する将軍の質問に答えている．

幕府の中で実力が認められるようになった享保11（1726）年、中根は中国で漢文に訳されていた西洋の暦術書『暦算全書』に訓点をほどこして読み下す作業を担当した．もともと吉宗は建部に命じていたが、建部は漢文に通じていた門弟の中根に任せた．中根はその任務を果たし、建部が序文を書いて享保18（1733）年に吉宗に献呈した．この仕事を完成させた年のうちに、中根は72歳で亡くなっている．最後まで研究活動に費やした、学者一筋の人生だった．

● **蘭学時代の幕開け** 徳川幕府は長い間、キリスト教に関連があるという理由でヨーロッパの学術を研究することを禁じてきた．それでも医術や天文など実用

性のある分野については密かに国内で研究が進められており，その事実をふまえた中根は西洋科学の受け入れを吉宗に進言した．これがきっかけとなって，蘭学が栄えることになったとも考えられている．

このことは，徳川幕府の公式記録となる『徳川実紀』の第九編「有徳院（＝吉宗）御実記附録」に書かれている．寛永7（1630）年以来の禁書令がゆるめられるまでのいきさつをはじめとして，建部や中根の業績や役割まで書かれていて，信頼できる記録のように思える．ところが実際に吉宗が禁書の制度をゆるめたのは享保5年のことで，中根が江戸に招かれた享保6（1721）年よりも前の年になってしまう．そのため公式記録ながら，記録者が事実を誤認した部分がいくつも認められることが指摘されている．

ちなみに『解体新書』の翻訳で名高い杉田玄白が晩年にまとめた随筆の『蘭学事始』によると，長崎のオランダ通詞（＝通訳）だった西善三郎や吉雄幸左衛門らが申し合わせてオランダ語の習得を吉宗に願い出たところ，許可されてそこから蘭学が本格化したとある．オランダ語ができないと，オランダ商人たちに騙されても気づかないと彼らは将軍に意見し，もっともな話だと理解してもらえたのだった．このように蘭学の普及は，いくつかの段階を経てしだいに実現され，中根も重要な役割を果たしていたのかもしれない．

● **息子と出版社のつながり**　中根元圭の息子の彦循は京都生まれで，幼い頃に父から和算を学び，江戸に出てからは建部賢弘や久留島義太に学ぶと，京都に帰って弟子を指導した．その彦循が京都で刊行した『勘者御伽双紙』寛保3（1743）年には小町算や薬師算，目付字，方陣，百五減算といった，今でも算数や数学の教材に使われている問題が並んでいる．このようなパズル本ともいえる遊びを強調した著作で，息子の方も父と同じくらい有名だった．

『勘者御伽双紙』の挿絵

ただし下巻の最後の方には，父の元圭も取り組んでいた円理孤背術といった高度な研究も紹介されている．『勘者御伽双紙』の跋文を書いた葛西という人物は，この本を出版した天王寺屋市郎兵衛という名の出版社の主人で，中根元圭の弟子でもあった．のちに天王寺屋は中根親子の著作をはじめ，関流の主な和算書の刊行を手広く引き受けて出版している．

［西田知己］

藤田貞資（ふじた・さだすけ）

● **生涯**　藤田貞資（定資）は享保19（1734）年，武蔵国の男衾郡（埼玉県深谷市）に生まれ，のちに大和新庄藩士だった藤田定之の養子になった．宝暦12（1762）年，28歳のときに山路主住の改暦の手伝いを務め，2年後には山路が天文方に命ぜられた．しかし藤田はその3年後にあたる明和4（1767）年に眼病のため観測が困難になり，天文方の手伝いを退いている．

その翌年，藤田は久留米藩（福岡県久留米市）の藩主で関流の和算家でもあった有馬頼徸に召し抱えられた．その有馬の援助によって『精要算法』天明元（1781）年を出版することができ，広く世間に名が知られるようになった．序文には有馬による支援について書かれている．のちに息子の嘉言も有馬家に仕え，親子2代にわたって多くの和算家たちを育てた．

同じ山路の弟子でも，安島直円が独創的な研究成果を残しているのに比べると，藤田の研究はそれほど見るべきものがないとも評されている．むしろ藤田は弟子の指導にすぐれた和算家で，その目線から初心者にもわかりやすい『精要算法』をまとめることができたといえる．

● **無用の用**　ヒット作になった『精要算法』の凡例によれば，近頃世間で取り上げられている算法には3種類あるという．一つは誰にとっても必要な，物の売り買いに関するような問題で，それを「用の用」と表現している．2番目は「無用の用」タイプで，生活に直接役立つわけではないけれども，学ぶことによって間接的に役に立つものである．

残る第3は単なる問題のための問題で，特別な方法によって解決でき，愛好家からは注目されるタイプとして「無用の無用」と名付けている．そして世の中には第3のタイプが増え，実用からかけ離れた問題や，解く意味がまったくないものをむやみにめずらしがったりするなど，本末転倒ぶりが目立つようになってきた．その点，この『精要算法』は「無用の無用」を排除するために良問のみを集めたと藤田は述べている．

その言葉どおり，ひとたび刊行されるや良

『精要算法』上巻，17丁にある代表的な虫食い算

質な教科書として大いに歓迎された．上巻には今でもよく知られている虫食い算の早期の例があり，また中巻には順列の問題がある．順列の方では5色の染め粉が使われ，長方形の旗に縦に平行な線を4本引いて分けられた5か所を異なる色で染めるとき，全部で何通りあるかという出題で，$5 \times 4 \times 3 \times 2 \times 1 = 120$ によって求めている．

● **会田とのバトル** 和算の大家として知られていた藤田が，思わぬことから会田安明と論争を展開することになったのは，和算史上の事件だった．そもそもの発端は，藤田の門人で会田と親交のあった神谷定令の紹介で藤田を訪れたことにあった．藤田に教えを請うたところ，会田がかつて奉納した算額の中に不適当な箇所があるから訂正するよう指示され

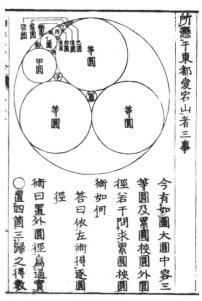

『神壁算法』

た．それに会田が反発して不仲になり，論争にまで発展したといわれている．

怒った会田が『改精算法』天明5（1785）年を刊行して『精要算法』を批判すると，藤田は門人の神谷定令とともに反論し，神谷が『非改精算法』天明7（1787）年を刊行して『改精算法』を批判している．この論争は最終的に20年近くも続き，その間に会田は自ら最上流という和算の新派を立ち上げ，関流に対抗した．ただし会田は，藤田の実力自体は十分認めている．

● **算額を本に** 論争のきっかけとなった算額について，藤田は全国各地に奉納されている算額の情報を広く集めて本にまとめた．まず『神壁算法』寛政元（1789）年が出版され，寛政8（1796）年にも増刷されている．題名の「神壁」とは，神社の壁面に奉納した算額というほどの意味だった．さらには息子の藤田嘉言が新たに編集し，父の貞資が内容のチェックを担当した『続神壁算法』文化3（1806）年ができ，こちらも翌年には増刷となった．その文化4（1807）年に，藤田は74歳で亡くなっている．

和算の広がりは書物だけでなく，各地の神社やお寺の算額にも表れていた．和算書を出版したくても，ヒットが期待できない場合には出版社の理解を得にくく，そうなると大半の人には手が出ない．その点，算額なら地元の社寺の許可さえあればよい．もちろん，自作のアイデアが全国的に広がるのは望めないが，郷土で愛好家が刺激し合うには十分役に立つ．それを藤田が集めて刊行したのは，算額の製作者にとって夢のある話だった．

［西田知己］

法道寺 善（ほうどうじ・ぜん）

●**旅から旅へ**　法道寺善は和十郎ともいい，文政3（1820）年に広島藩の鍛冶屋の家に生まれた．若い頃から藩士の梅園立介について数学を学び，梅園が江戸に行く際に伴われて，自分も江戸に出た．天保12（1841）年，法道寺が22歳のときのことである．江戸では，梅園が師事していた内田五観の塾に入門した．もとより優秀だったので，内田からも将来を大いに期待されていた．

　しかし法道寺は和算と同じくらい酒が好きで，浪費がはなはだしかったため，内田はやむなく彼を追い出さなければならなかった．それでも，破門されたわけではないようである．弘化3（1846）年，27歳のときに内田の塾を出ると，それからは全国各地を遊歴して回っていた．気ままな遊歴の旅は，西は九州から東は北陸を経て東北地方まで達している．行き先が広範囲だったことについては，滞在した家で書き残したものや，その地域の神社に奉納した算額などからある程度たどることができる．

　遊歴の際には本など1冊ももち歩かなかったというが，そもそも記憶力がすぐれていてもち歩く必要がなかった．円理表のような膨大なデータでさえ，記憶によってスラスラと書いたという．お世話になる宿泊先では無礼にふるまうこともなく，むしろ相手の家族に気を遣い，子どもがいれば得意な折り紙や手毬などによって相手をしてやることも多かったという．いつまでも少年の心を忘れなかった人なのだろう．

　法道寺は慶応4（1868）年に突然生まれ故郷の広島に帰り，このときに病気になって同じ年に49歳で亡くなった．明治維新を迎え，これから新しい時代が始まろうとする矢先のことであり，それまでの20余年間はひたすら遊歴の日々を送っていた．

●**エピソードあれこれ**　彼はひたすら酒をたしなみ，あらゆることに無頓着で，決まった仕事などがあることを好まなかった．それでも和算の能力は高く評価され，各地にいる藩主らが自分の所で召し抱えようとしたり，結婚させて安定した生活を送らせようと試みる人もいた．しかし，そういった話を聞いたそばからさっさと出て行ってしまったという．このように彼は，お金や栄誉にはまったく無関心だった．

　地方を回っていて，出発のときにいくらかの餞別をもらったり，衣服なども新しく用意してもらったりすることがあっても，結局はすぐ人に与えてしまった．あるいは売り払って酒代にするという調子だったので，冬の寒い中でもろくに着物も着ないというような格好をしていた．法道寺には，そういうユニークな逸話がたくさん残っている．

万事にわたってこのような調子だったので，行った先々で書いたものは数えきれないほどあるのに，1冊の書物の形にまとめ刊行したものは残されていない．それでも門人の名前でさまざまな和算書をまとめたり，自筆でその家に残した書き物のたぐいが非常に多い．

明治期に活躍した川北朝鄰という和算研究者によると，長崎の加悦俊興がまとめた『算法円理括嚢』嘉永5（1852）年は，実際には法道寺が書いたものだという．川北は法道寺と同じく内田五観の門下生であり，文久3（1863）年に法道寺が長年の遊歴から久しぶりに江戸に帰ったときには，川北の家に長く滞在するほどだった．それくらい川北は法道寺と仲がよく，彼のことについて詳しく知っていた．『算法円理括嚢』を法道寺が全部書いたわけではないにしても，協力した可能性はそれなりに高い．

このように幕末維新期の頃には，和算の研究者と，その研究対象となる和算家が知り合いというケースもあり得た．川北のように江戸時代から明治時代にかけて生き，和算と西洋数学の両方とも学びやすい立場にあった学者が，初期の和算研究者になっている．

●**長野県の算額**　全国を旅していた法道寺は，信濃国（長野県）の更埴地方でも多くの弟子を育成し，坂木村（埴科郡坂城町）にもしばしば足を運んで滞在していた．北陸道の重要な拠点だった坂木には和算の大家が何人も訪れ，多くの弟子が育っている．

その弟子だった市川佐五左衛門と菱田与左衛門は，法道寺からそれぞれ2問ずつ与えられた難問を解き，師匠に認められて解法

長野県埴科郡坂城町の「算額」

の免許を与えられた．弟子たちはそれを名誉なことと受け止め，自らの解き方を算額に表し，村内にある天幕社に連名で掲げて披露した．江戸時代も押し詰まった，慶応元（1865）年のことである．

算額は木の板を使って作成されるため，時間がたつにつれて傷みや劣化が生じたり，墨がかすれて読みにくくなったりしやすい．それでも幕末期の算額は，同じ江戸時代でも新しい方に属するため保存状態が比較的よく，中には色鮮やかなものも残されている．法道寺による指導の効果も手伝って，長野県は全国の中でも算額が多く残っている県の一つとして知られている．　　　　　　[西田知己]

松永良弼（まつなが・よしすけ）

● **内藤家との縁**　関孝和の業績をまとめ，のちに関流宗統二伝として受け継いだ松永は筑後国の久留米藩（福岡県久留米市）で生まれ，もとは同藩の浪人だった．のちに江戸に出て旗本の松平隼人正に仕えていたが，主君の改易（＝領地が没収されて地位を奪われる刑罰）によって断絶したため，家臣だった松永も再び浪人に逆もどりしてしまった．

　若い頃に波乱の多い生活を送っていたこともあり，松永がいつ生まれたのか，今も確かなことは知られていない．殿様のようなケースと違って，大半の人は生まれたときから有名人だったわけではない．そのため最終的に名声を手に入れた人でも，幼少期の記録が残っていなければ，没年は明らかでも生まれた年が不明ということはよくある．

　享保17（1732）年，松永良弼は磐城平藩（福島県いわき市）の第6代藩主だった内藤政樹に召し抱えられた．もともと内藤は学者肌で風流な殿様として知られ，政治や経済よりも和算や俳諧の方を好んでいた．おそらく内藤にとって，和算にすぐれた松永は直接会って話を聞いてみたい専門家だった．ただし，このときの松永の仕官は江戸詰めといって，江戸にある内藤家の藩邸に勤めていた．

　一方の磐城平藩は，洪水や凶作などの天災にたびたび悩まされ，大規模な一揆が起こるなど政治的にかなり不安定だった．ついには一連のトラブルの責任をとらされ，延享4（1747）年に日向の延岡藩（宮崎県延岡市）に転封されている．東北の磐城平から九州の延岡に移動させられたのは，江戸時代を通じて最も長距離の転封だった．内藤家のことが記録された「内藤家文書」によれば，松永は延享元（1744）年に亡くなっているから，それから数年後に内藤家が転封させられるなど，思いもよらなかったことだろう．

　ちなみに，かつて松永の親友だった久留島義太は内藤家の転封先の延岡藩にいた．寛延元（1748）年から宝暦4（1754）年にかけて算学師範役として延岡の地に住み，和算に関する内藤政樹の質問に答えていた．短い年数ながら，ひととおり教授すると，江戸に戻ることを申し出たという．

● **関流の宗統二伝**　松永は江戸で，関孝和門下の荒木村英に和算を学んだ．荒木には松永以外にも多くのすぐれた弟子たちがいたが，最終的に関流の後継者となったのは松永だった．彼が関流を受け継ぐ資格を得たとき，荒木はすでに高齢だったため，関の残した業績を整理することができていなかった．そこで松永が引き継いで整理し，中根元圭や久留島義太らとともに建部賢弘らの学説も取り入れ，部分的に補足や修正を加えている．

　関が考案した筆算代数ともいわれる演段術がのちに改良され，それを「点竄術」

と称したのは松永の頃からだった．また関の弟子たちが継承した「関流」という名称も，松永から始まったことが指摘されている．

◉ **和算はいらない？** 世の中，和算を発展させようとする人だけではなく，価値を認めない人もそれなりにいた．吉宗の時代に政治の指南役を務めた儒者の荻生徂徠は，その代表的な人物だった．彼の言葉を門人たちがまとめた『徂徠先生学則』の付録には，次のようなことが書いてある．「円に内接する多角形の辺の数を増やして周の長さに近づけるという作業を何万回くり返しても，何万分の1といった誤差が残り続けて真の円周率には到達できない．」

　自分は和算の専門家ではないと断った上で徂徠は意見を述べていたが，知人に和算家がいて多少は知識があり，その上でこのように手厳しく評していた．松永もこのような批判の言葉に耳を傾けていた和算家の1人で，理論や技巧に傾きすぎて実用性を軽んじる和算の風潮を疑問視する手紙を，久留島に書き送っている．このような点が心配されるほど研究が発達し，実用性を超えていったという見方もできる．

◉ **円周率の計算法** 松永の代表的な著書に『方円算経』元文4（1739）年があり，円に関する理論や正多角形の辺と対角線の関係などについて，詳しく解説されている．松永は関や建部が手がけた研究を改めて整理し，公式集として紹介した．この中で円周率を小数第51位まで算出し，そのうち第49位までは正しい値を示している．

　千葉桃三とその娘が著した

『方円算経』第2冊　円周率が小数点以下49桁まで正しく計算されている

『算法少女』安永4（1775）年には，松永の『方円算経』に出ているものと同じ円周率の計算法があり，下巻末に「求円周秘術起源」と題して書かれている．関流の和算が，世の中に広く知られるようになっていたことを物語る一例になっている．

◉ **有馬家との縁** のちに松永の『方円算経』を発展させたのが，殿様の和算家として名高い久留米藩の有馬頼徸の『方円奇巧』明和3（1766）年だった．有馬は関や建部のほかに，松永の業績も取り入れている．もともと松永は久留米藩の出身だったが，のちに江戸の内藤家のもとに仕え，しかも有馬よりもはるかに先に亡くなってしまったため，松永を久留米まで呼び寄せるには至らなかった．それでも松永の業績をまとめる際には，久留米が生んだ和算家に敬意を払っていたのかもしれない．

［西田知己］

毛利重能（もうり・しげよし）

　室町時代では，古くから数学を担っていた算博士や算師は存在していたのであ
るが，それとは別に庶民であっても自分に降りかかってくる計算については自分
以外を当てにすることはできなかった．そのようになったのは貨幣が大都市を中
心に使われるようになり，物の売買，貸し借りに関するさまざまな計算を必要と
することは前時代と比較すると増大している．それに加えて室町時代の中頃に中
国で流行していた計算道具のソロバンが伝わり，これが計算するのに便利である
ことに気づきだした．

　「そろばん」は日本国内でもつくられるようになって，商人や武士の間で広まっ
ていった．今のところ，現存する「ソロバン」では前田利家が朝鮮出兵に際し，
九州の名護屋城で使ったといわれているものが一番古いものである．戦国時代の
武将が「ソロバン」を使っていたのは事実である．

　戦国時代の武士の中にはかなりの数の人が，算用，すなわち数学に明るい人が
いたことは，これらのことからもわかるであろう．室町時代に政治が乱れ，家柄
よりも実力の時代になってしまったのであるから，常に自分の全知全能をもって
活動することが求められていた．ソロバンを使える人が多かったから，築城や土
木工事を成し遂げていたのである．

　関ヶ原の戦い後，世の中は刀や鉄砲をもって争うこともなく，争いごとも起こ
らなくなり平和になった．どこの藩でも戦う武士，言い換えれば兵士は大量に削
減され，その人たちは働くところがなくなった．それでもどこかの藩で仕官しよ
うとしている人はいたのであるが，武術ではなく自分のもっている何らかの才能
を生かそうと職を替える人もいた．

● **毛利の塾**　この頃，京都など関西では「ソロバン」が普及し始めていた．と
ころが「ソロバン」の使い方はあまりよく知らない人が多かった．そのためニー
ズに応えようと「ソロバン」を教える塾を始めた人が現れたのである．塾があれ
ば習いに来る人も多くなり，教科書として『算用記』などもつくられるようになっ
た．このようなソロバン塾の師匠に毛利重能という人がいた．毛利はもともと池
田輝政に仕えていた武士である．関が原戦後に武士を辞めて京都の京極辺りに住
み，ソロバン塾を開いた人である．毛利も塾では街に出回っている『算用記』を
教科書として使っていたようである．この『算用記』という本は誰が書いたもの
か今でもわからないが，刊行されたものであることは確かである．この頃存在し
ていた『算用記』はよくまとまっており，最初に書かれたものを何回も改定した
ものかもしれない．毛利の塾は評判がよく，大勢の人が通っていたようである．
なにしろ京都は言うに及ばず近隣の村や町，それどころか現在の大阪府河内あた

りまで，毛利の名は知られていたからである．なにしろ中国明(みん)の数学をも身に付けている，という噂の立つほど有名になっていたのである．毛利は亡くなってからもさまざまな数学の書物に日本の数学の初めの人として扱われており，その中には豊臣秀吉に仕えていたとか，明に遣わされたとき，位が低いので相手にされず帰国したので，秀吉に高い位を与えられて再び明に行き，数学を修めて帰国したが，このとき秀吉は亡くなっていた，などと毛利の像が誇張されて伝えられたほどである．池田家に仕えていたことは事実のようである．毛利は『算用記』をつくり直すことを考えていた．ようやく元和8（1622）年に刊行した．序文を付け刊行年も付いているので体裁は整っている．それ以前にあった『算用記』を書き直したことを述べている．本の題名はあったと思われるが，現在まで残っている毛利の本には表紙はどの本にも題名を書いた題簽がない．序文の後に目録という目次があるが，ここに「割算目録之次第」とあるので，昭和2年に古典数学集を刊行した与謝野寛，正宗敦夫，与謝野晶子たちは『割算書(わりざんしょ)』と名前を付けた．それ以降現在でも『割算書』といわれている．

◉ 毛利実在の資料　毛利重能について書かれている資料は二つだけである．その一つは京都の豪商で知られる吉田家角倉家の系図である．「角倉源流系図稿」といい，宇多天皇から始まる系図である．跋文は吉田光由の五男の田中光玄が書いているが，ここに吉田光由についての説明は35行に渡って書かれ，その後に1字下げて毛利重能について8行書かれている．そこで述べられている内容は，元池田三左衛門（輝政のこと）に仕えていたこと，洛陽二条京極の辺りに天下一割算指南と書いた額をあげて教えていたこと，毛利の名は近隣の村にまで知れていたこと，吉田光由も初め毛利に学んでいたこと，後に毛利が光由に学ぶことが多くなり子弟が逆になったことなどである．

　吉田光由が毛利重能の塾に通ったのは，光由の祖父に関係するかもしれない．光由の祖父は吉田宗運（?-1616）といい，医師で池田三左衛門に仕えていた．偶然かもしれないがおそらく面識はあったと考えられる．隠居している祖父が紹介したのかもしれない．

　もう一つは「荒木氏茶談」にも書かれている．荒木氏とは荒木村英(むらひで)のことで，荒木が話したことを弟子の松永良弼(よしすけ)が書き留めて置いたものである．それによると，

　　「古来の算師は毛利勘兵衛重能と云へり　大坂城中の人也しが　一統の後
　　江府に浪人なりしとかや　その門人三人有り今村仁兵衛智商竪亥録を作る
　　吉田七兵衛光由　塵劫記　古暦便覧和漢合運を作る　高原庄左衛門吉種後に
　　一元と云へり……」

　この二つを比べると大分違っているのであるが，すでに50年以上前のことを話したのであるから，しかも松永は荒木よりも50歳ぐらい年下であるから正確に覚えていないこともありうる．

[佐藤健一]

山路主住（やまじ・ぬしずみ）

●**3人の師匠**　宝永元（1704）年に備中国（岡山県の西部）で生まれた山路主住は，江戸中期の和算家であるとともに天文家でもあった．字は君樹．のちに天文の研究が認められて幕臣になり，幕府の改暦事業にたずさわっている．

　和算家としての山路については，彼の弟子になった藤田貞資がまとめた「山路君樹先生茶話」などに，詳しく書かれている．それによると山路は中根元圭，久留島義太，松永良弼という3人の大家から教わった和算を集大成して関流を確立し，さらには師匠から弟子へと代々受け継がれる免許制度をもうけるなど，関流の和算を将来に伝えるための土台をつくり上げた．

●**教育家として**　山路はすぐれた教育家でもあり，優秀な和算家たちを世に送り出した．その門人には，藤田や安島直円をはじめとして久留米藩の藩主だった有馬頼徸など，のちの関流の発展に大きな影響を及ぼした人たちがいる．

　山路は関や直接の師匠だった松永などの著書を校訂（＝内容の確認，文字のチェックなど）したり解説を補ったりするなど，和算の道に進もうとする初心者に役立つ教科書などの編さんに力を尽くした．そのため山路自身の業績にはあまり独創的なものがないと評されているが，循環小数の研究には独自の特色が表れている．

　弟子の藤田は，自身の代表作となった『精要算法』の序文で，師匠の山路の人柄について述べている．それによると山路先生は思慮深く，物事をよくわきまえ，なおかつ普段から落ち着いていて，謙虚だったという．

　また山路が日頃から語っていたところによると，出版された書物については建部賢弘，荒木村英，久留島義太，中根元圭，松永良弼の「五君子」と，彼らの高弟が書いたもの以上にすばらしいものはないという．むしろ近頃の和算書はできのよくないものが多く，自分も決して例外ではないため，刊本は書くつもりがないと語っている．現に山路は，その謙虚な人柄のこともあって，印刷して大量生産するタイプの刊本を著すことはなかった．

●**天文家として**　徳川吉宗は享保4（1719）年に「日本総図」（「享保日本図」）の制作に着手し，同8年に完成させると，改暦に新たな関心を向けていた．そのため晩年，長崎から天文家の西川正休を呼び寄せて天文方（＝天文暦算の役所・役人）に抜てきし，西洋天文学に基づく新暦を準備させた．その際に，西川や渋川則休らの手伝いとして事業を補佐したのが山路だった．寛延元（1748）年，彼が45歳のときに，測量所のある神田の佐久間町の長屋に引っ越している．

　しかし吉宗が死去すると流れが変わり，古来よりこの事業を手がけてきた京都の土御門家の反発によって失敗に終わった．このときに採用された宝暦暦に西洋

の天文学の成果は反映されず，結果として宝暦暦は，約70年前の貞享暦を多少変えた程度のものにとどまった．宝暦7 (1757) 年，改暦事業がひと区切りついたことにより，神田の天文台は取り壊されている．

明和元 (1764) 年に山路が幕府の天文方に招かれると，藤田もまた山路の助手として天文方へ出仕した．この時期も藤田は和算の勉強に打ち込み，明和3 (1766) 年には山路から関流算法の印可状 (＝免許) を授けられるまでになっている．こうして関流の和算は，師匠から弟子へと受け継がれていった．

● **号は語る** 当時は本名のほかに号を名乗る学者や作家が多く，山路が名乗っていた号の一つに「聴雨」というものがあった．これは禅語の「聴雨寒更尽 (あめをきいて，かんこうつく)」に由来している．このあとに「開門落葉多 (もんをひらけば，らくようおおし)」と続き，夜もすがら雨音だと思って聞いていたのは，実は落葉が戸を打つ音だったという意味で，掛け軸に書かれることも多い．この禅語に描

『宝暦暦』(国立国会図書館所蔵)

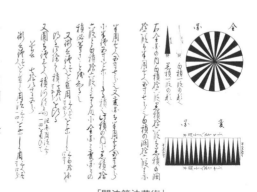

「関流算法草術」

かれた心静かなさまは，山路という学者の控え目な性格を表している．

右上の図は，山路が「連貝軒」という別の号で記した「関流算法草術」という稿本にある図解の一つで，円の面積を視覚的に理解するため長方形に置き換えたものである．円の中心点から細かく切れ目を入れて無数の扇形に分割し，それを互い違いに並べて長方形に組み替えてつくられるこの図解は『塵劫記』や『算法闕疑抄』のような初等レベルの和算書にもよく掲載され，現在でも広く知られている．

[西田知己]

吉田光由（よしだ・みつよし）

　吉田光由は慶長3年，西暦1598年に京都嵯峨で吉田周庵の3男として生まれた．与七と名付けられた．吉田周庵は医者である．すでにこの家には姉1人と兄2人がいる．医者の周庵は土方丹後守に仕えている．周庵の父である宗運は池田三左衛門に医師として仕えた人で，その妻は豪商の佐野家から嫁している．吉田家と佐野家との関係は深く，婚姻関係も多い．吉田家は医業の家，土倉（金融業），酒屋，質屋など金を扱う家であるから，商売上の何らかの関係のある家との婚姻関係が多かったと考えてよいのかもしれない．佐野家は京都の豪商で，灰屋という．灰屋の娘と宗運との間に彦十郎（周庵のこと）など男子が8人女子3人合わせて11人生まれたのであるが，成長したのは彦十郎だけであった．また宗運には双子の弟がいてその名を宗栄という．宗栄は文禄4（1595）年に他界していたが男子4人女子2人の子をもうけている．こちらの子は女子1人を除いて成長している．末子の女子が周庵に嫁に来た．この人が与七たちの母である．

　与七には京西陣浦井宗吉の妻となった姉，家を継いだ長兄の道于，二尊院内運善寺第3世になった次兄の久永がいる．

● **光由の学習時代**　光由が7歳のころ祖母が亡くなり，祖父と同じ池田輝政に仕えていた毛利重能の塾に通うようになった．10歳ぐらいまで毛利の塾に通っていたと思われる．毛利の塾ではソロバンの練習や売買計算，利息の計算，両替計算，面積や体積の計算などの日用数学であった．数年で毛利の知っているすべてを理解した．学ぶことがなくなったことから高瀬川の開削工事を申請している河川大名の異名をもつ角倉了以に弟子入りした．開平法や開立法までの比較的難しい数学を学んだ．角倉了以は慶長16（1611）年には仕事のすべてを長男の素庵に譲っていたため光由へ教える時間はあったが体が衰えていたこともあり，専ら口で説明をするだけであった．光由は学んだことを整理しまとめるのに苦労した．角倉了以は慶長19（1614）年に亡くなり光由は元和2（1616）年了以から学んだことをまとめて「吉田流算術」として著した．

　元和3（1617）年頃，光由は兄の光長に嵯峨野に水を引くことを相談された．嵯峨野の北にある山を越えたところにある菖蒲谷池の水を山をくり抜いたトンネルを掘って嵯峨野へ流そうというものであった．この隧道は当時としてはかなりの難工事であったと想像できる．今でも残っていて，直指庵の横を流れている細谷川につながっている．数年後完成し多くの嵯峨野の人びとに豊かさをもたらした．

● **『塵劫記』を刊行**　元和7（1621）年頃灰屋茂兵衛の娘と結婚する．元和9（1623）年には長男精純が生まれている．元和8（1622）年にかつて光由の師であった毛

利重能が『割算書』を刊行した．それに刺激されたのであろうか，寛永4（1657）年に『塵劫記』を刊行した．4巻26条からできているものである．この版は日用数学について特に他の人から教えられなくてもわかるように書かれている．しかし，第25条の開平法と第26条の開立法は他の内容と違って普通の数学である．毛利重能に学んだことではなく，角倉了以から学んだことである．光由からすれば角倉了以から学んだことを最後の条で書き残したいと思っていたのであろう．間もなくまったく同じ印刷の海賊版が現れた．光由はそれに対抗して中の条の数を多くして5巻からなる『塵劫記』の改訂版を寛永5年に刊行した．

　この改訂版では「絹盗人を知る事」「入子算」「まま子立て」「ねずみ算」「からす算」「油はかり分け算」「百五減算」「馬乗り問題」といった遊戯問題が加えられている．

　しかし，この改訂版にも海賊版が現れる．光由は全体を3巻に編集し直して寛永8年に刊行した．その後寛永11年に普及版といえる小型四巻本を寛永11年に刊行した．翌年父の周庵が亡くなった．

　その後九州熊本の細川忠利からの誘いで九州熊本に行く．数学の指導にあたったと思われるが，細川忠利が寛永18年3月に亡くなると光由は京都に戻る．京都に戻ってみるとそろばん塾があちこちに建っていた．しかもどこも大きな看板をあげているのが気になった．知り合いに塾の様子を聞いてみると光由の書いた『塵劫記』程度のことも知らないようだ，という．

　光由は自身最後の『塵劫記』を書くことにした．毛利の弟子でもあった今村知商が2年前に江戸で『竪亥録』という専門的な数学書を書いたことも知った．そのためそれまでの『塵劫記』をもとにしてもう少しレベルの高いものにしようとした．また，そろばん塾で学んでいる人たちに自分の師匠の力を試すことを進めるような文を入れて答や計算法のない問題を巻末に載せた．この問題を「好み」とか「遺題」という．遺題は後の数学書に受け継がれしばらくの間は数学の発達につながった．この『塵劫記』の書名を『新篇塵劫記』とした．

　数年後の正保元（1644）年母が亡くなった．光由は『新篇塵劫記』を刊行した後『和漢編年合運図』を書くための準備をしていた．これは「大日本帝系略図」を神武天皇から克明に調べたもので「大日本国帝王略紀」などで，日本の歴史年表である．正保2（1645）年に山城国嵯峨住吉田光由編集として刊行した．この後「古暦便覧」の編集に取り掛かり慶安元（1648）年に刊行した．

　寛文10（1670）年頃，光由は70歳を過ぎていたがすこぶる元気で，儒者の中村惕斎（1629-1702）の自宅を頻繁に訪ねて天文の議論をする．惕斎も迷惑なので居留守をつかっていた（谷秦山『壬癸録』国立天文台図書館蔵）．このことからすれば，よくいわれるように視力が衰え一族の世話を受けていたことは違っていたことになる．寛文12（1672）年光由75歳の生涯を閉じる．嵯峨の二尊院に葬られる．法名は顕機円哲信士である．　　　　　　　　　　［佐藤健一］

和田 寧（わだ・やすし）

● 師匠は太っ腹　和田寧が生まれた天明7（1787）年は徳川家斉が第11代の将軍になり，老中の松平定信が寛政の改革に着手し始めた年だった．その変革期に幼い頃をすごした和田は，もともと播磨国の三日月藩（兵庫県）の武士だったが，浪人になって身軽になり，江戸に移り住んだ．

もとの名前は香山政明だったが，のちに改名し，現在では和田寧の名で一般的に知られている．自由気ままな性分だったこともあり，生涯にわたって住む場所や職業なども変わり，書いた和算書が公刊されたことは1冊もなかった．そのため彼のことを伝えた資料が思いのほか少なく，そのすぐれた和算の実績とは対照的に，人物伝についてはあまり詳しいことは知られていない．

江戸にいた和田は，関流の日下誠に弟子入りした．師匠の日下は若くして安島直円の門に入り，自身の家塾を麻布の日下窪に開いて，訪れてくる弟子たちを指導していた．塾のあった日下窪は日ヶ窪とも書き，今の六本木ヒルズの付近にあたり，江戸時代には武家地と町屋が入り組んでいる居住地だった．

和田の師匠となった日下は心が広く，些細なことにこだわらない性格で，世間の事情などには大して関心を示さなかったという．そのおおらかな気質が門人たちを引きつけ，江戸時代に開かれた数ある和算塾のうち，日下の塾が最も多くの門人を迎え入れて栄えていたという．そこからすぐれた弟子が数多く生まれ，その筆頭といえるのが和田だった．日下は和田のような奔放な弟子にも目くじらを立てない，太っ腹な師匠だった．

一方，私生活の面では和田の気まぐれがたびたび災いし，芝の増上寺で寺侍として働いていたこともあったが，あまり長続きはしなかった．寺侍とは文字どおり寺に仕えた武士のことで，江戸の大寺院は武士たちを雇い，彼らに警護や事務などを任せていた．現在でも増上寺では4月上旬の花見の時期に，風物詩の御忌法要に伴う「御忌大会お練行列」が開かれ，浄土宗の信徒らが「寺侍」として参加している．

● 浪人生活　素行に問題があった和田は増上寺を追放されて浪人となり，その後は数学や書道を教授したり，易学を教えるなどして細々と生計を立てていた．手習いといえば通常は読み書きだが，ソロバンを得意とする手習い師匠も大勢いた．都心部では，昼間に商家で働いている丁稚らのために，彼らが自由になる夕方以降になってからソロバンを指導する寺子屋もあった．

和算家といえば，算木を使用する天元術から関孝和の考案した演段術（＝のちの点竄術）のような筆算方式に至るまで独特の方法がよく知られているが，ふだんの計算にはソロバンを使用していた．名高い和算家は，たいていソロバンの名

人でもあった．

　酒好きの和田は，酒を買う代金を得るために手もちの稿本（＝手書きの原稿スタイルの書籍）のいくつかを売り払い，資金の足しにしたこともあった．それでも彼の才能や指導力を見込んで，弟子たちが大勢習いに来ていた．和田の日々の暮らしは，彼らの支援や気遣いによって支えられていた．そのような天才肌ともいえる部分については，久留島義太や法道寺善などと重なる部分が大きい．

●**江戸から京都へ**　何らかの事情があって，彼は名前を和田寧に変えると京都に移り，代々にわたって天文の仕事をしていた土御門家のもとに身を寄せた．土御門家は天文や暦，陰陽道などをつかさどる公家で，平安中期の陰陽頭だった安倍晴明の子孫としても知られていた．

　もともと暦づくりは朝廷，特に土御門家が担当してきた仕事だったが，貞享元（1684）年に渋川春海が貞享暦を作成し，翌年には平安時代から延々続いてきた従来の宣明暦から切り替えられた．それにともなって幕府は寺社奉行のもとに天文方を置き，渋川が責任者になり，暦に関する実務はこのときから幕府に移った．そのような推移をたどった土御門家で，和田は算学棟梁という職務につくと，和算について多くの稿本をまとめていた．

　ところが，土御門家に保管されていた彼の稿本は火災で焼失してしまった．この事件については，徳島藩士だった小出兼政の『円理算経』天保13（1842）年という稿本の序文に書かれている．小出は宮城流，関流，最上流に和田の算法も加えた4流派を習得した和算家であるとともに，土御門家から学んだ暦算の専門家でもあり，同家の師範代も務めていた．たくさんの著作を残し，その中に和算の師匠だった和田のことが，いくらか書かれている．

●**実力は本物**　安島直円が進めた円周率の研究を和田はさらに広げ，放物線をはじめとする各種の曲線も取り扱うことができるようにした．その業績をまとめた「円理豁術」は，西洋数学の積分に匹敵するほど高度だった．

　「円理豁術」の入門書として書かれた『円理蠶口』の上巻には，4分の1の円の弧の長さを求める計算法が詳しく記述されている．こうして和田の名はしだいに和算家たちの間に広まり，すでに有名な和算家でさえ，和田の指導を受けるために入門しに来るほどだった．　　　［西田知己］

『円理蠶口』

本書で取り上げた和算書で現在入手可能な復刻本

『塵劫記（寛永 20 年版）』岩波文庫，1977

『塵劫記：初版本（寛永 4 年版）』研成社，2006

『塵劫記：現代訳版』和算研究所塵劫記委員会編，和算研究所，2000

『JINKOKI（塵劫記：英訳版）』和算研究所訳，和算研究所，2000

『算法天生法指南』会田安明，『最上流 算法天生法指南（全 5 巻）問題の解説』
　　別冊所収，藤井康生，大阪教育図書，1997

『算法闕疑抄』礒村吉徳，江戸初期和算選書 第 10 巻所収，研成社，2010

『諸国絵馬算好』和算研究所，2011

『発微算法』関孝和，和算研究所，2003

『解隠題之法』関孝和，和算研究所，2006

『割算書（寛永 4 年版）』毛利重能，和算研究所，2007

『和國智惠較』環中仙，NPO 和算を普及する会，2006

『勘者御伽双紙（上・中・下）』中根彦循，NPO 和算を普及する会，2007 ～ 2010

※発行元が和算研究所，NPO 和算を普及する会になっているもののお問い合わ
　せは wasan@vega.ocn.ne.jp へお願いします

索　引

●あ行

会田安明 ……… 96, 111, 163, 172, 182, 262
安島直円 …………………… 163, 186, 264
愛宕山の算額 …………………………… 262
安倍文殊堂の算額 ……………………… 195
有馬頼徸 ………… 174, 179, 190, 266

伊沢家 …………………………………… 31
井関知辰 …………………………… 137, 268
礒村吉徳 ………………………………… 270
「遺題」 ………………………………… 60
　　──の系統 ………………………… 63
井上家 …………………………………… 31
今村知商 …………… 31, 37, 272, 244
「豎涼軒日録」 ………………………… 23

内田五観 ………………… 53, 222, 274

円弦之術 …………………………… 146, 272
円周率 ………………… 92, 130, 138
　　関孝和が──を求めた方法 ………… 138
　　建部賢弘が──を求めた方法 ……… 138
　　村松茂清が──を求めた方法 ……… 93
円陣 ……………………………………… 120
円積率 …………………………………… 130
圓箭 ……………………………………… 112
円理 ………………… 126, 276, 285
円理豁術 …………………………… 223, 303
円理諸公式 ……………………………… 190
『円理蠡口』 …………………………… 303
円理表 …………………………………… 208

『大隈伯昔日譚』 ……………………… 228

●か行

「解見題之法」 …………………… 80, 91
『改正天元指南』 ……………………… 79
海賊版 …………………………………… 46

改暦 ……………………………………… 227
『改暦弁』 ……………………………… 228
角術 ……………………………………… 116
角中径 ………………………… 69, 116
掛渡井 …………………………………… 246
欠け米 …………………………………… 17
片岡家 …………………………………… 31
「割円八線表」 ………………………… 160
豁術 ……………………………………… 204
「豁術初問」 …………………………… 204
『括要算法』 …………………………… 66
鎌田俊清 …………………………… 240, 276
賀茂神社の算額 ………………………… 168
からす算 ………………………………… 56
川北朝鄰 …………………………… 167, 293
川普請 …………………………………… 246
『勘者御伽双紙』 ………………… 57, 287
『観新考算変』 ………………………… 238

亀円 ……………………………………… 221
求円周率術 ……………………………… 70
『九章算術』 …………… 3, 15, 18, 34
　　──の内容 ………………………… 3
求積計算 ………………………………… 88
球の体積 ………………………………… 130
球の表面積 ………………………… 130, 133
九連環 …………………………………… 182
行列式 …………………………………… 134
極形術 …………………………………… 234
極形の創始 ……………………………… 234
極数術 …………………………………… 174
「極数術起源」 ………………………… 174
『御製数理精蘊』 ……………………… 162

九九 …………………………………… 10
　　──の表 …………………………… 26
「口遊」 ………………………………… 26
久留島義太 …………………………… 240, 278

クレーター・ナオノブ……………………265
桑本正明………………………………………225

経済的な豊かさ……………………………47
「径矢弦の術」……………………………146
「径矢弧の術」…………………………146, 149
「渓嵐拾葉集」……………………………22
「乾坤之巻」………………………………126
源氏香………………………………………183

光宗…………………………………………22
五角田畉法…………………………………24
『古今算法記』…………………72, 280, 286
ころがったときの軌跡…………………218

●さ行
サイクロイド………………………………218
「最上流 算法曲尺行伝」…………………248
佐久間 庸軒(續)…………………………242
桜の目付字…………………………………58
さっさ立て…………………………………57
「雑集求笑算法」…………………………287
沢口一之……………………………………280
算額… 76, 194, 241, 262, 274, 277, 291, 292
　　――奉納……………………194, 199, 262
　　　愛宕山の――…………………………262
　　　安倍文殊堂の――……………………195
　　　賀茂神社の――………………………168
　　　名部戸天満宮の――…………………168
　　　洋算の――……………………………168
三角関数表…………………………………160
『算学啓蒙』…………………22, 72, 191
算学者………………………………………160
算額集………………………………………196
三角法………………………………………170
三角田畉法…………………………………24
算木……………………………………………2
　　――の伝来………………………………30
　　江戸時代における――…………………33
算師…………………………………………14
「三尺求図数求路程求山高遠法」…… 52, 245
『算俎』………………………………………92
算博士………………………………………14

算盤…………………………………………33
三平方の定理……………………………146, 178
　　――の説明図 (関孝和)………………91
『算法円理括嚢』…………………………293
『算法求積通考』……………………218, 220
『算法闕疑抄』……………………………271
『算法少女』………………………………295
『算法新書』……………………………230, 241
「算法全経」………………………………186
『算法天元指南』……………………79, 281
『算法天生法指南』………………………188
『算法統宗』……………………………40, 45
『算法入門』………………………………284
『算法発揮』………………………………268
　　――の小行列式…………………………137
『算法変形指南』…………………………237
『算法明解』……………………………84, 286
「算法量地初歩」…………………………55
『算用記』……………………6, 35, 92, 296
「算暦雑考」……………………………157, 170

四角田畉法…………………………………24
胸一術………………………………………100
「自在物談」……………………………182, 260
志筑忠雄……………………………………171
渋川春海……………………………………156
四不等田……………………………………24
清水流測量術………………………………53
収穫物の容積計算…………………………18
『拾璣算法』……………174, 179, 181, 190
　　――の円理諸公式………………………192
「拾璣算法後編」…………………………190
剰一術………………………………………100
招差術 (招差法)…………………………108
「諸国絵馬算好」…………………………277
「諸盤術」…………………………………281
諸約之法……………………………………67
『事林廣記』……………………………22, 44
「真仮数表」………………………………163
『塵劫記』………40, 44, 48, 60, 244, 282, 300
　　――の「遺題」…………………………61
『新撰古暦便覧』…………………………288
『神壁算法』………………………………291

索　引　　309

衰垛 ･････････････････････････････113
「衰垛術」･･････････････････････ 67
水利工事 ････････････････････････244
数学遊戯 ･････････････････････････ 56
『数理精蘊』･････････････････････160
杉成算 ･･･････････････････････････ 20
「角倉源流系図稿」･･･････････････ 37
角倉了以 ･････････ 25, 37, 44, 300

『西算速知』･････････････････････165
整数術 ･･････････････････････････178
正多角形の作図 ･･････････････････252
『精要算法』････････････････198, 290
西洋数学 ････････････････････････164
関 孝和 ･･･････ 66, 80, 88, 134, 156, 282
　　──が円周率を求めた方法････138
　　──の三部抄 ･････････････････134
　　──の三三方の定理の説明図 ･･････ 91
「関流算法草術」･････････････････299
翦管術 ･･････････････････････････104
宣明暦 ･･････････････････････････156

測量術 ･･･････････････････････････ 52
ソロバン ･････････････ 44, 296, 302
　　──の伝来 ･･･････････････････ 30

●た行
大学令の数学 ･･･････････････････ 14
大工算法 ････････････････････････248
　　──の作図 ･･････････････････252
対数 ････････････････････････････170
「対数表起源」･･･････････････････172
「大成算経」･････････････････････285
太陽暦 ･･････････････････････････226
　　──改暦 ･････････････････････226
楕円 ･････････････････････････････ 88
高野長英 ････････････････････････223
宅間能清 ････････････････････････276
「宅間流円理」･･････････････ 95, 276
建部賢弘 ･････126, 138, 142, 157, 284
　　──が円周率を求めた方法････138
垛術 ････････････････････････････112
「垛積術」･･･････････････････････ 66

田中由真 ･････････････ 84, 240, 286
田畑の面積計算 ･････････････････ 6
男女生み分けの問題 ･･･････････ 28
段数法 ･･････････････････････････101

逐索 ････････････････････････････186
「逐索奇法」･････････････････････186
竹束問題 ･･･････････････････････ 26
千葉胤秀 ････････････････････････230
長立円 ･･････････････････････････127

適尽方級法 ･･････････････････････214
綴術 ････････････････････････････142
「綴術算経」･･････････････126, 150, 285
『天学初函』･････････････････････222
天元術 ･･･････････････････････････ 76
点(點)竄術 ･･････････････････････190
天文暦算 ････････････････････････156

東京数学会社 ････････････････････256
「道中日記」･････････････････････240
土倉業 ･･･････････････････････････ 23

●な行
内元率 ･･････････････････････････155
内藤政樹 ････････････････････････278, 294
中根元圭 ･････････････158, 240, 288
名部戸天満宮の算額 ･････････････168

「日本総図」･････････････････････285

●は行
梅文鼎 ･･････････････････････････158
長谷川 寛 ･･･････････････････234, 240
八線表 ･･････････････････････････170
『発微算法』･･･････････ 62, 282, 284, 286
『発微算法演段諺解』･･････････ 62, 283, 284
班田制 ･･･････････････････････････ 15

ピタゴラス数 ･･･････････････146, 178
『筆算訓蒙』･････････････････････166
百五減算 ････････････････････････180
病人問題 ･････････････････････････ 27

「不休建部先生綴術」……………………150	●や行
福沢諭吉……………………………228	訳語会（明治時代の）………………256
布算………………………………… 78	柳川春三……………………………164
藤田貞資（定資）…………179, 198, 290	山口 和……………………………240
藤原誠信…………………………… 26	「山路君樹先生茶談」……………278, 298
藤原為光…………………………… 26	山路主住（君樹）………240, 266, 298
冪級数展開…………………………150	遊歴算家……………………………240
平中径…………………………69, 116	豊かな心をもつ…………………… 47
変形術………………………………234	
変数術………………………………182	『洋算発微』…………………………167
	『洋算発蒙』…………………………166
『方円奇巧』…………………………295	『洋算早学』…………………………166
『方円算経』…………………………295	『洋算用法』…………………………164
「方弦之術」…………………………146	養老令……………………………… 15
傍書法………………………80, 84, 87	吉田宗桂…………………………… 52
方陣…………………………… 29, 120	吉田宗恂…………………………52, 245
『方陣円攢之法』……………………120	吉田光由………37, 44, 156, 300
法道寺 善………53, 224, 238, 242, 292	「吉田流算術」……………………… 25
星宮神社……………………………194	
	●ら行
●ま行	律令制度………………………… 2, 14
前田利家…………………………… 31	「立円或問」…………………………276
万尾時春……………………………147	『量地小成』…………………………172
松永良弼…………………116, 186, 294	『令義解』…………………………… 14
瑪得瑪弟加塾………………………222	
マテマテカ塾……………………222, 274	「累裁招差之法」…………………… 66
──の門弟………………………224	「累裁招差法」………………………110
『万葉集』…………………………… 10	累遍増約術………………141, 142, 153
「見立算規矩分等集」………………147	零約術………………………… 96, 143
源為憲……………………………… 26	『暦算全書』………………156, 158, 288
	廉術…………………………………186
村松茂清…………………………92, 138	
──が円周率を求めた方法…………93	●わ行
室町時代の数学…………………… 22	矮立円………………………………127
	和算…………………………164, 170, 226
目付字……………………………… 58	和田 寧…………………………204, 302
	『割算書』…………………… 7, 37, 297
毛利重能…………………………31, 37, 296	

和算百科

| | 平成 29 年 10 月 10 日　　発　　　行 |
| | 平成 30 年 10 月 20 日　　第 2 刷発行 |

編　者　　和 算 研 究 所

編集代表　　佐　藤　健　一

発 行 者　　池　田　和　博

発 行 所　　丸善出版株式会社
　　　　　　〒 101-0051 東京都千代田区神田神保町二丁目 17 番
　　　　　　編集：電話(03)3512-3264／FAX(03)3512-3272
　　　　　　営業：電話(03)3512-3256／FAX(03)3512-3270
　　　　　　https://www.maruzen-publishing.co.jp

© WASAN Institute, Kenichi Sato, 2017

組版印刷・株式会社 日本制作センター／製本・株式会社 星共社

ISBN 978-4-621-30174-6　C1541　　　　Printed in Japan

JCOPY 〈(社)出版者著作権管理機構 委託出版物〉
本書の無断複写は著作権法上での例外を除き禁じられています．複写
される場合は，そのつど事前に，(社)出版者著作権管理機構(電話
03-3513-6969，FAX03-3513-6979，e-mail：info@jcopy.or.jp)の
許諾を得てください．